普通高等教育国家级特色专业教材

信息管理与信息系统系列

IT项目管理

綦良群　李长云　主　编

耿文莉　副主编

科学出版社

北京

内 容 简 介

　　"IT项目管理"是信息管理与信息系统专业的核心课程,本书充分借鉴国内外优秀教材的成果,从我国的IT项目管理的教学和工程实践出发,坚持"系统、简洁、实用"的原则,系统介绍美国项目管理协会推出的9大知识领域及项目管理的5个基本过程,清晰地列出二者所交织出的42个项目活动,从而实现对项目过程管理相关知识领域的模块化,为IT项目管理提供一个基本的框架和体系。本书从项目经理的视角,采用边学边做的方法,让学生在课程中身临其境地参与项目管理,并在每章小结后面配有复习思考题和实际应用案例供学生讨论思考。

　　本书既可以作为普通高等院校信息管理与信息系统专业学生的教材,也可以作为普通高等院校或高等职业学院管理类、经济类专业学生的教材,还可以作为企事业单位信息管理人员和计算机软件开发管理人员的参考用书。

图书在版编目(CIP)数据

IT项目管理/綦良群,李长云主编. —北京:科学出版社,2011

普通高等教育国家级特色专业教材·信息管理与信息系统系列. 中国科学院规划教材

ISBN 978-7-03-031318-8

Ⅰ.①I⋯　Ⅱ.①綦⋯②李⋯　Ⅲ.①IT产业-项目管理-高等学校-教材　Ⅳ.①F49

中国版本图书馆CIP数据核字(2011)第103143号

责任编辑:张　兰　林　建　王京苏 / 责任校对:陈玉凤
责任印制:张克忠 / 封面设计:番茄文化

科　学　出　版　社　出版
北京东黄城根北街16号
邮政编码:100717
http://www.sciencep.com

骏　杰　印　刷　厂 印刷
科学出版社发行　各地新华书店经销

＊

2011年6月第　一　版　　开本:720×1000　1/16
2011年6月第一次印刷　　印张:20 3/4
印数:1—3 000　　　　　字数:410 000

定价:36.00元
（如有印装质量问题,我社负责调换）

系列教材编委会

主　任：高长元　教授、博士生导师

副主任：綦良群　教授、博士生导师

委　员：（按姓氏汉语拼音排序）

耿文莉　何泽恒　李长云　李建军　田世海

王高飞　魏　玲　吴洪波　翟丽丽　张庆华

张玉斌　赵英姝

总　序

　　20 世纪下半叶以来，人类社会正快速由传统工业社会向信息化社会转变，计算机技术、通信技术及信息处理技术已经为这个转变提供了必要的技术基础，人们更加重视信息技术对传统产业的改造以及对信息资源的开发和利用。新一轮的信息化浪潮已经到来，信息和信息系统的应用深入到了社会的每个角落。特别是进入 21 世纪以来，随着社会与科学技术的不断发展，信息作为一种资源已经和材料、能源并称为现代社会发展的三大支柱。信息化程度已经成为衡量一个国家、部门、企事业单位科学技术水平与经济实力的重要标志之一。

　　信息管理与信息系统专业承担着为社会培养信息化建设与应用人才的重要责任，然而不同层次和特点的院校，其专业定位各不相同，对教材的需求也各不相同。为此，编写特色鲜明、适应性较强的普通高等院校系列教材是当务之急。在教材的编写过程中，编者力求充分吸收目前国内外信息管理与信息系统专业相关教材的优点，借鉴多所大学相关专业课程建设的经验，结合普通高等院校的特点和实际情况，力求达到面向应用和突出技能的培养目标。

　　本系列教材具有以下特点：

　　(1) 强调理论与实践相结合。本系列教材既强调深入浅出地阐述基本理论与方法，又注重运用相关理论与方法去分析解决实际问题，强调技能性和可操作性。

　　(2) 重视系统性与易用性。在基本概念、基本理论的阐述中，本系列教材尽量吸收国内外有代表性论著的观点，力求完整与准确，结构严谨，知识内容丰富，重点突出，逻辑性和可读性强，易于理解。

　　(3) 注重教学与科研相结合。本系列教材尽可能吸取相关领域和教师在科研方面的最新科研成果，使教材内容反映本课程的最新研究状况。突出科研为教学服务的理念，通过教学与科研相互促进，丰富教材内容，提高教材质量。

　　(4) 突出特色专业建设主线。在本系列教材的体系设计上，我们遵循突出特色专业建设的主线，强调各门课程的关联性和知识的衔接性，体现分阶段、分层次的学生能力培养模式。

（5）增加趣味性。在重要的知识点上，以灵活多样、图文并茂的形式激发学生的学习兴趣，加强学生对重点知识的理解和记忆，为提高学生创新应用能力奠定坚实的基础。

（6）提供完整的立体化教学资源。在本系列教材中提供完整的教学课件、实验指导书、课程设计指导书以及相关的实例分析等教学资源，突出实践特色。

本次编写的系列教材包括《管理信息系统》、《管理运筹学》、《IT 项目管理》、《电子商务概论》、《ERP 原理及应用》、《数据库原理与应用》等。本系列教材的出版发行是广大师生共同劳动的结晶，凝聚了编者多年的经验和心血，相信其定能为普通高等院校信息管理与信息系统及相关专业的教学提供一套极具针对性的教材或教学参考书，对教学质量的提升起到重要的推动作用。本次系列教材的编写是一个新起点，随着信息技术的发展与国家对信息人才需求的变化，教材的内容将不断得到修改和完善，从而为我国教育事业的发展做出新的贡献。

系列教材编委会

2011 年 3 月 20 日

前　言

目前，IT（information technology，信息技术）已经成为企业获得竞争力的一种主要手段，许多组织的未来都取决于它们驾驭 IT 的能力。随着 IT 外包业务的不断扩展，许多软件公司在不断地开发新产品，帮助企业或组织提高工作效率和效果，企业的 IT 人员也在成功地运用 IS（information systems，信息系统）提高效率、提升企业的竞争力。在人们正享用 IT 的成果时，一些优秀的 IT 项目经理和他的团队成员们，正在以项目管理的方法开发与应用管理信息系统。

IT 项目是为解决信息化需求而产生的软件、硬件、网络系统、信息系统、信息服务等一系列与信息技术相关的项目。它可以是项目群，也可以是单一的项目。从 IT 产业链的角度看，IT 项目可以分为软件类项目、硬件类项目、通信类项目、信息提供类项目。除此之外，企业和政府在实施信息化过程中，还需要网络硬件、软件、数据库和信息系统的全面解决方案，这种微观层面的 IT 项目关系到企业的兴衰，应用十分广泛，因受企业环境的制约，所以对其进行管理是十分必要的。

本书在内容上力求做到普遍性、先进性、创造性、理论性和实践性的良好结合，在体系结构上，力求做到系统性与易用性、理论性与实践性的统一，遵循突出重点、兼顾一般的原则，具体特点如下。

（1）理论与实践的统一。本书在前 3 章中系统介绍项目管理的基础知识，使学生全面了解一般项目管理的基本概念和基本方法；详细介绍美国项目管理协会（Project Management Institute，PMI）项目管理的 9 大知识体系（范围管理、时间管理、成本管理、质量管理、综合管理、人力资源管理、沟通管理、风险管理和采购管理）42 个项目活动的相关内容；介绍项目的生命周期及项目管理的 5 个基本过程（启动、计划、执行、控制和收尾），并给出每个管理过程所形成的主要文档。后 10 章从实际应用出发，详细介绍 IT 项目管理的一般过程，着重培养学生的实际应用能力。

（2）系统性与模块化的统一。本书从项目经理的视角，遵循项目管理的一般过程和基本方法，针对 IT 项目的特点，以项目的启动、计划、执行、控制、收尾 5 个基本过程为主线组织内容，每章后面还配有相应的案例供学生讨论；同时，突出了 9 大知识体系和 5 个基本管理过程交织而成的知识模块，采用边做边学的方法，使学生身临其境，以丰富 IT 项目管理的实践经验。

（3）支持完备、易学易用。本书每章后面都配有复习思考题，以强化对基本概念、基本方法的掌握，还在教学思想和教学手段上不断创新，构建出一个包括教学方案、授课计划、习题案例集、多媒体教学课件、Project 软件使用手册、在线教学支持等在内的，内容丰富、结构严密、支持完备的教学体系。

本书由綦良群、李长云主编，负责全书大纲的制定、优秀编者的遴选和全书的组织把关。第 1 章由綦良群编写，第 2～4、11、13 章由李长云编写，第 6～8、10 章由耿文莉、胡英松编写，第 12 章由赵英姝编写；第 5、9 章由张冰编写，最后由李长云与耿文莉统撰定稿。感谢王宇奇教授在本书编写过程中给予的关键性的指导，让本书的整体水平得到了提高。同时，我们也参考了大量国内外学者的研究成果，书后列出的参考文献仅是其中的一部分，在此谨向这些文献的作者表示衷心的感谢。

由于编者水平有限，书中不妥之处在所难免，恳请广大读者批评指正。

綦良群

2011 年 5 月

目 录

第 1 章

项目管理概述

【本章学习目标】
- ➤ 了解项目的定义及其特点
- ➤ 了解项目生命周期以及生命周期中的重要角色
- ➤ 了解项目管理及管理的 5 个基本过程
- ➤ 了解项目管理的发展历史及发展趋势
- ➤ 了解项目管理的背景、管理方法与工具

在知识经济时代,几乎所有的成果都是由项目创造的。例如,设计宇宙飞船,建造一栋大楼,开发一项新产品或开展一项科研课题,开发一个信息系统等。这些活动都是项目,都对组织和个人有战略意义;都需要与其他潜在的项目进行类比,决定它们的执行优先级;都需要制订一个计划,然后再执行那项计划,并在执行计划过程中进行监督和控制,使其能够满足或超越利益相关者的期望;在项目结束后还需要对小组或个体进行评估,评估的结果作为知识固化下来,用于指导类似的项目。

项目可以是合千万人之力的巨大工程,也可以是只需要一个人参与的简单劳动。项目的工期有几十天的,也有耗时数年的。通常一个典型的项目要包含如下五个元素:①组织元素;②工作元素;③成本元素;④时间元素;⑤资源元素。如果把项目看成一种特定的管理对象,那么项目管理即是管理学的一个分支。

■ 1.1 项目

工业社会的特点是机械化流水作业,而在以知识经济为主的今天,改革与创新成为主旋律。人们会遇到各种各样的事情需要以项目的方式来完成，项目正在改变人们的生活方式。

1.1.1　项目的定义

PMI 给出的项目定义是："用来满足项目利益相关者（stakeholder）特定需求的独特性、临时性的努力。"其中，项目利益相关者是对某个项目有特定兴趣的那些实体，包括项目团队成员、项目发起者、利益相关者、雇员和社区；"独特性"是指一个项目所形成的产品、服务或其成果，甚至活动在关键特性上不同于其他的产品、服务、成果或活动；"临时性"是指每一个项目都有明确的起点和终点，所以是一次性和有始有终的一件事情，项目团队常常是在项目开始的时候形成，在完成的时候解散；项目是由相关活动组成的、有计划的、有目标的任务。一般的项目过程是：书写说明书以明确设计目标；进行计划和控制，在计划中列出重要项目事件以便进行管理审查及时纠偏；进行变更控制，通常设立变更委员会、变更董事会或者相对资深的项目经理，由他们评估变更对其他部门和要素的影响，之后决定是否批准变更。

1.1.2　项目的特点

项目就是以一套独特而相互联系的任务为前提，有效地利用资源，为实现一个特定的目标所做的努力。不同组织或不同专业领域的项目特性千差万别，但是从本质上讲，一般项目具有的共同特性可以概括如下：

（1）目的性。项目都有一个明确界定的目标，一个期望的结果或产品。它是为实现一个组织的特定目标服务的。

（2）有一个主要的发起人或用户。大部分项目都有许多利益相关者，但必须有一个主要发起人，发起人一般提供项目的需求和资金。

（3）一次性。每个项目都有自己明确的起点与终点，它需要完成一系列相互关联的任务，而且是不重复的任务，以实现项目目标。

（4）制约性。每个项目都处在一个特定的环境下，并且需要来自各种不同领域的资源来执行任务，这些资源可能包括人力、组织、设备、原材料和工具等。项目受到所处的客观条件和资源的制约，各种资源必须有效利用，才能实现项目的目标。

（5）风险性。每个项目都是唯一的，项目开始前都是在一定的假设和预算基础上制订的计划，很难准确估计项目所需的时间和成本，这就产生了不确定性，这种特性是项目管理具有挑战性的原因之一。

（6）过程性。项目是由一系列的项目阶段、活动所构成的一个完整的过程，在项目过程中人们通过不断地开展计划、组织、实施、控制和决策而最终实现项目目标并生成项目的产出物。

1.1.3　项目的分类

为了更好地认识项目，人们还可以使用分类的方法去将项目按照不同的标志进行划分，从而更好地揭示项目的特性和内涵。而这种分类的任何结果都是对于项目特性更为深入的描述。本书将项目分为以下四种类型，如表 1-1 所示。

表 1-1　项目的分类

项目分类	内容
土木工程、建筑、石化、矿业开采类项目	项目施工阶段有固定的地点
	有特定的风险
	涉及组织问题
	需要大量资金的投入
	对进度、资金、质量进行严格管理
	特大项目往往由多个不同行业的专家和承包商参与
	项目利益相关者较多，沟通困难
制造业项目	生产专门的产品
	通常在企业内部实施
	大型项目需要跨国界
	大型项目风险较大
	涉及合同的签订
	需要协调控制
	成本、质量控制较严格
管理类项目（通常在组织内部，为组织利益）	通常是一项活动，没有有形产品
	外部特征很难定义
	不一定是赢利的项目
	可能存在于其他项目之中
研究型项目	高风险
	高投资
	可能没有准确的目标
	成果不可预料
	不必遵循通常的项目管理流程

1.1.4　项目的生命周期

项目的最大特点就是有始有终，为了管理上的方便，通常将项目从概念形成到完成结束划分为若干个阶段，这些不同的阶段构成了项目的生命周期。

项目不同，阶段的划分也不尽相同。例如，软件开发项目可划分为需求分析、功能与界面构架的确定、初始设计、详细设计、编码、集成、Alpha 测试、Bug 处理与改进、内部发行版、商业发行版等阶段；建设项目可划分为可行性研究、设计、施工、验收与移交等阶段；药物开发项目可划分为基础和应用研究、发现与筛选药物来源、动物实验、临床实验、投产、登记与审批阶段；汽车行业产品开发项目可划分为图纸设计、零件采购、样件制造、测试及小批量生产阶段。

项目各阶段划分的原则以阶段的某种交付成果为标志，阶段的划分可以降低大型复杂项目的难度，每个阶段完成以后可以进行专业评估以决策是否进入下一阶段，避免失败。

尽管不同的项目生命周期的划分方法不同，但是一般的项目都会有一个通用的生命周期，大致可以划分为概念阶段（conceptual）、设计阶段（development）、实施阶段（implementation）、终止阶段（termination）四个阶段。

（1）概念阶段。项目的发起是为了满足某种需求或解决某种难题，概念阶段就是对这些需求的识别、发现和确认，并提出解决方案的过程。该阶段的主要工作包括需求识别、项目论证、可行性分析与研究、解决方案建议书的准备及组建项目团队。

（2）设计阶段。设计阶段就是提出满足需求、解决问题的方案。这一阶段需要详细估计所需资源的种类、数量以及所花费的时间和成本。该阶段的主要工作包括目标确定、范围界定、工作分解、工作排序、成本估计、人员分工、资源计划、质量保证及风险识别。

（3）实施阶段。实施阶段就是执行项目计划。该阶段的主要工作包括实施计划、招标采购、跟踪进展、控制变更、解决问题及履行合同。

（4）终止阶段。终止阶段就是移交项目结果和评估项目绩效。在移交之前，要检查、测试项目的结果是否满足客户的要求，确保客户能接受项目的产品服务，还要进行绩效评估和经验总结，以便为今后执行相似项目积累经验。该阶段的主要工作包括范围确认、质量验收、费用决算与审计、资料整理与归档以及移交与评价。

1.1.5　项目与日常运营的关系

人类有组织的活动可分为两大类：一类是在相对封闭和确定的环境下所开展的重复性、持续性、周而复始的活动，称为"日常运营"（operation）；另一类是在相对开放和不确定的环境下所开展的临时性、独特性、一次性的活动，称为"项目"（project），如中国古代的都江堰水利工程、现代的三峡工程等。项目与日常运营有一些共性：它们都需要由人来完成；都要受资源的限制；都需要规划、执行和控制。但是二者却有着根本的不同，日常运营是工业时代的管理方式，它是面向职能的专业化管理模式，注重管理的效率，管理目的是从周而复始的工作中获得相应的回报；而项目是知识经济时代下的管理方式，它是面向活动的过程管理模式，注重的是做事的效果，管理的目的是获得项目的成果。具体区别如表 1-2 所示。

表 1-2　项目与日常运营的关系

	比较项	项目	日常运营
	负责人	项目经理	部门经理
	项目授权	正式授权	岗位责任制
	组织结构	项目组织	职能部门
	组织管理	项目团队	职能管理
	管理方法	实现目标	实现职能
不同点	管理内容	庞杂	相对单一
	是否连续	一次性的	经常性的
	是否常规	独特性的	常规性的
	管理目的	效果	效率
	管理背景	开放环境	相对封闭环境
	考核指标	以目标为导向	效率和有效性
	收益模式	创新成果	收回投资及取得收益
	实施者	都是由人来实施的	
相同点	资源占用	受制于有限的资源	
	管理过程	需要计划、实施和控制	

■ 1.2　项目管理

现代项目的复杂性，使得对项目管理的要求也越来越高。项目管理的目的在于尽可能全面地预测出项目在实施过程中可能面临的问题与风险，并对项目的活动进行计划、组织和控制，以便在各种风险存在的情况下顺利完成项目。任何项目要想取得预期成果都需要进行管理，本节将全面讨论项目管理的概念、内涵以及它与日常运营管理的不同之处。

1.2.1　项目管理的内涵

1. 项目管理的定义

PMI 对项目管理的定义如下："项目管理是通过应用和综合诸如启动、计划、执行、控制和收尾的项目管理过程。"

2. 项目的管理过程

在项目生命周期中，PMI又将每个阶段分成5个不同的过程：启动过程（initiating）、计划过程（planning）、执行过程（executing）、控制过程（controlling）和收尾过程（closing）。其各阶段的关系如图1-1所示。

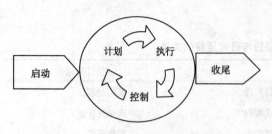

图1-1　项目管理5个过程的关系图

（1）启动过程。启动过程确定潜在的项目，随后要评估它们对组织的重要性。通常在谈及启动时，大多数项目计划活动已经到位，下一步涉及的则是实际工作的开展及即将产生的大笔支出。为确保项目目标的实现，需要委任项目经理、建立合理的项目组织结构、聘任积极性高的项目成员，并使其清楚自己在项目中担当的角色和应该履行的职责。

（2）计划过程。计划过程是应用范围最广的过程之一，计划制订包括定义目标，以及选择最佳方案来达成目标。许多活动都要涉及计划过程。它也是项目的关键层面，如范围、时间、成本和风险规划。在这个阶段，可以使用项目管理工具（如Microsoft Project）来创建工作分解结构（work breakdown structure，WBS）、甘特图和网络图等。

（3）执行过程。计划制订后就是执行计划。执行过程需要协调人员和其他资源，在执行过程中项目的实际交付物才能产生。

（4）控制过程。控制过程用以在执行过程中定期地监控和度量进度，以便于确定其与计划之间的差异，并且在必要时采取纠正措施。因此，大部分项目控制都会发生在执行阶段。

（5）收尾过程。在项目收尾的过程中，从项目正式被接受直到结束时就进入收尾过程，在此过程中，所有的书面工作都要结束，责任方要签署协议，结束项目。

3. 项目生命周期中的重要角色

项目生命周期中有四个重要的角色，分别是客户、承包商、项目经理、项目工程师。

（1）客户（有的项目是委托人）。客户是为项目出资并获取回报的个人或组织，客户可能是多层次的，国内通常称为业主。但在管理类项目中，客户代表公司董事会或高级管理层，他们自己对项目进行管理。

（2）承包商。承包商是承担项目，对项目实施负责以满足客户需求的机构。

在建筑项目中，承包商是指项目的承包合同方，而一般意义上，承包商是指执行项目的个人或单位。

（3）项目经理。项目经理是由承包商雇佣（或由顾客雇佣）的，计划和管理整个项目活动，保证能按时、在预算范围内、按规定要求完成项目的人。当我们给项目授权时往往要任命一名全职经理，在建筑行业中，项目经理是一种标准的称呼，而在其他行业中，尤其是组织内的项目，项目经理可能是合同经理、计划和预算经理、项目协调工程师、规划工程师、项目主管等。

（4）项目工程师。项目工程师具有较强的技术能力，他既可以是直接向项目经理负责的内部工程师，也可以是项目外部的顾问。在项目管理过程中，项目经理需要持续可靠的专业技术支持和建议，尽管有各职能部门经理的支持，但是项目经理仍然需要一个独立的技术支持人员，由他在整体上把握项目的设计情况和可靠性，并解决不同工程领域间出现的技术冲突。在很多情况下，由项目工程师对项目设计和说明进行核准，对项目的质量和可靠性进行监督，他在组织中的地位很高，仅次于项目经理。

4. 不同角色对项目的管理

在项目中，不同的当事人所关心的问题及期望也不相同，他们关注的目标和重点往往相去甚远，下面分别介绍不同当事人对项目的管理要点。

（1）投资者对项目的管理。项目投资者通过直接投资、发放贷款以及认购股票等各种方式向项目经营者提供资金，他们必须对项目进行适当的管理，其管理重点在项目的启动阶段，采用的主要手段是项目评估，但是投资者要真正取得期望的投资收益仍需要对项目的整个生命周期进行全程的监控和管理。

（2）业主对项目的管理。除了自己投资、自己开发、自己经营的项目之外，多数情况下业主是指项目最终成果的接收者和经营者。如果他也参与投资的话，将与其他投资者共同拥有项目的最终成果，并从中获得利益和承担风险。业主应该对项目负有很大的责任。

（3）设计者对项目的管理。项目成果的设计可以由项目业主组织内部的成员来做，也可以利用外部资源。无论哪种情况，设计者都要接受并配合业主对项目进行管理，同时还要对设计任务本身进行管理。由于项目成果设计往往比项目中的其他工作带有更多的创新成分和不确定性，因此，对管理方法和技术不能忽略。

（4）实施者对项目的管理。项目实施必须满足业主要求进而达到项目的目标。经过项目的计划和设计，这些目标通常变得更加具体和明确，项目实施者对项目的管理职责主要是根据项目目标对实施过程的进度、成本、质量进行全面的计划与控制，并开展相应的管理工作。项目实施者可以来自业主组织内部也可以来自业主组织外部。无论在哪种情况下，实施者都要接受业主的监督和管理，与业主保持密切的沟通与配合，如果实施者在业主组织外部，为取得项目实施任务，他还要参与业主的采购过程。

5. 项目的授权

一旦项目被定义，所有的许可证颁发以后，项目业主就开始向项目授权，进而投入资金和有效资源，项目授权是一个里程碑，它是项目的理论准备阶段和实际进行阶段的分水岭。许多组织对这一阶段十分重视。当项目被授权以后就进入了项目启动阶段，该阶段要任命项目经理、组建项目管理办公室及其他事项。这时，项目经理才可以进行细节的规划和人力资源的调动等工作，同时决定工作执行的先后顺序，并对其执行情况进行评估。

6. 知识领域

知识领域是指项目经理必须具备的一些重要知识和能力。为了规范项目管理，PMI 提出了一整套项目管理知识体系，该知识体系主要由 9 个部分组成，分别涉及项目的综合管理、范围管理、时间管理、成本管理、质量管理、人力资源管理、沟通管理、风险管理和采购管理等。其中，范围、时间、成本、质量被视为核心知识领域，这是因为这四方面会形成具体的项目目标；人力资源、沟通、风险、采购管理被称为辅助知识领域，因为它们帮助实现项目目标；综合管理是一项整体功能，它影响着其他知识领域，同时，也受其他知识领域的影响。

7. 项目管理工具和技术

项目管理工具和技术是用来帮助项目经理和项目团队成员进行管理的工具与技术，后文将详细介绍常用的工具与技术。

1.2.2　项目管理的意义

项目管理的目的就在于尽可能地预测出在项目实施过程中可能面临的问题和风险，并对项目中的作业进行计划、组织和控制，以便在风险存在的情况下顺利完成项目。项目管理追求的是效果。项目管理工作在项目所需的资源就位之前就已经开始了，并贯穿于整个项目，直到项目结束。

对于项目管理的意义，可以从宏观和微观两个层面来认识。宏观层面即从项目管理对企业的战略、管理模式、市场竞争力的影响来看，它有助于企业实现扁平化、个性化、柔性化和国际化；从微观层面来看，通过项目管理，可以帮助企业合理安排项目的进度，有效使用项目资源，确保项目能够按期完成，并降低项目成本；加强项目的团队合作，提高项目团队的战斗力；降低项目风险，提高项目实施的成功率；有效控制项目范围，增强项目的可控性；可以有效地进行项目的知识积累等。

1.2.3　项目管理的基本特性

为了更好地认识项目管理，人们除了要了解项目管理的定义外，还需要深入探讨有关项目管理的基本特性。现代项目管理理论认为，项目管理的基本特性有如下几方面。

（1）项目管理的系统性。尽管项目是一次性的，旨在产生独特性的产品或服务，但是组织不能孤立地运行项目。项目最终要服务于组织的需求，因此，项目必须在更广阔的环境中运行，项目经理需要在更大的视野下对项目进行全盘的考虑。这就是系统性。

（2）项目管理的阶段性。由于项目作为系统的一部分运营，并且具有不确定性，因此，将项目分为几个阶段进行管理，一个项目在开始下一阶段时，必须确保成功完成本阶段的工作，这样可以更好地对项目进行管理和控制。

（3）项目管理的综合性。项目管理是一项系统的整合工作。在某些时候，在某个知识领域所作的决定和行动常常会影响其他方面，处理这种影响不得不衡量项目的三项约束（范围、时间、成本），项目经理还要在其他知识领域衡量。不能够孤立地开展项目某个专项或专业的管理。

（4）项目活动的受控性。受控是项目管理的精髓之一。在所有项目管理的过程组中，控制是最重要的过程之一，它跨越整个项目管理的生命期。在项目管理中，要始终树立一切活动都是受控制的观点，只有这样才能最大限度地减少各种变更的发生。

（5）项目团队的流动性。项目管理组织打破了传统专业化的职能式的部门结构，而是建立一支由不同技能的人员组成的高效合作的团队。团队的部分人员是在需要时来到团队，完成任务后即离去，团队的人员结构在项目进展到不同阶段是不断变化的。

另外，项目管理还有许多其他特性，如项目管理的预测性、变更性等。

■ 1.3 项目管理的发展历史及发展趋势

项目和项目管理的实践从人类开始组成社会并分工合作之日起就已经开始了，远古文明时期留下的历史遗产证实了我们祖先在项目管理方面取得的令人难以置信的成果，工业化社会经济压力的增大、军事防御的需求、竞争对手的较量以及对价值的更多关注等，都促使项目管理发展成了管理学中一门单独的学科或专业。它经历了不同的发展阶段，并显现出未来的发展趋势。

1.3.1 项目管理的发展历史

不同学者对其发展阶段有不同的划分。下面以项目管理技术的出现、项目管理职业化发展等为主要标志，将项目管理的发展大致划分为以下六个主要阶段，其中，前两个阶段属于萌芽阶段，项目管理与管理学没有严格的界限，到第三个阶段才真正提出项目管理的概念。如表 1-3 所示。

表 1-3　项目管理的发展阶段

时间	1900 年以前（第一阶段）	1900～1949 年（第二阶段）
主要特点	项目很伟大 人力廉价，甚至是可以牺牲的 紧迫性不是由竞争驱动的 管理组织结构是军队式的 没有管理科学家 项目管理者是有创造性的工程师和建筑师 没有项目管理职业	管理科学家和工业工程师出现 科学化的项目管理萌芽 学科研究工作开始 亨利·甘特发明了甘特图 关键路径网络图的早期开发
时间	1950～1969 年（第三阶段）	1970～1979 年（第四阶段）
主要特点	美国国防项目开始应用关键路径网络分析 项目管理软件出现 项目管理成为一种公认的职业 项目人力资源受到重视	项目管理出现两个分支 ——工业项目管理 ——IT 项目管理 创建项目管理协会 更多项目管理软件出现 健康和安全的法律规范 反歧视法律的引入
时间	1980～1989 年（第五阶段）	1990 年至今（第六阶段）
主要特点	在台式机上运用项目管理软件 更好的图形和色彩 管理者较少依赖 IT 专家 计算机能运行箭线图和前导图 项目管理作为一种职业被广泛接受	个人计算机和笔记本能运行所有的项目管理功能 更关注项目的风险 IT 项目管理和工业项目管理不再被认为有很大的差别 项目管理被认为是受尊敬的职业，同时有大量的协会成立 卫星和网络促进了世界范围内的同行沟通

1.3.2　项目管理的发展趋势

随着知识经济时代的到来，为了在迅猛变化、急剧竞争的市场中迎接经济全球化、一体化的挑战，项目管理更加注重人的因素、注重方法论、注重企业项目以及跨国项目的管理，力求在变革中生存和发展。现代项目管理具有如下发展趋势。

（1）强调以客户为中心的服务理念。项目管理要满足时间、成本和质量指标，还要得到客户的认可与满意。这意味着从需求分析到最后的项目收尾，都需要站在客户的角度考虑问题。

（2）项目管理应用更广泛。在知识经济社会中，项目管理从工程项目领域扩展到科技开发项目，从组织变革项目到社会服务项目，从个人婚礼项目到奥运会项目，无处不涉及项目，使得人类管理模式逐步向以项目管理为主的模式转化。这不但要求成功完成一个项目，而且要求在一个成功项目上的经验可以复制或转移到另一个项目上，强调有一套项目管理方法论作为指导，使之能在最快的时间内完成项目。

（3）企业级项目普遍存在。为适应现代产品的创新速度，企业需要重新考虑如何开展业务，如何赢得市场，赢得消费者。为了缩短产品的开发周期，必须围绕产品重新组织人员，将从事产品创新活动、计划、工程、财务、制造、销售等人员组织到一起，使从产品开发到市场销售全过程的人员，形成一个项目团队。

（4）项目群管理和项目组合管理。项目管理的吸引力在于，它使企业能处理需要跨领域解决的复杂问题，并能实现更好的运营效果。现今的很多项目都是大型、复杂和资金密集型项目。项目管理的目标是将完成项目所需的资源在适当的时候按适当的量进行合理分配，并且力求这些资源的最优利用。

1.3.3　组织项目管理成熟度模型及其他发展

在现代项目管理知识体系的发展过程中，PMI 做出了很大贡献。例如，该协会主导的项目挣值管理理论和方法与组织项目管理成熟度（organizational project management maturity model，OPM3）模型和方法都是现代项目管理理论与方法中的最新发展成果。

组织项目管理成熟度模型是由 PMI 研究、开发和推出的一个组织项目管理能力（或叫成熟度）的评估和提升的知识和方法。它还是帮助组织提高市场竞争力的工具。OPM3 为组织提供了一个测量、比较、改进项目管理能力的方法和工具。组织项目管理成熟度模型有以下用途：①通过内部的纵向比较、评价，找出组织改进的方向；②通过外部的横向比较，提升组织在市场中的竞争力；③开发商或提供商（vendor）通过评价、改进和宣传，提升企业形象；④雇主（client）要求开发商或提供商按照 OPM3 模型的标尺达到某级成熟度，以便选择更有能力的投标人，并作为一种项目控制的手段。OPM3 将项目管理成熟度分为四个阶段，分别是标准化阶段、测量阶段、控制阶段和持续改进阶段。

项目管理成熟度模型的要素包括改进的内容和改进的步骤，使用该模型的用户需要知道自己现在所处的状态，还必须知道实现改进的路线图。除 OPM3 外，目前还有多种项目管理成熟度模型，比较有影响的是著名项目管理专家 Kerzner 提出的项目成熟度模型，它分为 5 个级别。

（1）通用术语（common language）：在组织的各层次、各部门使用共同的管理术语，即单个项目管理的层次。

（2）通用过程（common processes）：在一个项目上成功应用的管理过程，可重复用于其他项目，可重复性的多个项目管理的层次。

（3）单一方法（singular methodology）：用项目管理来综合全面质量管理（total quality management，TQM）、风险管理、变革管理、协调设计等管理方法，即按组织标准开展项目管理的层次。

（4）基准比较（benchmarking）：将自己与其他企业及其管理因素进行比较，提取比较信息，用项目办公室来支持这些工作，按整个组织开展项目管理的层次。

（5）持续改进（continuous improvement）：以从基准比较中获得的信息建立经验学习文档，组织经验交流，在项目办公室的指导下改进项目管理的战略规划，组织绩效优化的项目管理的层次。

每个层次都有评估方法和评估题目，可以根据汇总信息评估本组织现处的成熟度，OPM3 会帮助一个组织全面识别其组织能力的缺陷，然后针对这些缺陷帮助组织选择组织改进和增加项目管理成熟度的方法和路径，最终使组织不但能够实现项目和项目管理的成功，而且能够实现组织发展和战略成长等方面的成功，进而确定如何进入下一梯级。

1.4　项目管理背景

项目管理的系统方法要求项目经理要以更大的项目依托的组织背景来看待项目，许多项目的失败都是由于项目经理没有仔细研究项目利益相关者的需求，没有弄清楚组织中的政治和权力问题，或者没能得到高层领导的支持等。因此，项目经理必须有效地监督项目的活动，同时要考虑项目的背景因素，否则他们就会承担风险。这些因素包括项目利益相关者、组织结构和社会经济以及环境的影响等。

1.4.1　项目利益相关者

项目利益相关者指积极参与项目或其利益在项目执行中或成功后受到积极或消极影响的组织和个人，或指项目的利害关系者。主要的项目利益相关者包括顾客（用户）、项目经理、执行组织、项目发起者。除了上述的项目当事人外，项目利益相关者还可能包括政府的有关部门、社区公众、新闻媒体、市场中潜在的竞争对手和合作伙伴等。

绝大多数项目至少有两个不同的基本利益相关者，他们各居合同的一方。一方是识别项目需求，然后做项目发起人，并为项目目标的实现进行融资；另一方是组织雇佣人员承担项目工作（承包方）。简单项目，如假日旅行只有自己参与，生日家宴只有主人和客人两方参与。大型复杂的项目往往有多方面的人参与，如建设方、投资方、贷款方、承包人、供货商、建筑设计师、监理工程师和咨询顾问等。在某种情况下，项目参与人往往就是相应的合同当事人。建设方通常都要聘用项目经理及管理班子来代表业主对项目进行管理。实际上，项目的各方当事人需要有自己的项目管理人员。

1. 项目发起者

项目发起者（project sponsor）是负责对项目提供高层支持的组织成员。项目发起者有责任确保项目资源顺利到位，以使项目成功完成。这些项目资源包括人员和设施，以及项目人员的任何其他需求。

2. 项目经理

项目经理在项目管理中起着关键性的作用，是决定项目成败的关键角色，在需要执行最高权威或者采取措施来保证项目的财务、技术和物流正常的情况下，项目经理应当根据相关事宜来进行常规管理。

项目经理的大部分时间要花费在协调工作上，即指挥和整合某些部门的工作，并依靠另一些部门来获取信息和服务支持。这就要求项目经理与企业大多数部门之间积极配合，无论这个部门是直接参与项目（如工程部或生产部），还是为项目进行服务（如会计部门或人力资源部门）。由此可见项目经理的地位至少要和部门经理相同，尤其是在项目经理需要监管次级承包商时，当一个项目接近尾声时，往往由项目经理代表公司会见客户，所以项目经理也是公司形象的重要组成部分。

（1）项目经理的分布。大型项目可能会有两个或两个以上的项目经理，这些项目经理可能分布于项目组织的各处，包括客户公司、重要的次级承包商及一些特殊采购商品和器材的制造商。①客户公司的项目经理。客户将项目承包出去之后，一定希望掌握项目的进度，以保证项目完全按照合同要求完成。客户可以任命一个内部的项目经理，也可以聘任一个外部的专业项目经理来监管项目。②承包商项目经理。对于外包项目，客户常常会选定一个承包商，承包商也会任命自己内部的项目经理。对于大项目，会有许多次级合同，这样项目就是由许多承包商构成一个链，项目经理也会分布于各级节点企业中，他们不仅保证了项目的计划和控制，而且是项目沟通网络中的纽带，他们由主要承包商的项目经理进行管理、协调并对客户负责。

（2）IT项目经理。IT项目经理是在1970～1979年出现的，当时他们既没有项目规划或时间计划的经验，也没有兴趣学习这些方法，但他们拥有的技术和智能足以领导团队开发IT项目，这些IT项目经理通常是高级系统分析师，他们是稀缺资源，也是高薪阶层。

（3）项目经理应具备的能力。为履行好项目的计划、组织、控制职责，项目经理在项目管理中通常扮演多种角色，如项目的整合者（整合各方资源）、决策者和良好氛围的营造者等。要成功扮演这多种角色，就要求项目经理具备多方面的能力，项目经理既要具备洞察力和对项目信息的正确运用、处理矛盾冲突等的专用能力，又要具备领导、沟通、协商、问题解决、影响组织、激励人员等通用管理能力。

3. 项目团队

项目团队是指有共同目标又有互补技能的两人或多人，在组织及其团队成员之间保持责任承诺。团队成员享有高度独立性，他们既有共同目标，又有互补的技能。在项目团队组建后，这组人一般都要花一些时间才会逐渐发展成为精干的项目团队。这种演变将在以后进行讲述。

4. 项目监理

项目监理是指监理机构依据项目质量、进度、成本等准则，对项目有关主体进行监督、检查和评价，并采取组织、协调、疏导等方式，促使项目更好地达到预期的目的。一般而言，监理方与委托方签订监理合同，完成监理计划（包括委托方在该项目总体上要达到什么目标，细分后分别是什么目标，质量、时间、投资预算方面的要求是什么），代表委托方履行监理职责，对项目进展的各个环节、各个有关方面进行客观、有效的监督和评价。监理与项目其他主体的关系如图 1-2 所示。

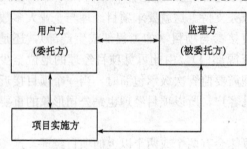

图 1-2　监理与项目其他主体的关系

项目监理从合同签订开始到最后系统试运行结束，监理方工作在职能上可以归结为两点，即沟通与监督。沟通的目标是实现委托方与实施方信息对等，沟通的手段是定期或不定期召开工作会议；监督的目标是在质量、进度和投资上进行控制，监督的手段主要是进行合同管理和文档管理。

1.4.2　项目组织

一个项目往往都在一个特定的组织背景下开展，项目要为组织战略服务，必须将人员、岗位和资源有效地组织起来，以获得相关的支持，这种管理沟通的框架就是组织结构。有三种不同的组织元素会影响项目，即组织文化、组织结构及项目管理办公室的角色。

1. 组织文化

在一个项目中，无论项目经理是通过令人畏惧来建立起自己绝对的权威还是采取温和的说服引导建立起的权威，都要求他们能够激励员工并激发员工为项目工作的欲望。项目经理需要通过敏锐的观察，发现组织中的一些问题，必要时可以申请管理高层调整组织结构。为了保持企业的竞争力，项目经理应随时了解项目管理技术和思想的最新动向，并在适当的时候向组织内成员传达。因此，高层管理层必须对项目经理进行长期持续的培训，或经常组织项目管理研讨会，甚至聘请项目管理顾问。同样，对项目组成员的管理理念也要持开放和启发式的态度，形成一种善于学习、积极开放、高度合作的组织文化。

　　2. 组织结构

　　组织结构能够建立起良好的沟通渠道，能够促进组织内的合作与协调。组织结构也会影响项目以及项目的管理方式，主要影响资源的可供应性和分配情况。划分组织结构有许多种方法，PMI 把它们划分成职能型、项目型、矩阵型三种。

　　(1) 职能型组织结构（functional organization structure）。这是一种传统的层次型组织结构，有时会被认为类似于金字塔结构，顶部是最高管理层，底部是基层员工，而中间则是管理人员。在这样的组织里，项目范围被限制为职能边界。在不同职能领域内部的人员要独立从事项目的不同部分。

　　(2) 项目型组织结构（projectized organization structure）。组织结构的另一个极端是项目型组织结构。项目范围和团队成员会跨越组织的边界，职能背景各不相同的人员会在一起工作，贯穿于项目的生命周期。团队成员都是属于同一个组织部门，而不是隶属于不同的职能领域。这种组织结构可以为项目工作提供必要的资源。由于项目经理会直接向组织内部的最高执行官汇报情况，因此，他们有权力和独立性，可以带领团队直到成功完成项目。

　　(3) 矩阵型组织结构（matrix organization structure）。居于两者之间的组织结构是矩阵型组织结构。矩阵型组织如此命名的原因在于它们一般会跨越职能设计（在一个轴向），但却有着另一种设计特性（在另一个轴向），这里是项目管理。有不少方法可以用来组织矩阵型组织，如强矩阵、弱矩阵、平衡矩阵。强矩阵具有许多项目型组织结构的特性，项目经理全职负责，项目管理人员也是全职工作；平衡矩阵，项目职员要向项目经理以及各职能领域的领导报告；弱矩阵结构与职能型组织结构极为类似，项目经理更多的是充当协调人员的角色，而不是独立作为经理负责。

　　表 1-4 比较了职能型、项目型和矩阵型组织结构的功能。表中列出了三类矩阵设计，即弱矩阵、平衡矩阵和强矩阵。它展示了对于项目管理而言，各种组织结构存在差异的不同层面。研究组织结构的差异会如何影响项目经理的角色，这尤其是有启示意义的。

表 1-4　各种组织结构的比较

项目特征	职能型	矩阵型			项目型
		弱矩阵	平衡矩阵	强矩阵	
项目经理的职权	很少或没有	有限	低到中	中到高	很高，甚至全权
资源可供应性	很少或没有	有限	低到中	中到高	很高，甚至全权
谁控制项目预算	职能经理	职能经理	混合	项目经理	项目经理
项目经理的角色	兼职	兼职	全职	全职	全职
项目管理人员	兼职	兼职	全职	全职	全职

3. 项目管理办公室

在组织内部，为了鼓励和支持项目的开展，一般设立一个项目管理办公室（PMO）。PMO 一般由支持人员和物理设施组成，其目的是关注项目管理的各个层面。PMO 将发挥英才中心（center of excellence）的作用，促进优秀的项目管理实践；PMO 随时可以给组织中从事项目的项目团队带来各种益处，包括辅助制定用于计划或控制项目活动的方法学；在某些情况下，项目经理是 PMO 的成员，当项目启动的时候，可以安排到新的项目中去。PMO 组建的目的是集中和协调组织内部的项目。但 PMO 究竟做什么，这在组织之间是没有标准的。在一些组织里，PMO 可能会对项目提供支持，而在另一些组织里，PMO 就可能要实际负责全部的结果。在这种情况下，PMO 会有很多不同类型的职责和功能组合，其可能的职责包括项目登记、项目规划、资源规划、成本预算、成本报告和控制、制定工作准则、进度报告、变更协调、挣值管理、监管公司的项目管理计算机系统、项目集管理和项目组合管理。

1.4.3　项目管理协会

项目管理职业正在飞速成长，在 20 世纪 60 年代前后，各国先后成立了项目管理协会，尤其是两大国际性项目管理协会先后成立。其一是以欧洲国家为主而成立的国际项目管理协会（International Project Management Association，IPMA），其二是以美洲国家为主而成立的 PMI。这些协会为推动项目管理职业化的发展而开始研究和提出项目管理者所需的知识体系，对现代项目管理知识体系的形成和全面推广做出了卓越的贡献。

1. IPMA

IPMA 始创于 1965 年，是国际上成立最早的项目管理专业组织，网站为 http://www.ipma.ch。其目的是促进国际间项目管理的交流，为国际项目领域的项目经理提供一个交流各自经验的论坛。IPMA 最突出的特点就是与国家（地区）协会同步发展，这些协会是为满足各国（地区）特殊的发展要求而设立的，各协会均使用自己的语言。IPMA 现有 41 个成员组织，由各国（地区）最具权威性的项目管理专业组织经申请成为 IPMA 成员代表。为促进世界各国项目管理的发展和经验交流，从 1965 年成立起，IPMA 每两年在不同国家组织召开一次国际会议（自 2002 年起改为一年一次）。IPMA 在全球推行的国际项目管理专业资质认证（International Project Management Professional，IPMP）对项目管理产生了重要影响。

IPMP 是 IPMA 在全球推行的四级项目管理专业资质认证体系的总称。IPMP 是对项目管理人员知识、经验和能力水平的综合评估证明，根据 IPMP 认证等级划分获得 IPMP 各级项目管理认证的人员，将分别具有负责大型国际项目、大型复杂项目、一般复杂项目或具有从事项目管理专业工作的能力。IPMA 依据国际项目管理专业资质标准（IPMA Competence Baseline，ICB），针对项目管理人员专业水平的不同将项目管理专业人员资质认证划分为四个等级，即 A 级、B 级、C 级、D 级，每个等级分别授予不同级别的证书。

A 级（Level A）证书是国际特级项目经理（certified projects director）。获得这一级认证的项目管理人员有能力指导一个公司（或一个分支机构）的包括有诸多项目的复杂规划，有能力管理该组织的所有项目，或者管理一项国际合作的复杂项目。

B 级（Level B）证书是国际高级项目经理（certified senior project manager）。获得这一级认证的项目管理人员可以管理大型复杂项目，或者管理一项国际合作项目。

C 级（Level C）证书是国际项目经理（certified project manager）。获得这一级认证的项目管理人员能够管理一般复杂项目，也可以在所在项目中辅助高级项目经理进行管理。

D 级（Level D）证书是国际助理项目经理（certified project management associate）。获得这一级认证的项目管理人员具有项目管理从业的基本知识，并可以将它们应用于某些领域。

由于各国项目管理发展情况不同，各有各的特点，因此，IPMA 允许各成员国的项目管理专业组织结合本国特点，参照 ICB 制定在本国认证国际项目管理专业资质的国家标准（national competence baseline，NCB），这一工作授权于代表本国加入 IPMA 的项目管理专业组织完成。

IPMA 已授权中国项目管理研究委员会（PMRC）在中国进行 IPMP 的认证工作。PMRC 已经根据 IPMA 的要求建立了《中国项目管理知识体系》（C-PM-BOK）及"国际项目管理专业资质认证中国标准"（C-NCB），这些均已得到 IPMA 的支持和认可。

2. PMI

PMI 是成立于 1969 年的一个国际性组织，提供关于这些专题的信息和培训，是项目管理专业领域中最大的，由研究人员、学者、顾问和经理组成的全球性专业组织。到 2006 年，PMI 的成员已经接近 214 000 人，他们分别来自全世界的 159 个国家。PMI 为项目管理者传递教育服务，并为拥有丰富项目管理经验的人员提供项目管理专业（project management professional，PMP）资格认证。此外，PMI 还出版了 3 种期刊：*PM Network*、*Project Management Journal* 以及 *PM Today*。对于 PMI 持续增长的热情则更加强化了项目管理技术在当今组织内部与日俱增的重要性。有关该组织的信息可以在 www. pmi. org 网站上查到。

PMI 经过近 10 年的努力，于 1987 年推出了《项目管理知识体系指南》（Project Management Body of Knowledge，PMBOK）。PMBOK 又分别在 1996 年、2000 年、2004 年和 2008 年共进行了 4 次修订，使该体系更加成熟和完整。PMI 组织的 PMP 资质认证考试已经成为项目管理领域的权威认证。每年全球都有大量从事项目管理的人员参加 PMP 资格认证。PMI 正成为一个全球性的项目管理知识与智囊中心。

PMI 成员中有 72％的成员来自北美地区（美国和加拿大），而有将近60 000名成员来自亚太地区、欧洲、拉丁美洲和加勒比海岸。行业代表同样也在变化。尽管成员们最关心的行业领域是信息技术，但还是有超过 30 个兴趣组致力于航空、教育、金融服务、政府和制造等领域。还有兴趣组关注着成员不断增长的小组，如项目管理中的女性等。在诸多行业内部以及拥有全球化利益相关者的公司内部，复杂的项目日益增多，项目管理软件（如 Microsoft Project）通过对项目的管理提供帮助，促进了整个行业的提升。

美国 PMP 资质认证是由 PMI 在全球范围内推出的针对项目经理的资格认证体系，通过该认证的项目经理称为 "PMP"，即 "项目管理专业人员"。自 1984 年以来，PMI 就一直致力于全面发展，并保持一种严格的、以考试为依据的专家资质认证项目，以便推进项目管理行业和确认个人在项目管理方面所取得的成就。我国自 1999 年开始推行 PMP 认证，由 PMI 授权国家外国专家局培训中心负责在国内进行 PMP 认证的报名和考试组织，通过对报名申请者进行考核，以决定是否颁发 PMP 证书。

由于信息系统项目的复杂性，为了增加 IT 项目的成功率，更多的项目经理应该努力获得 PMI 的 PMP 资格认证。其原因如下。

（1）教育和培训。通过研讨会，PMI 的成员可以提高他们在项目管理领域的知识和技能。

（2）知识获取。成员们可以获取研究成果，这样他们就能够与项目管理领域的任何变化或发展保持同步。

（3）职业发展。项目经理可以参加教育活动，在那里他们可以通过案例研究或仿真模拟了解到其他项目经理的国际化和区域性的视点。

（4）人际网络。PMI 的成员有机会接触到来自不同组织的成员，可以培养关系，并努力推进项目管理专业的发展。

（5）事业提升。PMI 向那些拥有丰富项目经验并且在项目管理领域已经通过多种考试的个人提供 PMP 资格认证。

（6）专业奖励。每年都会为在项目管理领域和 PMI 赢得声誉和认可的 PMI 成员提供奖励。

（7）求职服务。PMI 还为项目管理专业人员提供求职服务。

（8）出版物。除了有 3 种期刊外，PMI 还出版了项目管理方面的图书、培训工具以及其他的学习产品。

3. PMRC

PMRC 成立于 1991 年 6 月，是我国唯一的跨行业、跨地区、非营利性的项目管理专业组织，并作为中国项目管理专业组织的代表加入了 IPMA，成为 IPMA 的成员组织，网站为 http://www.pm.org.cn。其上级组织是由我国著名数学家华罗庚教授组建的中国优选法统筹法与经济数学研究会。PMRC 的宗旨是致力于推进我国项目管理学科建设和项目管理专业化发展，推进我国项目管理与国际项目管理专业领域的交流与合作，使我国项目管理水平尽早与国际接轨。PMRC 推出了适合我国国情的《中国项目管理知识体系》（C-PMBOK），引进并推行"国际项目管理专业资质认证"（PMP），基于国际项目管理协会推出的认证标准 ICB 建立了既能适合我国国情又能得到国际认可的"国际项目管理专业资质认证中国标准"（C-NCB）。

中国项目管理师（China Project Management Professional，CPMP）国家职业资格认证是中华人民共和国劳动和社会保障部（现人力资源和社会保障部）在全国范围内推行的项目管理专业人员资质认证体系的总称。拥有项目管理师证书将会为个人执业、求职、任职和发展带来更多的机遇。CPMP 共分为 4 个等级：高级项目管理师（一级）、项目管理师（二级）、助理项目管理师（三级）、项目管理员（四级），每级都有严格的报名条件。每级认证不但对项目管理的基础知识、基本技能进行严格的考试，而且严格地考察项目管理者的学历、实践经验、职业道德，以及对相关法律法规的了解。

为了促进计算机信息系统集成行业的发展，规范行业管理，提高计算机信息系统集成项目管理水平和项目建设质量，2002 年信息产业部发布了《计算机信息系统集成项目经理资质管理办法（试行）》，明文规定系统集成项目经理分为项目经理、高级项目经理和资深项目经理 3 个级别，每个级别都有不同的认证标准。

上述组织都推出了不同的知识体系和认证体系，如表 1-5 所示。

表 1-5　各项目管理机构的知识体系和认证体系

项目管理机构	英文简称	知识体系	认证体系
国际项目管理协会	IPMA	ICB	IPMP
美国项目管理协会	PMI	PMBOK	PMP
中国项目管理研究委员会	PMRC	C-PMBOK	C-NCB

1.4.4　项目管理宏观环境

商业环境越来越具有动态性和全球性，这些特点也会影响项目。项目不仅存在于较为复杂的组织背景下，同样地它也存在于组织边界之外的环境中。这种超越组织边界的、更加宽泛的背景可能会影响到任何一个项目。下面我们从以下 4 个方面来加以说明。

1. 标准和规章

国际标准化组织（International Organization for Standardization，ISO）把标准（standard）定义为"经公认机构批准的、规定非强制执行的、供通用或重复使用的产品，或相关工艺和生产方法的规则、指南或特性的文件"；类似地，规章（regulation）被定义为"规定强制执行的产品特性或其相关工艺和生产方法，包括适用的管理规定在内的文件"①。标准最终会变成由市场压力或习惯所驱动的事实规章。标准和规章的合规性可以在不同层次上执行。项目经理可以决定要应用哪些标准；组织可能会对项目或产品有着某种期望；政府无论在何种管辖层面上，都会以安全或其他公共利益的名义强制执行规章制度。

标准和规章会对项目产生巨大的影响。它们可能会规定在某件产品当中再增加一些设计元素，由此会增加项目工期和工作量，抑或规定项目本身要再增加一些额外的过程，如安全性测试等。

2. 国际化

当今，许多行业的工作都变得越来越全球化，项目和团队成员经常分布于不同的国家和时区。全球化的工作意味着项目也是全球性的。例如，在软件开发领域，许多身处南亚的项目成员，他们技能娴熟，薪酬却相对较低，所以国际化的团队越来越普遍。全球化项目的经理和团队成员需要考虑时区差异造成的影响，这种差异不仅会影响视频会议的顺利召开，而且还需要顾及国家和地区的假日以及政治差异。

---

① ISO 是一个全球性的非政府组织，在世界范围内促进标准化工作的开展，以利于国际物资交流和互动，并扩大知识，科学、技术和经济方面的合作。

3. 文化影响

既然项目是全球性的，那么肯定会存在影响项目的文化问题。即使说某个项目完全是在国家内部进行的，文化问题也依然会存在。项目成员的背景和观点可能会有很大不同。项目经理需要尽力了解这些差异会如何影响项目成员以及项目。

4. 社会-经济-环境的可持续性

所有的项目都会在一个较大的社会、经济和环境背景下计划和实现，这会超越项目、组织，甚至是完成项目工作的国家。项目往往会产生意料之外的结果。意料之外的结果有可能是积极的，也有可能是消极的，即使是在项目结束很久以后，组织仍然要对项目的结果及其可能的影响负责。

1.5　项目的成败

当一个项目获得批准后，承包商（不仅指承包项目的公司，而且也可以是内部管理者或团队）和项目经理将承担项目成败的绝大部分责任。了解决定项目成败的因素十分必要。项目目标的成功实现通常受 4 个因素的制约：工作范围、成本、进度计划和客户的满意度，对于商业项目还要考虑其赢利能力。

1.5.1　决定项目成败的因素

1. 项目目标的实现

承包商和项目经理的成功通常是根据成本、范围和时间这三个主要目标的实现程度来判定的。项目经理需要理解每一个目标的含义和各个目标之间的关联度。

（1）成本目标。每个项目在批准后，都有一个总预算，这就是项目的成本目标，项目经理及其团队应该通过控制详细的成本预算，保证花费不超出客户所认可的预算限度。如果在批准的预算范围内没有完成工作，这将降低项目的利润或投资回报。极端的情况下可能导致项目中断。

尽管有一些项目是无利益驱动的。例如，纯粹的科研项目；慈善组织筹款设立的项目；政府资助项目；非营利组织开展的项目等，对这些项目而言，成本控制依然是十分重要的，一旦项目未完成而资金消耗殆尽，就有可能中途放弃该项目，那么先前的投资就浪费了。

（2）范围目标。一般来说，项目所包含的主要活动是人们首先被感知的，在项目章程中有明确的规定，往往也是签订合同的基础。在时间和成本目标的约束下，它通常决定了项目或产品的质量，因为好的质量能满足人们的期望，能带来长期的经济效益。

（3）时间目标。项目是一种有始有终的活动，项目的总工期即是项目的时间目标。一个项目所有的重要阶段都必须不迟于指定的日期，以便在计划完成日期之时或之前完成。项目进度推迟会令发起人不悦；持续的不兑现承诺也降低承包商的信誉；项目超出计划日期还会带来资源的冲突，影响其他正在进行的项目或今后将要开展的项目。

（4）权衡目标之间的关系。19 世纪 80 年代中期，马丁·巴恩斯博士介绍了他的目标三角图，该三角图说明了成本、范围和时间这三个根本目标的相互联系，管理者将重心放在其中一两个目标上，有时要以其他目标为代价。因此，项目发起者或管理者有时必须权衡决定优先考虑三者中的一个或两个，后来也有人将该三角图改为时间、质量、成本三角图。①质量-成本关系。朱兰把质量定义为"符合其预期目的的一种服务或产品"。因此，质量是不可商量的，是不需要额外的成本来获取的。因此，承包商只能审查服务或管理的细节，在不影响项目或产品性能的情况下稍稍降低一点性能，来节省资金和运行成本。②时间-成本关系。时间和成本的关系既直接又重要。假如超出了计划时间段，那么原始的成本估算基本上就超支了。

2. 满足利益相关者的需求

项目经理在完成项目时，他所实现的目标应该和项目所有者的最大期望保持一致，做到取悦客户，同时使承包商获得商业成功。因此，衡量项目成败的一个因素就是项目的成果是否被主要的利益相关者所接受。

不同利益相关者对项目的理解是不同的，因此，管理就是尽力确认所有的项目利益相关者，了解利益相关者的兴趣，考虑和他们沟通的方法和交涉的手段，尽量满足他们的要求。

3. 项目效益的实现

大多数工业和制造业项目，项目所有者在项目完成并移交后，立刻开始实现期望收益。对于管理变革和 IT 项目来说，其效益期要出现得晚些，而且不太容易量化。管理变革和 IT 项目，当新的系统测试运行，并被公司的管理者和员工所接受时，这个项目就被认为是成功的，也许这个过程漫长而艰辛。

1.5.2　项目不同阶段引发的失败

并不是所有的项目都能获得成功，有许多项目是以失败告终的。项目失败可以定义为预算超支，延误工期，以及虽然在预算范围和规定时间内完成项目，但没有交付可以满足利益相关者期望的成果。项目管理过程的任何一个阶段都有可能失败。例如，在启动阶段，由于未能明确确立给定项目与公司业务策略之间的关系，经理可能会选择一个错误的项目。在项目管理的计划过程中，由于没能正确地估计出成本、时间或者项目的复杂性，也可能会出现问题。在执行过程中，从事实际项目活动的人员也可能会犯下导致项目失败的错误。在控制过程中，经理在预测项目的期望绩效和实际绩效时也会犯错。这些不正确的预测可能会导致对项目状态不准确的预见。最后，收尾过程中的失败还包括尚未对移交的交付物达成一致就先行结束项目。下面列出许多领域在项目不同阶段单独或同时引发项目失败的原因。

1. 概念阶段

概念阶段由项目发起人或所有者引发的失败，具体包括：没有投入足够的时间和资源进行正确的可行性分析研究；不精确、不清晰的可行性分析，职责范围或任务布置；在可行性分析阶段进行的不适宜的研究和风险评估；没能和所有的项目利益相关者进行协作，没有形成所有公共团体或个体拥护的协议，这些团体或个体日后可能反对并阻碍项目的实施；在初始阶段提供的不合理的管理支持或能力不合格的专家。

2. 计划阶段

计划阶段由项目所有者、项目发起人或咨询者引发的失败，具体包括：无效的项目目的，如承包商或其他组织为了公众或个人利益积极筹划的项目；不合适的计划制订能力，不合理的目标定义，没有对任务进行进度安排；不合理的管理机构，不清楚的授权；没有对与过程直接相关的问题进行咨询，而是通过对过程、事件、时间、计划等进行一些思考后得出结论；没有考虑即将发生的事情，没有分析风险，更没有制订应急计划；没有对资金、预算做充分预算。没有建立有效的资源计划，没有正确说明技术和质量要求；缺乏合同谈判能力。

3. 实施阶段

实施阶段由项目发起人、管理者和团队领导引发的失败，具体包括：选择不合格的技术专家，团队领导和管理者；不适合的领导方式；管理者和团队领导施行的不合理的项目控制；行动协调不够充分，不能使项目团队和承包商之间做到工作上的完全协调；疏忽培训及团队开发的需求；不充分的资源需求预测，提供的基本材料或设备的时间滞后；材料或设备不满足技术或质量规格要求；没有对项目进展情况和报告进行交流；当实际结果没有达到计划目标时，不愿采取补救行动；没有施行定期检查（需要时）和项目复审；受到政客或项目所有者组织中高层人员的干涉。

4. 结束阶段

结束阶段引发的失败具体包括：没有按时完成项目；没有达到需要的质量目标；不合适的移交安排；不合适的项目评估总结；项目目标缺乏可持续性。

1.6 项目管理方法

在确定了项目目标后，很重要的就是要采用正确的方法去实现项目的目标。尽管项目是一次性的、独特性的活动，但是一个项目的成功经验可以被复制到另一个项目中，提高项目实施的效率。具体包括项目管理模板、项目管理表格、项目管理制度、项目管理流程和项目管理工具等。在实际的项目管理中，还需要根据项目的实际情况对项目管理方法论进行裁剪与集成。

1.6.1 项目管理使用的主要方法

1. 项目管理模板

项目管理模板是通过一种直观的方式，展示各类项目活动的工作流程或其所包含的内容。模板有助于项目的可视化程度，使项目管理变得更易于操作，也使客户等项目利益相关者对其工作流程的理解更为容易。

常用的项目管理模板有项目需求建议书、项目授权书、项目计划文件、项目需求文件、项目范围说明书、WBS、项目资源计划表、项目成本估算表、项目质量计划、项目变更申请书、项目阶段性评审报告、项目会议纪要、项目自我评价表和项目总结报告等文档。一个好的项目团队，应该有丰富的项目管理模板。

2. 项目管理表格

要对项目进行监督和控制，离不开对项目执行信息的收集与处理。对于项目管理来讲，就需要设计一系列的表格收集信息和发布信息。通过项目管理表格中的信息，项目经理可以很快地知道哪个工作包做得好，哪个工作包做得不好，可以有效地监控项目的进展情况。例如，项目检核表就是一种非常有用的表格，在新的项目评估之前，检核表可以确保所有重要任务或费用都没有遗漏，承包商在项目执行领域内积累的经验，可以通过检核表的形式沉淀下来，用于项目的成本估算和计划。

3. 项目管理制度

严格的项目管理制度是项目成功实施的保证。没有制度，许多项目管理工具就会成为摆设。有的企业明确在项目管理制度上规定，做进度计划要用 Project 软件来进行进度管理，要用 WBS 来分解项目，要用前导图来画网络图，要用甘特图来制订计划，计划出来后要让客户来审查和确认等。只有将这些规定都明确在制度中，才可能从制度上保证项目管理的成功。

有了项目管理制度，还必须严格执行，才能真正发挥制度的作用。有些项目经理学了很多的经验和技巧，但在单位中推行不起来，很重要的原因就是单位没有一套行之有效的制度。要建立项目管理制度，一定要得到企业领导层的认可。这也就是说，要让企业领导层认识建立项目管理制度的意义，才能真正推行项目管理制度。

4. 项目管理流程

在制定好项目管理制度后，接下来就需要按一定的项目管理流程进行实施了。制度不仅要表现在文字上，还需要将它流程化，即变成一套流程，让项目成员一目了然地看清楚项目是如何一步步推进的。例如，有的企业在实施企业资源计划（enterprise resources planning）系统时，将实施流程分为启动、培训、定义、数据准备、切换和运行维护 6 个阶段，每个阶段又可以进一步细化。

5. 项目管理工具

先进的项目管理理念和方法需要项目管理工具来支撑。项目管理的工具也有很多，既包括各种项目管理信息系统，也包括项目管理过程中所使用的技术工具，如挣值分析法、网络图、甘特图、控制图、因果图、帕累托图等，具体内容将会在以后有关章节中介绍。

1.6.2　具体项目管理方法的确定

1. 项目管理方法的选择

项目管理既是一门科学，也是一门艺术。科学的项目管理需要项目管理表格、流程、制度等一套规范的项目管理方法，艺术的项目管理需要按照项目管理理论的要求，根据企业或项目规模、类型的实际情况量身定制，这就是方法论的裁剪。例如，一个单位制定了 100 余张项目管理的表格，有 40 多个项目管理的流程，对于大型项目是适用的；但是在中型规模的项目中不一定都要，如可以从中抽取 50 张表格和 20 个流程组合；对于小型项目可能只需要 10 张表格和 5 个流程组合。只有这样，才能减少中小项目的成员认为公司里表格或流程太多了、太烦了的抱怨。

2. 项目管理方法的整合

在对表格和流程进行一定的裁剪之后，把各种项目管理表格和方法进行综合，使之成为一个相互联系、结构完整的整体。具体从以下几方面加以整合。

（1）目标的整合。目标的整合包含各方利益相关者需求整合和目标三要素的整合。

（2）方案的融合。不同的技术和管理方案，对不同的项目利益相关者和不同的项目目标会有不同的影响。项目管理就要对各种方案加以整合，权衡各方面的利弊找出可接受的方案，或取长补短找出折中方案，尽可能地满足各方利益相关者的需求。

（3）过程一体化。项目管理是一个整体化过程。各组管理过程与项目生命周期的各个阶段有紧密的联系，每组管理过程在每个阶段中至少发生一次，必要时会循环多次。项目阶段的整合需要通过可交付成果的交接来实现。

（4）人与工具的集成。项目管理离不开人，如项目经理负责整个项目，由项目团队全体成员的努力完成。对于许多项目，特别是大型项目和复杂项目，除了人之外，项目管理工具也是项目得以顺利完成的必备条件，没有项目管理信息系统等项目管理软件和工具的支持，就难以进行进度管理、成本管理和风险管理等。

（5）理论与实践的统一。项目管理既是一门管理理论，同时也是一门实践性很强的学科，项目管理理论指导项目管理实践，但也来自于最佳实践，是理论与实践的统一。项目管理知识体系为项目管理提供了一套规范化的项目管理理论与方法，但并不意味着掌握了 PMBOK 的基本知识就可以很好地管理项目了。实际上，项目管理知识体系只是一些基本的框架，而每个项目所处环境、行业特点都不相同，所遇到的问题也不完全一样，这就需要项目管理人员在掌握基本项目管理理论后，根据实际情况，灵活艺术地应用和指导项目管理实践，需要在实践中不断总结项目管理经验，并把项目管理经验上升为项目管理方法。

1.7 项目管理使用的主要工具

项目经理及其团队可以利用大量的工具与技术来描述和记录项目计划、实施和变更情况。这些活动的结果既可以是图形报告，也可以是文本形式的报告。

在项目各专项管理过程中，所使用的工具、技术与术语见表 1-6 所示。以下将分别介绍常用项目管理工具与方法。

表 1-6   常用项目管理工具与技术

知识领域	工具、技术与术语
综合管理	项目选择方法，项目管理方法学，专家判断，利益相关者分析，项目章程，项目管理计划，项目管理软件，项目变更委员会，配置管理，项目评审会，工作授权系统等
范围管理	范围说明书，工作分解结构，专家判断，工作说明书，范围管理计划，需求分析，变更控制系统，偏差分析等
时间管理	甘特图，项目网络图，关键路径分析，计划评审术，关键链调度，赶工，快速跟进，里程碑评审，类比估算，参数估算，进度压缩，资源平衡等
成本管理	净现值，挣值分析法，投资回报率，项目组合管理，成本估算，成本管理计划，财务软件，类比估算，参数估算，储备金分析等
质量管理	石川图，帕累托图，六西格玛，质量控制图，质量审计，成熟度模型，统计方法，过程分析，软件成熟度模型等
人力资源管理	激励技术，共鸣式聆听，团队心理契约，职责分配矩阵，资源直方图，资源平衡，团队建设训练等

续表

知识领域	工具、技术与术语
沟通管理	沟通管理计划，冲突管理，沟通介质选择，沟通基础架构，状态报告，虚拟沟通，模板，项目 Web 站点等
风险管理	风险管理计划，风险影响矩阵，风险分级，蒙特卡罗模拟，风险跟踪，风险审计，定量风险分析，风险应对策略等
采购管理	自制或外购分析，合同，建议书或报价邀请函，供方选择，谈判，电子采购等

1.7.1　甘特图

甘特图（Gantt chart）也称横道图（bar chart），是一种用于计划和跟踪项目活动的工具。它实质上是图和表相结合的一种时间线性图，通常用于显示简易资源进度计划。它由美国机械工程师和管理顾问甘特于 1917 年开发。在甘特图中，横坐标表示时间，项目活动在图的左侧纵向排列，以活动所对应的横道位置表示活动的起始时间，横道的长短表示持续时间的长短。为了控制与管理方便，可以加入里程碑或其他工作细目之间的关系，以扩展其功能，参见图 6-5。

（1）甘特图的优点。甘特图的优点包括：它能够清楚地表达活动的开始时间、结束时间和持续时间，一目了然，易于理解，并能够为各层次的人员所掌握和运用；使用方便、制作简单，不需要为此作人员培训；不仅能够安排工期，而且可以与劳动力计划、材料计划、资金计划相结合。

（2）甘特图的缺点。甘特图的缺点包括：很难表达工程活动之间复杂的逻辑关系。如果一个活动提前、推迟或延长持续时间，则很难分析出它会影响哪些后续的活动；不能表示活动的重要性，如哪些活动是关键的，哪些活动有推迟或拖延的余地；所能表达的信息量较少，适合于中小型项目；不能用计算机处理，即对一个复杂的工程不能进行工期计算，更不能进行工期方案的优化。

（3）甘特图的应用范围。甘特图的应用范围包括：①甘特图并没有指明任务的顺序（优先顺序），而只是简单显示了任务的开始日期和结束日期，这样在描述相对简单的项目或大型项目的子部件、显示某位员工的活动，以及监控活动相对于规划完成日期的进度时，常常会更加有效。由于活动较少，可以直接用它排工期计划。②由于项目初期尚没有作详细的项目结构分解，工程活动之间复杂的逻辑关系也未分析出来，因此，一般人们都用甘特图作总体计划。③有时甘特图会更清晰地描述项目的特定方面。

1.7.2　单代号网络图

单代号网络图又称紧前关系绘图法（precedence diagramming method,

PDM），是一种用方格或圆形（叫做节点）表示活动，并用表示依赖关系的箭线连接节点构成的项目进度网络图的绘制方法。这种技术又称为活动节点表示法，是大多数项目管理软件适用的方法。

（1）依赖关系。在对网络图的分析中，我们发现有一些活动是可以并行进行的，进而缩短工期。在出现大量重合的活动或者存在更多约束的情况下，活动之间就允许存在延时和制约。PDM 包括四种依赖关系或紧前关系，如图 1-3 所示。完成对开始——后继活动的开始要等到先行活动的完成；完成对完成——后继活动的完成要等到先行活动的完成；开始对开始——后继活动的开始要等到先行活动的开始；开始对完成——后继活动的完成要等到先行活动的开始。

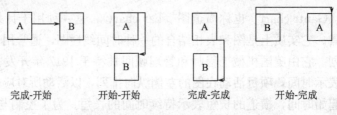

图 1-3　各种活动的依赖关系

（2）绘制要求。单代号网络图的绘制基本要求如下：①不能有相同编号的节点。相同编号的节点即为相同的工程活动，同样的活动出现在网络的两个地方则会出现定义上的混乱，特别是在计算机上进行网络分析的时候。②不能出现违反逻辑的表示。违反逻辑即违反自然规律，不符合客观现状，会导致矛盾的结果。③不允许有多个首节点和多个尾节点。

1.7.3　双代号网络图

双代号网络图又称箭线绘图法（arrow diagramming method，ADM），是一种利用箭线表示活动，并在节点处将其连接起来，以表示其依赖关系的一种项目进度网络图的绘制法。这种技术也称为双代号网络图法，ADM 只使用完成对开始的依赖关系，因此，可能要用被称为虚活动的虚关系才能正确定义所有的逻辑关系。虚活动以虚线表示。由于虚活动并非实际上的计划活动（无工作内容），其持续时间在进行进度网络图分析时赋予 0 值。

（1）双代号网络图的绘制要求。双代号网络图绘制要求如下：①只允许有一个首节点和一个尾节点；②一般情况下，不允许出现环路[①]，出现环路则表示逻辑上的矛盾；③不能有相同编号的节点，也不能出现两根箭线有相同的首节点和

---

① 在有些网络图中允许出现环路，环路通常表示确定循环次数的工作过程。

尾节点的情况。这会导致计算机网络分析的混乱；④不能出现错画、漏画，如没有箭头、没有节点的活动或双箭头的箭线等。

（2）甘特图与网络图的主要差异。主要差异是：①甘特图描述任务的工期，而网络图描述的则是任务之间的时序依赖关系；②甘特图描述任务的时间重叠情况，而网络图既没有显示时间重叠，也没有显示任务的并行完成情况；③某些类型的甘特图可以描述最早开始及最迟结束时间之间的浮动时间（slack time），网络图则借助活动矩形框内的数据来描绘这一点。

（3）网络图的应用范围。如果任务满足下述条件时，就需要使用网络图：①定义清晰，有明确的起始点和终结点；②可以独立于其他任务来完成；③有序。

1.7.4 关键路径分析法

关键路径法（critical path method，CPM）起源于 1950 年之前欧洲的项目计划方案，是利用进度模型时使用的一种进度网络分析技术，它可以很好地显示不同任务之间的复杂的依赖关系；还可以对任务的持续时间进行估算分析，进而量化任务的优先权，找出按时完成任务的关键活动；但是，它不能用在资源进度计划上，只能为资源进度计划起到支持作用。如图 1-4 所示。关键路径法沿着项目进度网络路线进行正向和反向分析，从而在不考虑任何资源限制的情况下，计算出所有计划活动理论上的最早开始时间和完成时间、最迟开始时间和完成时间。由此计算而得到的最早开始时间和完成时间、最迟开

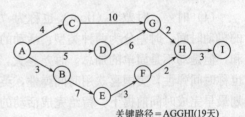

关键路径＝AGGHI(19天)

图 1-4　关键路径法

始时间和完成时间，不一定是项目的进度计划，它们只不过指明了计划活动在给定的活动持续时间、逻辑关系、时间提前量和滞后量以及其他已知制约条件下应该安排的时间段的长短。

（1）主要概念。①最早开始时间（early start date，ES）：根据进度网络逻辑、数据日期以及任何进度方面的制约因素，某计划活动可能开始的最早时间点。②最早完成时间（early finish date，EF）：根据进度网络逻辑、数据日期以及任何进度方面的制约因素，某计划活动可能完成的最早时间点。

（2）最早开始和最早完成时间计算。计算机网络图中各项活动的最早开始时间或最早完成时间的具体计算方法如下：①对于一开始就进行的活动，其最早开始时间为 0；②某项活动的最早开始时间必须等于或晚于直接指向这项活动的所有活动的最早完成时间中的最大值；③计算每项活动的最早开始时间和最早完成时间，以项目预计开始时间为参照点进行正向推算。对于中间的活动，其活动的

最早开始时间就是其前置活动的最早完成时间中的最大值；④根据项目的最早开始时间来确定项目的最早完成时间。最早完成时间可在这项活动最早开始时间的基础上加上这项活动的工期估计进行计算，活动工期为 DU（duration），即

$$EF = ES + DU \tag{1-1}$$

（3）最迟开始和最迟完成时间计算。计算机网络图中各项活动的最迟开始时间或最迟完成时间的具体计算方法如下：①最迟开始时间（late start date，LS）：根据进度网络逻辑、项目完成日期以及任何施加于计划活动的制约因素，在不违反进度制约因素或延误项目完成日期的条件下允许计划活动最迟开始的时间点；②最迟完成时间（late finish date，LF）：根据进度网络逻辑、项目完成日期以及任何施加于计划活动的制约因素，在不违反进度制约因素或延误项目完成日期的条件下允许计划活动最迟完成的时间点；③计算每项活动的最迟开始时间和最迟完成时间时，以项目预计完成时间为参照点进行逆向推算，对于中间的活动，其活动的最迟完成时间就是其后置活动的最迟开始时间的最小值；④最迟开始时间可在该活动最迟完成时间的基础上减去该活动的工期得出，即

$$LS = LF - DU \tag{1-2}$$

（4）时差。时差 F（float）也称为"浮动时间"，表示项目活动或整个项目的机动时间。时差分为两种类型：活动的总时差和单时差，总时差是单时差的总和，但是却不是简单的加总。时差越大，表明项目的时间潜力越大。①总时差。也称时间弹性，美国喜欢用时间弹性，英国喜欢用总时差，是指在不影响项目计划最早完成时间前提下，留给完成活动的机动时间，即项目活动最迟允许开始时间和最早可能开始时间的间隔。②自由时差。当所有前导任务都在可能的最早时间开始，且所有的后续任务都在最早可能的开始时间开始的情况下，此任务可以支配的机动时间，即一项任务在不延迟任何直接后继活动的最早起始时间的条件下，可以被延迟的时间量。③总时差计算的公式如下：

$$F_1 = LF - ES - DU \quad \text{或} \quad F_1 = LF - EF \tag{1-3}$$

自由时差的计算公式如下：

$$F_2 = EF - ES - DU \tag{1-4}$$

如果项目某条路线上的总时差为正值，这一正的总时差可以由该线路上的所有活动共用，当该线路上的某个活动不能按期完成时，则可利用该线路上的总时差，而不用担心影响项目的进度；如果项目某条路线上的总时差为负值，则表明该路线上的各项活动要加快进度，减少在该路线上花费的时间总量，否则项目就不能在规定的时间范围内顺利完成；如果项目某条路线上的总时差为零，则表明该路线上的各项活动不用加速完成，但是也不能拖延时间。由此可见，理解了自由时差和总时差，项目经理就可以更好地做出权衡，知道在哪些地方需要做出项

目进度变更。项目网络图的管理就是在利用时差来调整整个项目的进度。

（5）关键路线的确定。当最早可能时间和最晚允许时间都列在前导图中时，就会有一条路径，上面活动单元的最早时间和最晚时间相同，也就是总时差为零。这条路径就是项目成功的关键路径，也是项目网络图中从开始到结束路线上所有活动的历时之和最长的路线。关键路线上的活动称为关键活动，关键路线上的节点称为关键节点。关键路径上的活动是关注的重点。

1.7.5 计划评审技术

支持项目进度安排的另一项技术是计划评审技术（PERT）。PERT 是一种可以帮助我们管理项目生命周期的技术。在执行项目进度安排时，最困难也是最容易出错的一项活动就是确定 WBS 中每项任务的工期。如果一项任务非常复杂，有很多不确定性，那么完成这些估算就会出现很多问题。PERT 采用乐观时间、悲观时间和实际时间来计算某项特定任务的期望时间。如果对于某项任务究竟需要多少时间有很大的不确定性的话，这项技术就可以帮助你得到更好的估算。PERT 可以帮助我们理解任务工期，它会对项目生命周期产生影响。术语"PERT 图"有时也用来指网络图。PERT 估算就是在确定三种估算的基础上做出的。

（1）最可能持续时间：是在为计划活动分派的资源、资源生产率、可供该计划活动使用的现实可能性、对其他参与者的依赖性以及可能的中断都已给定时，该计划活动的持续时间。

（2）乐观持续时间：当估算最可能持续时间依据的条件形成最有利的组合时，估算出来的持续时间就是活动的乐观持续时间。

（3）悲观持续时间：当估算最可能持续时间依据的条件形成最不利的组合时，估算出来的持续时间就是活动的悲观持续时间。

三点法首先估计出项目各活动的三种可能的时间：乐观时间 T_b、悲观时间 T_b、正常时间 T_m，假设这三个时间服从 β 分布，然后运用概率的方法得出各项活动的时间平均值，则有 $T=(T_a+4T_m+T_b)/6$。在执行项目进度安排时，最困难也是最容易出错的一项活动就是确定 WBS 中每项任务的工期。如果一项任务非常复杂，有很多不确定性，那么完成这些估算就会出现很多问题。PERT 采用乐观时间、悲观时间和正确时间来计算某项特定任务的期望时间。如果对于某项任务究竟需要多少时间有很大的不确定性的话，这项技术就可以帮助你得到更好的估算。PERT 可以帮助我们理解任务工期，它会对项目生命周期产生影响。

PERT 是相对于关键路径而言的，即为了解决项目的工期问题。实际上，对于项目管理而言，PERT 可以应用于费用的管理、采购管理等多个方面。它和关键路径法的本质区别是：关键路径法假设项目完成的时间是确定的，不存在其他可能，它侧重于活动；PERT 可以估计整个项目在某个时间内完成的可能性，它侧重于事件。关键路径法适用于有经验的项目，其作业时间是肯定的单一时间；而 PERT 适用于从未经历过的科研、新产品开发等项目，作业时间是不肯定的，故又称为"非肯定性网络计划法"。PERT 与关键路线法在网络的编制和时间参数的计算方法上基本相似，由于每一工序作业时间是估计的三个不同时间值，需要利用统计规律求出一个平均值，使非肯定型网络转化为肯定型网络。随着时间的推移，PERT、PDM、CPM 之间的界限将会逐渐模糊，往往穿插使用，它们更适合在计算机系统上使用。

1.7.6　进度压缩

进度压缩是指在不改变项目范围、满足进度制约条件、强加日期或其他进度目标的前提下，缩短项目的进度时间。进度压缩的技术有：①对费用进行进度权衡，确定如何在尽量少增加费用的前提下最大限度地缩短项目所需的时间。应该指出，赶进度并非总能产生可行的方案，有时反而可能增加费用。②快速跟进，在使用这种进度压缩技术时通常同时进行着按先后顺序的阶段或活动。例如，建筑物在所有建筑设计图纸完成之前就开始基础施工。快速跟进往往会造成返工，并增加风险。这种技术可能要求在取得完整、详细的信息之前就开始进行，其结果是以增加费用为代价换取时间，并因缩短项目时间而增加风险。

1.7.7　挣值分析法

挣值分析法（earned value method）是一种最为常用的成本监控的方法，通过计划工作预算成本（budgeted cost for work scheduled，BCWS）、已经完成工作实际成本（actual cost for work performed，ACWP 或 actual costs，AC）和实际完成活动的预算价值，即挣值（earned value，EV）的比较，可以确定成本、进度是否按计划执行。

1. 挣值分析法中的挣值

挣值是在某个时点，实际完成活动的预算价值。某个活动的挣值等于分配给该活动的预算乘以活动实际完成的比例。例如，信息系统需求分析的预算是 15 万元，在 5 月 1 日进度报告表明此项活动进行了 50%，则需求分析活动的挣值为 7.5 万元。

2. 挣值分析法的常用评价指标

（1）费用偏差（cost variance，CV）＝EV－AC。CV 为 0，表示实际成本消耗等于预算值；大于 0，表示实际消耗低，项目运作效率高；小于 0，表明成本超支，项目成本计划执行效果不好。

（2）进度偏差（schedule variance，SV）＝EV－PV。SV 为 0，表示实际进度与计划进度一致；大于 0，表示进度提前，项目运作效率高；小于 0，表示进度延后。

（3）成本绩效指数（cost performance index，CPI）＝EV/AC，又称资金效率，是费用偏差的另一种表示方法；大于 1，表示实际消耗低，小于 1，表明超支。

（4）进度绩效指数（schedule performance index，SPI）＝EV/PV，又称进度效率，是进度偏差的另一种表示方法；大于 1，表示进度提前；小于 1，表示进度延后。

3. 挣值分析曲线

挣值分析法中涉及的 3 个成本参数和 4 个主要的评价指标，都可以通过挣值分析曲线表示。利用挣值分析曲线，可以进行成本和进度的评价。在分析时点上，CV 小于 0，SV 小于 0，表示进度和成本计划执行不佳，成本超支。进度延误，应采用相应补救措施。

4. 利用挣值分析法估计工程总预算

在实际成本和进度的前提下，对项目总预算的重新估计，包括以下 3 种情况：①未完工部分如果按目前实际的效率开展，则完成整个项目所需要的期望成本（estimate at completion，EAC）＝AC＋（总预算－EV）/CPI。适合当前的情况可以反映未来的变化；②未完工部分如果按原计划的效率进行，则 EAC＝AC＋（总预算－EV）；③还可以针对现有条件环境的约束，考虑风险因素，重新估计项目未完工部分的成本，加上实际成本 AC，得到 EAC。

1.7.8 项目管理软件

项目管理软件是指在项目管理过程中使用的各类软件，这些软件主要用于收集、综合和分发项目管理过程的输入和输出信息。传统的项目管理软件包括进度计划、成本控制、资源调度和图形报表输出等功能模块，但从项目管理的内容出发，项目管理软件还应该包括合同管理、采购管理、风险管理、质量管理、索赔管理和组织管理等功能，如果把这些软件的功能集成、整合在一起，即构成了项目管理信息系统。

目前市场上项目管理软件很多，包括 Primavera 公司的 P3、SureTrak 和 Expedition，微软公司的 Project 系列，Welcom 公司的 Open Plan，Symantec 公司的 TimeLine，Scitor 公司的 Project Scheduler 等。这些软件中有些属于高端软件，功能复杂，适合专业项目管理人员进行超大型多个项目的管理，价格比较高昂；而有些则适用于中小型项目管理的需要，功能完备，使用方便，价格相对低廉。企业用户在进行软件选型时，应重点考虑自身需要与软件功能的匹配、项目的财务状况和操作人员的熟悉程度等需要参考的因素。

本 章 小 结

　　项目是用来满足项目利益相关者特定需求的独特的、临时性的努力。它具有一次性、独特性和目的性；项目通常都有一个发起人、受环境和资源的制约，具有风险性。如果把项目看成一个生命体，项目都有一个生命周期，不同行业项目的生命周期不一样，但是大多项目都会有一个通用的生命周期，即概念阶段、设计阶段、实施阶段、终止阶段。项目管理是通过应用和综合诸如启动、计划、执行、控制和结束的项目管理过程，这 5 个过程既可以出现在某个项目阶段，也可以贯穿项目的全生命周期。在项目生命周期中，客户、承包商、项目经理和项目工程师扮演着重要角色，他们一定程度上决定项目的成败。项目管理过程中涉及 9 个方面的知识，分别是项目的范围管理、时间管理、成本管理、质量管理、综合管理、人力资源管理、沟通管理、风险管理和采购管理；项目管理经历了 6 个主要的阶段，未来的发展趋势是以客户为中心、企业级项目、项目群和组合项目的方向发展。项目管理受利益相关者、项目所在的组织、项目协会以及宏观环境的影响；项目的管理除了需要一般的管理理论和方法之外，还需要独特的工具与方法，如甘特图、网络图、关键路径法、计划评审术、进度压缩及项目管理软件等。

➤ 复习思考题

　　1. 项目的定义和特征是什么？

　　2. 项目管理的意义是什么？

　　3. 项目管理的主要发展阶段有哪几个？

　　4. 职能型、矩阵型和项目型组织结构的功能及特点是什么？

　　5. 什么是项目经理，作为项目经理需要掌握哪些管理技术？

　　6. 项目管理使用的主要方法有哪些？

　　7. 甘特图的定义是什么，它有哪些优缺点？

　　8. 请比较单代号网络图和双代号网络图之间的异同。

　　9. 挣值分析法的常用评价指标有哪些？

　　10. 想一想你所熟悉的成功的项目和失败的项目，试从开发项目的过程和项目的结果角度来分析两者之间有什么区别。

　　11. 请登录 PMI 的网站。PMI 主要提供哪些服务？搜索该网站上有哪些表明项目管理是企业取得成功的关键要素（至少三个）。

第**2**章

项目管理的知识体系

【本章学习目标】
> 掌握项目管理的 9 大知识体系的具体内容
> 掌握每一个知识体系中包括的具体活动及其与项目管理的 5 个基本过程的关系
> 掌握每一个活动的输入、工具与方法、输出的内容
> 掌握各个活动之间的顺序关系

按照 PMI 提出的 PMBOK（2008 年版）的划分方法，现代项目管理知识体系主要包括 9 个方面。这 9 个方面分别从不同的专项管理或要素管理来描述现代项目管理所需要的知识、方法、工具和技能，也是项目经理必须掌握的知识和技能。项目管理的知识体系可以分为三类：第一类是关于项目目标或考核指标的管理和控制，涉及项目的成败，包括项目成本管理、项目时间管理和项目质量管理；第二类是关于项目资源和条件的管理和控制，属保障性管理的部分，包括项目沟通管理、项目采购管理和项目人力资源管理；第三类是关于项目的决策和综合等方面的控制，涉及项目综合性管理的部分，包括项目综合管理、项目范围管理和项目风险管理。这三类构成了一种项目目标、资源保障和管理保障的逻辑关系，它们相互关联、相互作用构成一个完整的项目管理知识体系。表 2-1 列举了 9 个核心的知识领域，以及相关的 42 个项目活动。

除了启动、计划、执行、控制和收尾过程外，PMI 维护了一个有关项目管理核心知识领域的仓库，称为 PMBOK。PMBOK 的基本框架如图 2-1 所示。

表 2-1   项目管理的九大知识体系及相关活动

九大体系	项目综合管理	项目范围管理	项目时间管理
相关活动	制定项目章程	收集需求	项目活动定义
	制订项目管理计划	项目范围定义	项目活动排序
	指导和管理项目执行	创建 WBS	项目活动资源估算
	监控项目工作	项目范围验证	项目活动工期估算
	项目总体变更控制	项目范围控制	制订项目进度计划
	项目管理收尾		项目进度控制
九大体系	项目成本管理	项目质量管理	项目人力资源管理
相关活动	项目成本估算	项目质量规划	项目人力资源规划
	项目成本预算	项目执行质量保证	项目团队组建
	项目成本控制	项目执行质量控制	项目团队建设
			项目团队管理
九大体系	项目沟通管理	项目风险管理	项目采购管理
相关活动	识别项目利益相关者	项目风险管理规划	制订采购计划
	制订项目沟通计划	项目风险识别	采购实施
	项目信息发布	定性风险分析	合同管理
	项目绩效报告	定量风险分析	合同收尾
	管理项目利益相关者	项目风险应对规划	
		项目风险监控	

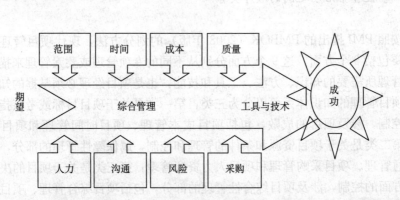

图 2-1   PMBOK 知识体系的基本架构

当研究这些知识领域及其相关的活动时，它们与启动、计划、执行、控制和收尾的每个项目过程的联系都很清晰，这 42 个活动包含在 5 个过程中，其中启动过程包括 2 个活动，分别是制定项目章程、收集需求；计划过程包括 20 个活动，分别是制订项目管理计划、项目范围定义、创建 WBS、项目活动定义、项目活动排序、项目活动资源估算、项目活动工期估算、制订项目进度计划、项目成本估算、项目成本预算、项目质量规划、项目人力资源规划、识别项目利益相关者、制订项目沟通计划、项目风险管理规划、项目风险识别、定性风险分析、定量风险分析、项目风险应对规划、制订采购计划；执行过程包括 6 个活动，分别是指导和管理项目执行、项目执行质量保证、项目团队组建、项目团队建设、项目信息发布、采购实施；控制过程包括 12 个活动，分别是监控项目工作、总体变更控制、项目范围验证、项目范围控制、项目进度控制、项目成本控制、项目执行质量控制、项目团队管理、项目绩效报告、管理项目利益相关者、项目风险监控、合同管理；收尾过程包括 2 个活动，分别是项目管理收尾、合同收尾。

2.1　项目范围管理

　　一旦项目合约最终达成一致，承包商要明确客户的要求，这些要求的明确表示就是项目的范围。项目经理及其团队需要了解任务并逻辑地安排任务的顺序，通过 WBS 可以及时地计划任务并分配任务，这些任务是项目的管理目标。当承包商明确了所需要做的工作之后，才能考虑成本估算、投标书、约束合同以及其他要素的管理。

　　项目范围管理就是对项目包括什么的定义和控制过程。其中范围计划是项目管理计划中的一个重要组成部分。范围管理遵循边界明确、分而治之的原则。确定项目的范围可以提高费用、时间和资源估算的准确性，便于确定进度测量和控制的基准，有助于清楚地分派责任。范围管理包括收集需求、项目范围定义、创建 WBS、项目范围验证、项目范围控制等 5 项活动。

　　（1）收集需求。收集需求是根据项目业主或发起人的要求、项目章程、项目的环境因素、更新后的组织过程资产而编制的一种项目管理文件。这份文档简要总结了将要完成的所有工作，详细描述了项目要交付的内容；制订出项目管理计划（基线项目计划），一旦项目范围定义活动结束，就能制订详细的项目管理计划。通常项目范围说明书要由项目团队来编写，要写出适合于 WBS 各个层次要求的多个范围说明书。项目范围说明书是项目团队和项目委托人之间签订合同的基础。该活动的输入、工具与技术、输出如表 2-2 所示。

表 2-2　收集需求

输入	工具与技术	输出
项目的环境因素	模板法	
组织的过程资产	分解法	项目初步范围说明书
产品描述	项目管理信息系统	
业主和发起人的要求	专家法	

(2) 项目范围定义。项目范围是指将项目的主要可交付成果细分为较小的更易管理的活动过程。其目的在于明确界定出项目产出物和项目工作，以及它们的各种约束条件等，在这个过程中，项目团队需要建立 WBS，人们可以根据它去制订后续的详细项目计划和项目业绩评估基线。该活动的输入、工具与技术、输出如表 2-3 所示。

表 2-3　项目范围定义

输入	工具与技术	输出
项目章程 项目初步范围说明书 企业环境因素 组织过程资产 专业领域的要求 项目利益相关者的要求 限定与假设条件	工作分解法 平台法（模板法）	项目范围管理计划 更新的范围说明书

(3) 创建 WBS。将任务分解为更易控制的模块，并且每个任务都与费用相关。它是一个项目的家谱或进入章程，随费用编码而完成，WBS 是考虑整个项目的一种逻辑方法，它能降低成本估算缺漏所带来的风险。WBS 是由项目所有任务组成的逻辑分层树。该活动的输入、工具与技术、输出如表 2-4 所示。

表 2-4　创建 WBS

输入	工具与技术	输出
项目章程 详细项目范围说明书 项目范围管理计划 产出物的设计和技术要求 更新后的组织过程资产 项目所属领域的要求 批准后的变更请求 变化了的限制和假设条件	模板法（平台法） 专家判断 工作分解法	项目工作分解结构文件 项目工作分解结构字典 项目范围管理计划（更新）

(4) 项目范围验证。项目范围验证是指对项目范围的正式验收。它通常由项目经理与项目相关利益主体对项目范围的正式认可和审查，既包括验证和确认项目范围定义所给出的项目范围界定结果，也包括对项目实施的范围进行全面的检验和确认。该活动的输入、工具与技术、输出如表 2-5 所示。

表 2-5　项目范围验证

输入	工具与技术	输出
项目章程		
项目合同		
项目范围管理计划		
详细项目范围说明书		
项目计划		项目范围说明书（确认的）
项目工作分解结构及字典	核检清单法	项目工作分解结构及其字典（更新
项目技术设计文件		的）
事业环境因素		
组织过程资产		
项目变更请求（审批的）		
项目所属专业领域信息		

（5）项目范围控制。项目范围控制是指对有关项目范围的变更实施控制。项目控制要按照项目的范围规划来进行。它是在项目范围界定的基础上，由项目相关利益主体确认和接受项目的范围，然后据此开展项目范围的管理，以及根据项目相关利益主体提出的主观项目范围变更要求和对于在项目实施中因出现偏差而发生的客观项目范围变更所做的各种控制工作。这是一项贯穿于整个项目全过程的项目范围主观和客观偏差的管理与控制工作。该活动的输入、工具与技术、输出如表 2-6 所示。

表 2-6　项目范围控制

输入	工具与技术	输出
项目范围管理计划		
项目范围说明书	项目范围控制系统的方法	批准的变更请求
WBS	绩效测量的方法	项目范围控制文件
事业环境因素	补充计划编制	纠正措施
组织过程资产	项目配置管理系统的方法	调整后的基准计划
变更请求	实施偏差情况的分析方法	
工作绩效报告		

■ 2.2　项目时间管理

　　项目时间管理就是为保证项目各项工作及项目总任务按时完成所需要的一系列的工作与过程的管理。为了成功地完成项目，项目经理必须要注意到项目的所有活动。项目管理团队依据工作分解结构将整个项目拆分成更易管理的和更可控的工作包，即项目活动。在项目时间管理过程中不仅需要各个活动相互交流，而且还要与其他知识领域以及整个项目管理生命周期进行交流。理论上它们是按照图中给出的顺序分步开展的，但是在实际中它们可能是相互交叉和重叠的。项目时间管理过程与其他管理过程，如费用管理、质量管理过程交互作用。因为范围管理中 WBS 是项目活动定义的出发点，而项目资源估算就是项目成本管理的成本估算和预算的依据、前提，而项目时间管理又是确保项目质量的重要条件，其中，进度管理计划是属于项目管理计划的一部分。

项目时间管理包含项目活动定义、项目活动排序、项目活动资源估算、项目活动工期估算、制订项目进度计划和项目进度控制等 6 项活动。

（1）项目活动定义。项目活动是指确定项目团队成员或利益相关者为完成项目可交付成果必须完成的特定活动。每项活动是一个工作元素，可以在 WBS 中找到，它有一个预期的历时、成本和资源需求。项目活动定义给出的项目活动必须能够生成一个完整而具体的项目可交付物（可以是有形的产品、无形的服务或管理工作的结果），项目活动的定义处于 WBS 的最下层，计划活动为估算、安排进度、执行以及监控项目奠定了基础，该活动的输入、工具与技术、输出如表2-7 所示。

表 2-7   项目活动定义

输入	工具与技术	输出
WBS		
项目范围说明书	分解技术	活动清单
企业环境因素	平台法（模板法）	活动属性
组织过程资产	专家判断	里程碑清单
项目假设前提与约束条件	计划组件	WBS（更新）
项目范围管理计划		

（2）项目活动排序。项目活动排序是指识别与记录特定活动之间的逻辑关系。在考虑紧前紧后关系时可以适当加入时间的提前量和滞后量，以便制订出符合实际的项目进度计划，该活动的输入、工具与技术、输出如表 2-8 所示。

（3）项目活动资源估算。估算项目活动所需资源的种类（如人力、设备、材料、资金等）、数量和投入的时间，从而做出项目活动资源估算的一种项目时间管理的工作，活动资源估算过程和费用估算过程紧密配合。该活动的输入、工具与技术、输出如表 2-9 所示。

表 2-8　项目活动排序

输入	工具与技术	输出
项目范围说明书		
活动清单		
活动属性	单代号网络图法	项目进度网络图
里程碑清单	双代号网络图法	活动、属性清单（更新）
工艺要求	进度网络模板	项目管理计划（更新）
资源限制	确定依赖关系方法	范围说明书（更新）
项目实施作业要求	提前量和滞后量估算方法	
批准的变更请求		

表 2-9　项目活动资源估算

输入	工具与技术	输出
企业环境因素	专家判断	活动资源需求说明书
组织过程资产	候选方案分析	资源需求清单
活动清单	发布的估算数据	活动属性（更新）
活动属性	项目管理软件	资源日历
资源可用性	自下而上估算	请求变更
项目管理计划	自上而下估算	

（4）项目活动工期估算。估算完成单个活动所需的工作时间段，然后再根据项目活动的排序来确定整个项目所需要的时间。该活动的输入、工具与技术、输出如表 2-10 所示。

表 2-10　项目活动工期估算

输入	工具与技术	输出
活动清单、活动属性		
资源日历	专家判断	项目工期估算结果
强制日期、里程碑事件	类比估算	活动清单及细节（更新）
提前和滞后时间标准	参数估算	项目管理计划（更新）
企业环境因素	三点估算	范围计划（更新）
组织过程资产	时间储备分析	组织过程资产（更新）
约束条件和假设前提	仿真法	

（5）制订项目进度计划。涉及分析活动顺序、活动历时时间估算以及资源需求来制订项目进度计划。制订项目进度计划是一个反复的过程，给出活动的起止日期，制订出具体的实施方案与措施。这一过程就是计划和安排项目活动的起始和结束日期的工作，具体工作就是根据项目活动界定、项目活动排序、项目所需

资源估算和项目活动工期估算等信息所开展的项目进度计划的分析、制订与安排工作，制订进度计划可能要求对活动工期的估算和资源的估算进行修改，以便将批准的进度计划作为跟踪项目绩效的基准，该活动的输入、工具与技术、输出如表 2-11 所示。

表 2-11   制订项目进度计划

输入	工具与技术	输出
组织过程资产 项目范围说明书 活动及属性清单 里程碑清单 项目进度网络图 资源日历 活动工期估算 项目管理计划	进度网络分析 关键路径法 进度压缩 what-if 分析 资源均衡 关键链法 项目管理软件 应用日历 进度模型	项目进度计划书 进度基线 资源日历（更新） 活动属性（更新） 项目管理计划（更新）

（6）项目进度控制。涉及控制和管理项目进度计划的变更。项目进度控制的内容包括：判断项目进度的当前状态；对造成进度变化的因素施加影响；查明进度是否已经改变；在实际变化出现时对其进行管理；进度控制是整体变更控制的一个部分。项目进度计划控制的主要类型包括：事前控制——对项目进度计划影响因素的分析和识别、对可能影响项目进度计划实施的各种因素的控制；事中控制——对项目进度计划完成情况的绩效度量和对项目实施工期中出现的偏差采取纠偏措施，以及对于项目进度计划变更的管理控制等工作。该活动的输入、工具与技术、输出如表 2-12 所示。

表 2-12   项目进度控制

输入	工具与技术	输出
项目进度管理计划 进度计划实施绩效报告 获批的变更请求	进度变更控制法 实施绩效度量法 追加计划法 项目管理软件 差异分析 进度比较横道图	项目进度管理计划（更新） 推荐纠偏措施 组织过程资产（更新） 活动清单、属性（更新） WBS（更新） 项目环境因素（更新） 组织过程资产（更新）

2.3　项目成本管理

项目成本管理是指确保在批准的预算范围内完成项目所需，努力减少和控制成本，满足利益相关者的期望。

因为项目要在批准的预算下完成，需要消耗组织中的资源，因此，项目成本管理对于项目经理来说非常重要。在许多应用领域，未来财务状况的预测和分析是在项目成本管理之外进行的，但是有些场合，预测和分析的内容也包括在成本管理范畴，此时就得使用投资收益、有时间价值的现金流、回收期等技巧。

为了方便项目的管理，以下列出项目通常所需要的七种资源：①资金（money）。项目资金是所有项目都需要的重要资源。②材料（material），指原材料和制造材料，是大多数项目所使用的资源。③商品（merchandise），指各种产成品，包括食品，是许多项目所涉及的资源。④机器（machinery），包括设备或者是项目结果的组成部分，抑或是在项目工作中用到的，如基础设施、建筑、工程及一些技术项目。⑤人力（manpower），指参与开发、设计或完成指定工作的人，这些人具有适当水平的知识和技能，并不限于劳动密集型项目。⑥管理人员、专业人员和专家（management，professionals and specialists），指为了管理项目、领导活动执行、提供专门技术和建议，或为了执行敏感的或复杂的项目问题的工作所涉及的人力资源，这是所有项目都涉及的，但是要求不同的资源。⑦行动（movement），指在项目各地点之间和实施区域内往返运输，包括人员、机械设备、材料、邮件以及其他必需品，一般不在业务资源中体现，但却是项目计划中的重要内容。

项目经理具有资源分配和审查的职能：①确定资源需求类型、数量和需要交付的日期；②定义和确认技术及质量规格；③确定最佳供应源、方法和购买条款；④签订合同和协议，确定价格和条款；⑤安排运输及储存；⑥确认交付内容（数量、质量、限定条件等）；⑦付款授权；⑧对使用、材料账目及安全的控制；⑨盈余处理和不需要的过期条款的处理。

项目成本管理的内容包括项目成本估算、项目成本预算、项目成本控制 3 项活动。

（1）项目成本估算。项目成本估算是指对完成各项项目活动所需资源的成本提出某种近似的估算的过程。成本估算通常需要在项目说明书早期，合同形成之前进行，因此，早期估算只能从一份简单的任务列表开始，需要给费用细目留出足够的空间。没有项目成本估算，就不能进行财务评估、准备商业计划、制定详细预算、控制开销、判断人力需求等任何管理程序。该活动的输入、工具与技术、输出如表 2-13 所示。

表 2-13 项目成本估算

输入	工具与技术	输出
WBS	类比估算法	
项目资源需求清单	参数估计法	
所需资源的价格	WBS 全面详细估计	项目成本估算书
活动的时间估计	工料清单法	成本估算的依据
项目进度计划	标准定额法	项目成本管理计划
事业环境因素	统计资料法	
组织的过程资产	软件工具法	

(2) 项目成本预算。项目成本预算是指将项目整体成本估算分配给项目的各个工作单元,以建立一个衡量成本绩效的基准计划。项目成本预算制定会有两种不同的情况:一是当项目由业主组织自行实施时,根据项目成本估算等方面信息为项目各项具体活动确定的预算和整个项目的总预算;二是当项目由专门承包商组织实施时,项目承包商和项目业主各自的项目各项具体活动的预算和整个项目的总预算。项目成本预算的内容:确定项目预算中的风险储备、确定项目成本的总预算、确定项目活动的预算、确定项目各项活动预算的投入时间、确定给出项目成本预算的"S"曲线。该活动的输入、工具与技术、输出如表 2-14 所示。

表 2-14 项目成本预算

输入	工具与技术	输出
项目成本估算书		
WBS		
项目活动清单	财务成本预算	预算文件及支持细节
项目进度计划	甘特图	项目筹资计划
项目资源日历	管理储备或不可预见费的计算	成本基准计划
已识别风险	方法	项目成本估算书(更新)
事业环境因素		
组织过程资产		

(3) 项目成本控制。项目成本控制是指控制项目预算的变更。在项目实施的整个过程中,应该定期地、经常性地收集项目的实际成本数据,进行预算成本和实际成本的动态比较分析,并进行成本预测。如果发现偏差,则及时采取纠偏措施,包括经济、技术、合同、组织管理等综合措施,以实现项目的目标。注意,在对成本偏差采取纠偏措施时,与范围控制、进度控制、质量控制等要相结合,该活动的输入、工具与技术、输出如表 2-15 所示。

表 2-15　项目成本控制

输入	工具与技术	输出
成本预算文件	成本变更控制系统法	成本估算文件（更新）
基准成本线	挣值分析法	成本预算文件（更新）
成本绩效报告	成本实际绩效度量法	纠正措施
变更请求	成本的预测和附加计划法	完工估算
项目成本管理计划		组织过程资产（更新）

2.4　项目质量管理

项目质量管理是一个很难界定的知识领域。ISO 对质量（quality）的定义是"反映实体满足明确和隐含需求的能力的特性总和"。项目的质量是与要求一致，即项目的过程和产品满足书面规范的要求。

项目质量管理的主要目的是确保项目满足利益相关者的需求，所以必须把质量看成与范围、时间、成本同等重要；项目质量管理过程包括保证项目满足原先规定的各项要求所需的实施组织的活动，即决定质量方针、质量目标与责任的所有活动，并通过诸如质量规划、质量保证、质量控制、质量持续改进等方针、程序和过程来实施质量体系；质量方针是由最高管理者发布的该组织的质量宗旨和方向，质量方针的制定需要与组织的经营方针保持一致，质量方针为质量目标的制定提供依据，并为评审质量目标提供框架；质量目标是组织在质量方面所追求的目标，是一定时间范围内组织规定的与质量有关的预期应达到的具体要求、标准或结果，应是可测量的。项目质量管理的内容是项目质量规划、项目执行质量保证和项目执行质量控制 3 项活动。

（1）项目质量规划。项目质量规划包括确认与项目有关的质量标准以及实现方式。将质量标准纳入项目设计是质量规划的重要组成部分。质量规划应从构建整个组织的质量管理体系入手，根据质量方针和质量目标的要求，确定产品实现过程以及支持性过程，并配备资源以实现这个过程。质量规划通常会在其他项目规划问题得以解决的同时来执行，因为许多规划问题（如调度、资源分配等）都需考虑质量的因素。该活动的输入、工具与技术、输出如表 2-16 所示。

（2）项目执行质量保证。项目执行质量保证是对整体项目绩效进行定期的评估以确保项目能够满足相关的质量标准的活动。这是为确保项目质量计划的完成而开展的系统性和贯穿项目全过程的质量管理工作。项目业主、项目实施组织、项目团队和项目其他相关利益主体共同构成了项目质量保障体系。项目质量保障

表 2-16　项目质量规划

输入	工具与技术	输出
企业环境因素		
组织过程资产	成本/效益分析	
项目质量方针	基准对照	项目质量管理计划
项目范围说明书	流程图	质量控制标准
成果说明书	因果图	质量检查清单
标准和规范	质量标杆法	过程改进计划
WBS	项目质量功能展开法	质量基准
采购计划	实验设计	项目管理计划（更新）
进度计划	质量成本（COQ）	
项目管理计划	其他质量规划工具	

工作的主要内容包括清晰明确的项目质量要求、科学可行的项目质量标准、建设完善的项目质量体系、配备合格和必要的资源、有计划的质量改进活动、项目变更的全面控制。执行质量保证不仅要对项目的最终结果负责，而且还要对整个项目过程承担责任。高层管理者要发挥重要作用。该活动的输入、工具与技术、输出如表 2-17 所示。

表 2-17　项目执行质量保证

输入	工具与技术	输出
质量管理计划		
质量度量标准		
过程改进计划		
工作绩效数据	质量规划工具技术	请求变更（全面优化）
获批变更请求	质量审计方法	推荐修正措施
质量控制度量	过程分析方法	组织过程资产（更新）
已实施的纠正措施	质量改进与提高方法	项目管理计划（更新）
已实施的缺陷修复	质量保障的方法	
已实施的预防措施		
项目质量核验清单		

（3）项目执行质量控制。项目执行质量控制是指监控特定的项目结果，确保它们遵循了相关质量标准，并确定提高整体质量的方法。项目质量控制工作的主要内容包括项目质量控制标准的制定、项目质量实施情况的监督和度量、项目质量监督结果与项目质量标准的比较、项目质量误差与问题的确认、项目质量问题的原因分析、采取项目质量纠偏措施从而消除项目质量差距与问题等一系列活动。在启动阶段，质量控制的主要工作是项目总体方案的策划以及项目总体质量

水平的确定；在规划阶段，质量控制工作是启动阶段已经制定的质量目标和水平具体化，以满足项目生命周期内有关安全、可靠、适用的要求，使用户满意；在实施阶段，质量控制是保证和提高项目质量的关键，是项目质量控制的中心环节，主要对影响项目质量的因素的控制；在收尾阶段，质量控制的目的是确认项目实施的结果是否达到了预期的要求，实现项目的移交和清算，主要是合格控制。该活动的输入、工具与技术、输出如表 2-18 所示。

表 2-18　项目执行质量控制

输入	工具与技术	输出
	因果图	
	控制图	质量控制度量
项目质量管理计划	流程图	已验证缺陷修复
质量度量标准	柱状图	推荐修正措施
质量检查清单	帕累托图	质量基准（更新）
工作绩效信息	直方图	推荐预防措施
组织过程资产	运行图	请求变更
获批的变更请求	散点图	组织过程资产（更新）
可交付的成果	统计抽样	已验证交付物
	审查	项目管理计划（更新）
	缺陷修复评审	

2.5　项目综合管理

　　项目综合管理就是在项目生命周期中协调所有其他项目管理知识领域的过程。它确保项目所有的组成要素在适当的时间结合在一起，以成功地完成项目。项目总体管理从其本质上讲是一个不断整合和平衡的过程，尽管项目总体管理所包含的各知识点看似相对独立，但它们对项目执行的影响彼此间是相互作用的。项目总体管理还体现在如何运用管理技巧手段将企业文化、公司标准融入项目团队的环境中，真正依靠团队合作精神来实现项目的最终目标。项目总体管理的主要作用机制包括两个方面。其一是在项目总体计划过程中努力根据项目各方面配置关系做好项目总体计划，以便在项目总体计划实施中能够按照客观规律办事的作用机制。其二是在项目实施过程不断分析和发现项目各方面配置关系的发展变化，然后通过项目变更和项目变更总体去控制实现新的项目总体的作用机制。

　　项目综合管理的主要活动包括制定项目章程、制订项目管理计划、指导和管理项目执行、监控项目工作、项目总体变更控制、项目管理收尾等 6 项活动。

（1）制定项目章程。项目章程是指在做出项目起始决策之后而编制并批准和确定的一个项目管理的大政方针文件，它提供了具体项目的要求、目标、规定和方向并给出了对于项目经理的正式授权以及项目团队和其他项目利益相关者相互关系的规定。项目章程多数由项目出资人或项目发起人制定和发布，他们在决定开展项目并确定了项目的主要指标和要求后制定项目章程。在制定项目章程时，需要依据项目的起始决定、项目的主要合同、项目工作说明书、项目的环境因素、项目所涉及的组织过程资产等编制项目章程，其中包含了有关项目的要求和项目实施者的责、权、利的规定。该活动的输入、工具与技术、输出如表 2-19 所示。

表 2-19   制定项目章程

输入	工具与技术	输出
合同（可用时）	项目选择方法	
项目工作说明书	项目管理方法学	
企业环境因素	项目管理信息系统	项目章程
组织过程资产	专家判断	

（2）制订项目管理计划。项目管理计划又称基线项目计划（baseline project plan，BPP），它是收集其他计划编制过程的结果，并将其整合为一个协调一致的用于指导项目实施和控制的文件，随着项目环境和项目本身的变化进行适当的调整。它包含在项目启动过程中收集和分析的所有信息，是根据项目章程和项目初步范围说明书以及项目范围、时间、成本、质量、资源和风险等各方面的限制因素情况而做出的项目综合计划和安排，BPP 指定了项目下一阶段的详细活动，以及后续阶段的一些细节信息。随着项目的推进，收益、成本、风险和资源需求会变得更加明确、更可量化。组织的项目评审委员会也会使用 BPP 来帮助决定项目是否应该继续、换向或是取消。所以它是项目质量、时间、成本和资源等项目专项计划的出发点和主要依据，并在项目开展过程中不断地更新。该活动的输入、工具与技术、输出如表 2-20 所示。

（3）指导和管理项目执行。项目执行是指管理并实施项目计划中所规定的工作。项目总体管理将项目计划与项目实施视为相互渗透的过程，其内容包括指导和管理好项目资源的配备工作、指导和管理好项目的全面实施工作、指导和管理好项目风险管理和应对工作、指导和管理好项目的预防与纠偏工作。该活动的输入、工具与技术、输出如表 2-21 所示。

表 2-20　制定项目管理计划

输入	工具与技术	输出
初级项目范围说明书		
项目管理过程	项目管理方法学	项目管理计划
项目管理方法要求	项目管理信息系统	项目综合的配置管理
企业环境因素	专家判断	项目变更总体控制系统
组织过程资产		

表 2-21　指导和管理项目执行

输入	工具与技术	输出
		交付物
项目管理计划		请求变更
获批纠正措施		已实施变更请求
获批预防措施	项目管理方法学	已实施纠正措施
获批变更请求	项目管理信息系统	已实施预防措施
验证缺陷修复		已实施缺陷修复
		工作绩效信息

（4）监控项目工作。监控项目工作是指对计划实施工作进行全面的监督和控制。是对项目总体计划的监督与控制工作，其内容包括度量、收集、加工和发布项目总体计划实施的信息，对照监控标准去评价和度量项目总体计划实施结果，分析和发现项目总体计划实施情况的发展趋势以及发现需改进的地方，分析和发现项目总体计划实施中各种可能发生的问题，然后采取各种必需的纠偏、预防和补救行动以控制项目实施的效果。该活动的输入、工具与技术、输出如表 2-22 所示。

表 2-22　监控项目工作

输入	工具与技术	输出
	项目管理方法学	推荐纠正措施
项目管理计划	项目管理信息系统	推荐预防措施
工作绩效信息	挣值分析	预测
变更请求	专家判断	推荐缺陷修复
		获批的变更请求

（5）项目总体变更控制。项目总体变更控制是指在项目实施过程中对变更进行识别、评价和管理的工作。它是贯穿项目总体计划实施全过程的工作之一，因为一旦项目发生某个要素的变更，人们就必须开展项目变更总体控制工作。涉及的

内容有：分析和找出客观的项目变动和主观的项目变更请求，分析这些项目变更的影响因素及它们之间的配置关系，制订总体计划和安排各种项目变更的优化方案，控制总体管理已经发生和正在发生的各种项目变更，在项目变更发生后及时维护和修订项目绩效度量的基线等。该活动的输入、工具与技术、输出如表 2-23 所示。

表 2-23　项目总体变更控制

输入	工具与技术	输出
项目管理计划		获批变更请求
请求变更		项目管理计划（更新）
工作绩效信息	项目管理方法学	项目范围说明书（更新）
推荐预防措施	项目管理信息系统	获批纠正措施
推荐纠正措施	专家判断	获批预防措施
推荐缺陷修复		获批缺陷修复
交付物		交付物

　　（6）项目管理收尾。项目管理收尾包括验证项目的成果并归档，这个过程就是发起人和客户对项目产品的正式接受。项目经理应该在项目即将结束的时候，全力以赴投入收尾过程。项目结束的时候需要进行项目交接，交接过程的部分任务是培训最终用户和其他组织成员如何来使用新产品；收尾过程还需要进行文档的收集整理，有时项目团队需要后评估，总结经验教训，以便在未来促进与客户之间的成功互动。该活动的输入、工具与技术、输出如表 2-24 所示。

表 2-24　项目管理收尾

输入	工具与技术	输出
项目管理计划		
合同收尾结果		项目档案
企业环境因素	项目管理方法学	正式接受
组织过程资产	项目管理信息系统	取得的教训
工作绩效信息	专家判断	
交付物		

2.6　项目人力资源管理

　　项目人力资源管理是指确保所有参与者的能力及积极性得到有效发挥所做的一系列工作的过程。因为人的因素决定一个项目的成败，大多数项目经理认为有效地管理人力资源是他们所面临的最艰巨的挑战。人力资源是组织中最重要的资源，因为无论是组织战略的实施还是项目目标的实现，都是由人来进行和完成的，人力资源管理的根本任务就是根据实施项目的要求，任命项目经理，组建项目团队，分配相应的角色并明确团队中成员的汇报关系，建设高效项目团队，并且对项目团队进行绩效考评的过程，目的是确保项目团队成员的能力实现有效使用，进而能高效、高质量地实现目标。

项目的人员和组织结构具有暂时性，因此，培养项目组织成员的团队合作精神是项目人力资源管理的重要目标之一；另外，项目人力资源管理要适应项目生命周期，人力资源管理必须注意选用适合当前需求的管理技巧，要根据项目生命周期的变化，运用不同的管理机制、管理模式、管理方法，充分发挥项目生命周期各个不同阶段的全体项目成员的积极性、能动性、创造性，实现项目目标。

人力资源管理是项目管理中至关重要的部分，尤其是在 IT 领域。项目的人力资源管理就是有效地发挥每个参与项目人员的作用的过程。人力资源管理包括所有的利益相关者。例如，资助者、客户、项目团队成员、支持人员以及项目供应商等。项目人力资源管理的内容包括项目人力资源规划、项目团队组建、项目团队发展、项目团队管理 4 项活动。

（1）项目人力资源规划。项目人力资源规划是指对项目角色、职责以及报告关系进行识别、分配和归档。岗位与工作分析是前提，主要有两个方面的结果：一是对项目组织各岗位的工作说明与描述；二是对项目组织各岗位的条件与要求。项目组织的岗位与工作分析的过程包括准备阶段、调查阶段、分析阶段和终结阶段。该活动的输入、工具与技术、输出如表 2-25 所示。

表 2-25　项目人力资源规划

输入	工具与技术	输出
组织层次 人员配置需求 企业环境因素 组织过程资产 项目自身的相关信息	项目组织分解方法 一般的组织管理理论 一般人力资源管理方法 原型法或平台法	项目组织结构图 组织角色和责任矩阵 人员配置管理计划

（2）项目团队组建。项目团队组建包括获得项目所需的并被指派到项目的工作人员。猎取人员是组织内部项目的关键，尤其是 IT 项目。团队内部容易出现种种矛盾，成功的项目要求团队主要成员必须能够同心协力、精诚合作。该活动的输入、工具与技术、输出如表 2-26 所示。

表 2-26　项目团队组建

输入	工具与技术	输出
项目的组织结构图	协商	
组织角色和责任矩阵	预定分配	
岗位的工作绩效计划	临时雇用	
项目组织人员配备计划	文献资料法	签订试用合同
项目人员配置管理计划	面谈法	签订正式合同
候选人的完整信息	现场观察法	团队的成员清单
	关键事件法	
	体能和心理测试	
	人力资源的综合平衡	

（3）项目团队建设。项目团队建设是指为提高项目绩效而要建立的每个人和项目团队的技能。其主要目标是帮助人们更有效地一起工作来实现项目的绩效。这个过程用于增加团队成员的竞争力和交互性，主要包括进行人员的培训、团队建设活动、奖励与认同等。该活动的输入、工具与技术、输出如表 2-27 所示。

表 2-27　项目团队建设

输入	工具与技术	输出
团队的组成		
团队的工作设计	培训	
人员配置管理计划	团队的五阶段管理法	团队的组成（更新）
绩效报告	监督、奖励、认可	奖励或惩罚措施
企业环境因素	沟通方法	
岗位工作绩效计划	授权	
团队成员培训计划		

（4）项目团队管理。这个过程用于冲突协调、问题解决、团队精神的建设。该活动的输入、工具与技术、输出如表 2-28 所示。

表 2-28　项目团队管理

输入	工具与技术	输出
岗位绩效考核指标		项目成员评价表
成员出勤率	通用评价方法	团队绩效考核表
资金效率	平衡计分卡	团队工作绩效评价结果
进度效率	冲突管理方法	岗位工作绩效计划（更新）
客户满意度		

2.7　项目沟通管理

项目沟通管理是指保证及时、适当地产生、收集、发布、储存和最终处理项目信息所需要付出的努力，项目沟通管理强调对项目利益相关者信息和沟通需求的分析，并及时准确地传递相关项目信息给各利益相关者。管理沟通的过程包括信息的发送、传递、接收、反馈和干扰等具体过程。项目的沟通管理包括识别项目利益相关者、制订项目沟通计划、项目信息发布、项目绩效报告、管理项目利益相关者 5 项活动。

（1）识别项目利益相关者。详细分析项目参与者和利益受到项目影响的个人和组织，他们在一定程度上影响项目的成败。项目利益相关者包括项目的委托人、客户、项目经理和项目团队及其家属、企业组织的领导及其相关者、承包商及相关的政府部门、行业协会，甚至是项目实施过程中涉及的公众。该活动的输入、工具与技术、输出如表 2-29 所示。

表 2-29　识别项目利益相关者

输入	工具与技术	输出
企业环境因素 组织过程资产	专家判断 模板法 利益相关者重要性分析	项目利益相关者清单 利益相关者分析表

（2）制订项目沟通计划。明确项目利益相关者的需要，编制一个指导项目沟通文件的过程。项目经理需要在组建团队的时候就编制一个项目沟通计划，制定沟通的目标，识别项目中的沟通需求，并决定在何时采取何种沟通方式。该活动的输入、工具与技术、输出如表 2-30 所示。

表 2-30　制订项目沟通计划

输入	工具与技术	输出
沟通需求信息 可用的沟通技术 项目进度计划 里程碑清单 组织角色和责任矩阵项 目环境因素	专家判断 沟通模板	沟通管理计划 利益相关者分析表（更新） 沟通矩阵

（3）项目信息发布。项目信息发布是指把项目信息在适当的时间、以恰当的格式送给适当的人。这个过程用于及时准确地向项目利益相关者提供信息。该活动的输入、工具与技术、输出如表 2-31 所示。

表 2-31 项目信息发布

输入	工具与技术	输出
项目沟通管理计划 利益相关者分析表	书面沟通 口头沟通 非语言沟通 垂直沟通 水平沟通	项目记录 项目报告 沟通后其他文档资料

（4）项目绩效报告。这个过程用于收集和发布绩效信息，使项目利益相关者了解如何使用资源。这是在整个项目实现过程中按一定报告期给出的项目各方面工作实际进展情况的报告。项目绩效报告的主要内容是：自上次绩效报告以来的项目绩效成果、项目计划实施完成情况、项目前一期遗留问题的解决情况、项目本期新发生的问题、项目下一步计划采取的措施、项目下一报告期要实现的目标等。该活动的输入、工具与技术、输出如表 2-32 所示。

表 2-32 项目绩效报告

输入	工具与技术	输出
项目计划 项目实施成果 遗留问题的解决情况 项目新发生的问题 项目计划采取的措施	项目绩效评估的方法 项目偏差分析的方法 趋势分析预测的方法 项目挣值分析的方法	状态报告 进度报告 预测报告 变更请求

（5）管理项目利益相关者。管理项目利益相关者就是指对沟通进行管理，以满足不同利益相关者的需求并与他们一起解决问题。项目利益相关者往往出于不同的需求积极参与项目。但是不同的利益相关者关注的问题常常相差甚远，甚至是冲突的。在项目实施过程中，不但要满足质量、成本、进度等管理要素的约束，更应该关注利益相关者的要求。对项目利益相关者进行积极的管理，可以促使项目沿着其轨道进行，同时提高团队成员协同工作的能力，限制对项目产生的任何干扰。通常，由项目经理对项目利益相关者的管理负责。该活动的输入、工具与技术、输出如表 2-33 所示。

表 2-33　管理项目利益相关者

输入	工具与技术	输出
项目合同 评审状态 简报或演示 协商合约	召开会议 演示 沟通模板	会议记录 沟通文档

2.8　项目风险管理

项目的风险管理是指为确保项目避免发生风险或将风险发生的损失降到最低程度所做的一系列工作和过程。

这是一个容易被忽略的管理领域。风险可以在项目的各个阶段发生，有的风险是由其他风险引起的，有的是来自项目的外部，没有预兆。通常，风险发生的越晚，时间和费用的消耗越大；对于大型复杂的项目，要制定风险管理策略，尽可能地识别出潜在的风险，然后决定如何应对风险。项目风险管理包括项目风险管理规划、项目风险识别、定性风险分析、定量风险分析、项目风险应对规划、项目风险监控 6 项活动。

（1）项目风险管理规划。项目风险管理规划是决定如何采取和计划一个项目的风险管理活动的过程。项目风险管理计划的内容主要包括项目风险管理的方法、角色和责任、预算、时间安排、度量和应对方法、项目风险阈值、项目风险报告的内容及格式和项目风险的跟踪评估等。该活动的输入、工具与技术、输出如表 2-34 所示。

表 2-34　项目风险管理规划

输入	工具与技术	输出
项目章程 WBS 角色和责任 项目环境因素 组织过程资产 组织风险管理政策 利益相关者的风险承受度 项目范围说明书 项目管理计划	规划会议和分析 风险计划模板 项目工作分解	风险管理计划

（2）项目风险识别。项目风险识别就是确定何种风险可能会对项目产生影响，并将这些风险的特性归档。风险识别需要确定三个相互关联的因素：风险来源、风险事件、风险征兆。风险识别是建立明确的项目风险管理目标的依据。该活动的输入、工具与技术、输出如表 2-35 所示。

表 2-35　项目风险识别

输入	工具与技术	输出
	风险识别询问法	
	财务报表法	
	流程分析法	
风险分类	现场勘察法	
项目范围说明书	相关部门配合法	
项目风险管理计划	系统分解法	
项目计划	头脑风暴法	风险注册表
企业环境因素	情景分析法	
组织过程资产	风险核检清单法	
	德尔菲法	
	敏感性分析法	
	假设分析法	

（3）定性风险分析。定性风险分析是识别风险的特性并对风险进行分析的过程。该活动的输入、工具与技术、输出如表 2-36 所示。

表 2-36　定性风险分析

输入	工具与技术	输出
	故障树和鱼刺图分析法	
	故障模式和影响分析法	
	头脑风暴法	
项目范围说明书	德尔菲法	
风险管理计划	外推法	
风险注册表	主观评分法	风险注册表（更新）
组织过程资产	损失期望值法	
	模拟仿真法	
	专家法	
	风险分级矩阵分析法	

（4）定量风险分析。这一过程量化分析每一个风险的概率及其对项目目标造成的后果。它比定性分析更深入一步，它试图量化分析风险所带来的后果，

或者是根据它要做出的防范措施给风险打分。主要用于对已识别出的风险，针对项目的整体目标执行数值分析。该活动的输入、工具与技术、输出如表 2-37 所示。

表 2-37　定量风险分析

输入	工具与技术	输出
组织过程资产 项目范围说明书 风险管理计划 风险注册表	盈亏平衡分析法 敏感性分析方法 概率分析法 期望值法 决策树法 模拟仿真法 计划评审技术 专家法 风险因子计算	风险注册表（更新）

（5）项目风险应对规划。项目风险应对规划包括采取措施增大机会和制定应对威胁的措施。一些风险可以对项目产生潜在的影响，所以应制订危机管理应急计划，目的是应对那些需要快速处理和偶然发生危机的风险事件。该活动的输入、工具与技术、输出如表 2-38 所示。

表 2-38　项目风险应对规划

输入	工具与技术	输出
项目风险等级 风险优先次序清单 风险管理计划 风险注册表 风险承受度 风险承担人 可供选择的风险应对措施	风险回避 风险接受 风险转移 风险减轻 风险限制 风险应急 风险分担 模拟演练 应急组织	风险注册表（更新） 风险管理计划 风险应对计划 签订风险相关的合约

（6）项目风险监控。项目风险监控是指在整个项目周期内，跟踪已经识别的风险、识别新的风险、减少风险，并评估这些措施对降低风险的有效性。它伴随着整个项目实施过程，包括风险监视和风险控制两层含义。项目风险监控的内容包括监控项目风险的发展、辨识项目风险发生的征兆、采取各种风险防范措施、应对和处理已发生的风险事件、消除或缩小项目风险事件的后果、管理

和使用项目不可预见费、实施项目风险管理计划和进一步开展项目风险的识别与度量等。

项目风险监控的目标：①努力及早识别和度量项目的风险；②努力避免项目风险事件的发生；③积极消除项目风险事件的消极后果；④充分吸取项目风险管理经验与教训。该活动的输入、工具与技术、输出如表 2-39 所示。

表 2-39　项目风险监控

输入	工具与技术	输出
项目风险管理计划	核对表	风险注册表（更新）
项目风险应对计划	风险重新评估	风险的纠正措施
项目进展报告	风险审计	风险应对计划（更新）
项目沟通	定期项目评估	风险判别核查表（更新）
附加的风险识别和分析	挣值分析	请求变更
项目风险评审	差异与趋势分析	推荐纠正措施
风险注册表	技术绩效度量	推荐预防措施
获批的变更请求	储备分析	组织过程资产（更新）
风险发展变化情况	状态会议	项目管理计划（更新）
绩效报告	附加风险应对计划	
	独立风险分析	

2.9　项目采购管理

项目通过采购从外界获得资源或服务。采购的主体可以是项目发起人/业主/客户、项目的实施组织、供应商、项目分包商和专家。

项目采购管理，是指在整个项目过程中从外部寻求和采购各种项目所需资源（商品和劳务）的管理过程。项目采购管理包括制订采购计划、采购实施、合同管理、合同收尾 4 项活动。

（1）制订采购计划。项目采购计划是明确采购什么和何时采购的过程，是按项目资源需求安排好项目采购和采购工作的计划活动。该活动的输入、工具与技术、输出如表 2-40 所示。

（2）采购实施。采购实施这个过程用于记录产品、服务的需求；识别出潜在的供应商；获取报价、标书、出价或适当的建议书；对供应商进行评价、合同谈判和合同授予。该活动的输入、工具与技术、输出如表 2-41 所示。

表 2-40　制订采购计划

输入	工具与技术	输出
项目范围说明书		
产品说明书		
WBS	自制/外购分析	
采购资源	租赁分析	采购管理计划
市场情况	采购专家法	工作说明书
项目假设前提和约束条件	合同类型选择法	
企业环境因素		
组织过程资产		

表 2-41　采购实施

输入	工具与技术	输出
	模板法	评价标准
组织过程资产	专家判断	工作合同说明书（更新）
采购管理计划	竞标人会议	合格供应商清单
工作合同说明书	广告	采购文档包
项目管理计划	制作合格卖家清单	建议书文件

（3）合同管理。合同管理就是监督合同的履行、合同付款及合同修订。这个过程用于管理买卖双方之间的合同。双方签订合同之后，项目采购管理便进入了合同管理阶段。项目合同管理是确保供应商或承包商兑现合同要求、提供合格的商品与劳务的过程。这个过程用于管理买卖双方之间的合同，其中包括监控供应商的绩效。该活动的输入、工具与技术、输出如表 2-42 所示。

表 2-42　合同管理

输入	工具与技术	输出
		来往函件
合同		合同变更
合同管理计划	合同变更控制系统	合同文档
工作结果	买家执行绩效评审	支付申请
卖方发票	审查与审计	获批的变更请求
获批变更请求	支付系统	推荐纠正措施
工作绩效信息	理赔管理	组织过程资产（更新）
		项目管理计划（更新）

（4）合同收尾。合同收尾即进行产品的验证、是合同的完成和结算，包括解决任何公开的问题，收尾应用于项目或项目阶段的每一份合同。该活动的输入、工具与技术、输出如表 2-43 所示。

表 2-43　合同收尾

输入	工具与技术	输出
采购管理计划	采购审计	合同文件归档
合同文档	记录管理系统	产品验收文件
合同收尾流程		组织过程资产（更新）

本 章 小 结

现代项目管理知识体系主要包括 9 个方面，分为三类。第一类是关于项目目标或考核指标的管理和控制，涉及项目的成败，包括项目成本管理、项目时间管理和项目质量管理；第二类是关于项目资源和条件的管理和控制，属保障性管理的部分，包括项目沟通管理、项目采购管理和项目人力资源管理；第三类是关于项目的决策和综合等方面的控制，涉及项目综合性管理的部分，包括项目综合管理、项目范围管理和项目风险管理。这三者构成了一种项目目标、资源保障和管理保障的逻辑关系，它们相互关联、相互作用构成一个完整的项目管理知识体系。本章将 9 大知识体系和 5 个基本管理过程纵横交错形成了模块式的管理模式，详细介绍了 PMI 定义的 42 个项目活动，便于知识的梳理和实际应用。

➤ 复习思考题

1. 项目管理的知识体系可以分为哪些，分别是什么？
2. 项目管理的基本框架是什么？
3. 什么是项目成本管理，其工作内容是什么？
4. 项目质量管理的内涵是什么，其工作内容是什么？
5. 项目综合管理的特点及工作内容是什么？
6. 项目人力资源管理的主要工作是什么？项目人力资源管理的重要意义是什么？
7. 什么是项目采购，其采购主体有哪些？项目采购的工作内容是什么？

第3章

项目生命周期及管理过程

【本章学习目标】

➢ 掌握项目的生命周期及其主要特点
➢ 了解项目生命周期中，不同阶段各项目要素的变化规律
➢ 掌握项目管理过程与生命周期的关系
➢ 掌握每一个阶段的工作重点及所形成的重要文档

在整个项目的推进过程中，如果工期、预算和其他需求目标都要得到满足，那么就需要对项目全生命周期中所有要素认真管理。本章着重讨论项目生命周期中阶段的划分及各阶段的工作，以及每一阶段所形成的具有代表性的文档。

■ 3.1 项目生命周期与管理过程概述

任何一个项目都可以划分成一系列不同的项目阶段，每个阶段以交付物的完成和评审作为标志，这些项目阶段构成了项目的全过程，而这种项目的全过程就是项目的生命周期。在项目的生命周期内，首先，项目诞生，项目经理被选出，项目班子成员和最初的资源被调集到一起，工作程序也都安排妥当；其次，工作开始进行，各要素迅速运作；最后，就有了成果，一直持续到项目结束。

3.1.1 项目生命周期

1. 项目生命周期的定义

根据 PMI 的定义，"项目生命周期就是由项目各个阶段按照一定顺序所构成的整体，项目生命周期有多少个阶段和各阶段的名称取决于组织开展项目管理的需要"。行业不同，组织不同，项目生命周期就会有所不同。但是，它们都是确定了一个项目的起始和结束，并把项目拆分成便于管理的更小部分，称为阶段。各个阶段的可交付成果就是一种可验证的项目工作结果或项目产出物。各个阶段规定出由谁来完成这些工作。阶段的时序一般都会伴随着技术转移或一个阶段到下一个阶段的交接。一般而言，在下一个阶段启动前，上一阶段的交付成果必须核准。尽管各阶段会被认为是独立且有差别的，但它们也常常会有交叉重叠。生命周期使人们可以依据项目阶段及其成果去开展项目的管理。

2. 项目生命周期的划分

对于项目生命周期管理而言，一个重要的问题就是如何划分项目的生命周期。从总体上讲，不同项目的生命周期是不一样的，但有一个划分阶段的基本原则，那就是每个项目阶段以清晰的可交付成果的完成作为标志。项目阶段的结束通常以对关键可交付成果或项目实施情况的审查作为其标志，这样做的目的是：①确定项目是否应当继续实施，并进入下一阶段；②以最低的成本纠正错误与偏差；③总结经验教训。

项目阶段末的审查往往称为阶段放行口（phase exit）、阶段关卡（stage gates）和验收站（kill points）。

通常把完成项目阶段性工作的时间点设立为里程碑。注意，里程碑不是任务，在项目过程中不占资源，它只是一个时间点，通常指一个可交付成果的完成时间。里程碑既是划分项目生命周期的重要参考标准，也是项目监控的主要对象。编制里程碑计划对项目的目标、范围、时间、成本的管理都很重要，好的里程碑计划就像一张地图，为项目进展指明了方向。

3. 项目生命周期管理的特点

项目生命周期涉及的主要术语有项目阶段、项目时限、项目任务和项目的可交付成果。划分项目生命周期主要是为了对项目进行有效的控制，及早地发现问题。项目以慢—快—慢的方式朝目标进展，这主要是由项目生命周期各阶段资源分布的变化所引起的。尽管这种变化会随着行业和组织的不同而有所不同，但大多数项目还是会有如下一些共同特点，如表 3-1 所示。

表 3-1　项目生命周期管理的特点

项目	启动	计划、实施与控制	收尾
人力、成本投入	较低	逐渐升高	迅速下降
成功完成项目的可能性	最低	逐渐升高	最高
风险发生概率、不确定性	最高	逐渐下降	最低
风险发生造成的影响	最小	逐渐升高	最大
利益相关者对项目的影响	最大	逐渐下降	最小

（1）项目可改变性。在项目初始阶段，项目利益相关者对项目的影响最大，主要影响项目产出物特性和项目工作，但项目实施后其可变性不断降低，到最后项目就会变得无法变更。这要求项目组在项目初期要加强与主要利益相关者的沟通和交流，真正理解客户的需求。

（2）项目资源需求。在项目初期阶段，成本和人力投入水平很低，而在项目的实施与控制阶段对资源的需求水平很高，达到最高峰，此后逐渐下降，在项目接近结束的时候资源的需求水平又会急剧下降，直到项目的终止。这要求在项目实施控制前要做充分的计划和准备，因为在实施时将会投入大量的人力和物力。

（3）项目不确定性。项目初期阶段的风险和不确定性都很高，随着项目实施的推进，这种项目的不确定性和风险性会不断降低，随着一项项任务的完成，不确定因素逐渐减少，项目成功完成的概率将会逐渐增加。一直到最后，项目才能变成完全确定的。

（4）随着项目的进行，项目变更和改正错误所需要的花费，将随着项目生命周期的推进而激增。

4. 通用生命周期

尽管每个项目的生命周期不完全一样，但一般来说，不管什么项目总是可以抽象地分为以下四个阶段：启动阶段、计划阶段、实施与控制阶段和收尾阶段。

（1）启动阶段：选择并定义需要解答的项目概念，确定项目的目标、范围和约束条件。该阶段是项目的起点，一种萌芽的想法、一个意识到的需求、一个开发或改进的愿望均可能触发一个项目的诞生。在开始时，也许没有意识到使用项目的方法能达到希望的结果，但随着概念不断深化，采用项目方法的愿望将浮现出来。在这个阶段考虑的内容包括初期的目标、成本、潜在的利益、可行性以及初步设想范围，可能还包括问题范围、选择的方式及解决问题的途径。在概念确定后，就需要寻求获得项目相关者或者其他团体的支持，这些人受到项目某些方面的影响。在这种情况下，通常需要准备一份项目方案，阐明理论根据，确立有根据的实施方法、成本预算、效益及其他事项。当决定做某事时，通过结构化的可行性分析，对其实用性、可行性及风险进行非常详细的描述十分有益。这可以提供如项目如何进行、项目的规模、所采取的形式、项目范围、周期目标等方面的建议。

（2）计划阶段：检验概念并由此开发出一个切实可行的项目实施计划。当做出一个决策并着手进行时，正式的计划就开始执行了。对于先前已经接受的、在初期对项目目标及一些方面计划的想法，必须在该阶段重新仔细检查研究，并阐述项目要实现的目标。这时需要规划项目组织结构，安排管理人员，也许要选定项目经理和高级专家团队。作为制订各层次计划的基础，组成项目的任务和活动必须清楚且可以度量。制订活动、资金和资源计划，并对项目的沟通方式、质量标准、安全保密及行政管理进行整合。

（3）实施与控制阶段：将计划付诸实施，并对项目的执行情况进行监控。该阶段是活动集中的一个阶段，各种计划开始生效。通过对组成项目的每个活动进行监控、管理和协调，最终完成项目目标。工作效率直接取决于已制订的计划的质量、管理效率、技术、领导能力及控制能力。必要时，检查项目进程，更新或修改计划。

（4）收尾阶段：项目过程完成并归档，最终产品交付业主管理。该阶段包括结项准备、移交准备、责任交接及其后续工作，如机器和设备的处置、财务结账、性能评估、项目成员重新安置、礼仪电话和项目结束报告等。有些情况下，在项目上线后的一个合理时间内，需要估计维护的工作量。

项目生命周期各阶段的主要工作内容如表 3-2 所示。

表 3-2　项目生命周期各阶段的主要工作内容

概念阶段	设计阶段	实施阶段	终止阶段
识别需求	制定项目政策与程序	执行项目计划	核实质量与范围
调查研究	分配主要成员的角色与职责	进行信息沟通	评估项目绩效
分析可行性	确定项目范围	建设高效团队	移交产品或服务
确立目标	制订项目进度计划	落实激励政策	清理资源
拟定战略方案	确定项目资源	跟踪项目进展	整理项目文档
组建项目团队	确定质量标准	控制项目变更	总结经验教训
提出项目建议书	评估项目风险	采购产品或服务	解散项目组
	制订采购计划	平衡项目冲突	
	获取对项目计划书的认可	解决项目问题	
		进行阶段性评审	

上述四个阶段称为项目的通用生命周期，任何一个项目都可以以此来认识其生命周期。但具体到某一类或某一个项目时，它除了有通用生命周期外，还可以有自己的专用生命周期。专用生命周期是根据项目的行业特征所划分的项目阶段，它一般带有明显的项目行业特征。每一行业项目的专用生命周期基本是一样的。

3.1.2　项目管理过程

项目往往要涉及人员、资金和设备等许多资源，时间跨度多则几年，少则数月。正是由于项目的复杂性，因而对项目管理强调的是阶段的划分和管理，项目管理实质上是一种基于过程面向活动的管理。项目某个部分发生的变化将会影响到其他部分，因此，对于项目经理来讲，理解所有不同的项目管理过程及其交叉和重叠是十分重要的。

1. 项目管理过程及其内涵

项目管理将一个项目的全过程分解成一系列的项目阶段，在划分项目阶段时，首先，考虑在时间和内容上的关联性；其次，考虑项目阶段的可交付成果（即项目阶段产出物）的整体性。然后，根据不同项目阶段的内容和工作的特性开展项目的计划、组织、实施和控制等管理活动。项目是过程的集合，过程包含为实现某种结果的一系列活动。项目管理过程在整个项目过程中既有重叠，又有交叉。

在 PMBOK 中，PMI 把项目管理过程划分为 5 个子过程，整个项目或项目的每个阶段都遵循这五个管理过程，分别阐述如下：①启动。这涉及授权项目或过程开始以及是否继续下去，是由一系列决策活动所构成的项目管理子过程。②计划。范围最广的过程集之一，计划制订包括定义目标、任务、选择最佳工作方案、资源供应、成本预算，以及风险应对计划等。③执行。一旦项目计划完毕，下一步就是执行计划。执行过程包括协调人员和其他资源，组织和协调各项任务与工作，这是由一系列项目组织管理活动构成的项目管理子过程，它为项目管理的计划过程和控制过程提供各种反馈信息。④控制。控制过程用以在执行过程中定期地监督和度量绩效，以便确定其与计划之间的差异，分析偏差的原因并在必要时采取纠偏措施，它为项目管理的计划过程提供信息反馈，为执行过程提供纠偏措施。⑤收尾。当项目合同终结并进行项目产出物的移交，收尾过程就会发生。这是由一系列项目文档化工作和验收性与移交性工作所构成的项目管理子过程。过程分组是由其产生的结果关联起来的。一个过程分组的输出常常会成为另一个过程分组的输入。

2. 项目管理子过程之间的关系

项目管理的各个子过程之间是一种前后接续的关系，它们之间通过阶段性成果进行连接，一个过程的输出将是下一过程的输入。如图 3-1 所示，项目管理子过程之间大多是单向信息的传递，控制和执行过程是双向信息传递，信息反馈发生在计划、执行和控制三个子过程之间，计划、执行和控制是一个进行中的迭代过程。

首先，项目启动过程为计划过程提供

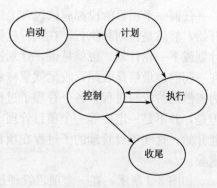

图 3-1　项目管理各子过程之间的关系

项目决策的各种信息；其次，计划过程为执行子过程提供计划信息；再次，控制子过程又从项目执行子过程中获得实际工作绩效，比对偏差并实施控制，执行和控制是一个反复修正的过程，形成信息的反馈；最后，当发生不可控制的事件时，就需要修改计划，再一次指导项目的执行子过程，开始下一轮循环，直至该项目收尾。这些项目管理的子过程共同构成了一个项目阶段的管理过程和整个项目管理过程的多个螺旋式的循环。

3. 不同项目阶段间管理过程的关系

不同阶段内子过程的相互作用是可跨越阶段的，每个阶段结束会成为下一阶段启动的前提条件，甚至是必要的条件。例如，一个信息系统集成项目，需求分析阶段收尾时，需要客户对需求分析说明书给予确认，认可的需求分析说明书又作为系统设计阶段启动的依据。这种相互的作用如图 3-2 所示。

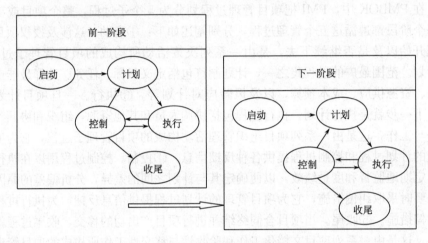

图 3-2　不同项目阶段间管理过程的关系

4. 项目管理过程与生命周期的关系

任何一个项目阶段都应该包含上述的 5 个项目管理过程，都是先从启动过程开始，然后是计划和执行，在执行过程中控制，控制的结果可能反过来影响详细计划或下一轮计划。也就是说，计划过程、执行过程和控制过程要反复迭代交织在一起的；最后是收尾，收尾就意味着项目阶段的结束。尽管项目被构想和描述为离散的阶段与过程，各个管理子过程在时间上被描述成一种前后接续的关系，但是，并不是一定要等一个项目管理子过程的完结以后另一个项目管理子过程才能开始，这些项目管理的子过程在项目的管理中在时间上会有不同程度的交叉和重叠。

如图 3-3 所示，在一个项目管理过程中，启动过程是最先开始的，但在起始过程尚未完全结束之前计划过程就已经开始了；同样，项目管理的控制过程是在计划过程开始之时就开始了，这有利于开展事前控制的工作，但是它与项目收尾过程同时结束，控制过程贯穿项目管理的始终；执行过程是在计划过程开始之后进行的，体现出按计划执行的管理模式；项目管理的收尾过程是在执行过程尚未完结之前就开始，这意味着收尾过程中的许多文档准备工作可以提前开始，当执行过程完成以后所开展的结束性管理工作主要是一些移交性的工作。

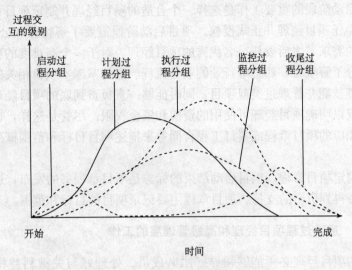

图 3-3　项目阶段中管理过程的关系

其中，项目管理的启动过程和收尾过程是两个非常关键的项目管理子过程，这是区别于日常管理的最重要的特征。在项目或项目阶段尚未开始之前，启动过程必须正确地做出是否应该启动的决策；另外，项目管理的收尾过程为项目下一个阶段的起始过程提供信息。

3.2　项目启动过程

项目启动工作是从项目的识别开始，作为项目承建方来讲，就是去找项目；作为项目投资方来讲，就是要去适时发现一个合适的项目。

3.2.1　项目启动过程的主要工作

项目启动是一个客户方（或投资方）主导的项目过程，客户（或投资方）通过市场行为，如市场调研等，发现（或寻找）商业机会，提出实现商业机会的需求，并向选定的相关承包商提交需求建议书，承包商根据需求与客户交流并完成需求分析，提交需求分析说明书和技术解决方案，客户会根据承包商的方案进行可行性分析，最终选定理想的承包商，启动项目。启动过程的工作如表

表 3-3　启动过程和输出

知识领域	过程	输出
范围	启动	项目章程
		项目经理的任命
		约束条件
		假设前提

3-3 所示。

项目启动阶段的重要工作是选择一个合适的项目经理并制定项目章程。

（1）委任项目经理并正式授权。项目启动阶段需要了解行业和公司的背景，明确用户的需求，之后委任一名优秀的项目经理。对于一个高难度的项目，它需要一个充分了解项目，熟悉本行业的业务流程、熟练掌握本项目相关的技术、具备项目管理技能并管理过类似项目，同时能够一直负责到底的项目经理，然后进行正式授权以明确项目经理可使用的资源和资金权限。尽管是这样，也还是需要通过制定相应的项目章程或签订工程合同等来描述项目目标和范围概况以及支出情况。

（2）制定项目章程。项目启动结束的标志是项目章程书的发布，这时项目被正式批准并得到资金的支持。项目章程主要记录项目的目标和范围。

3.2.2　启动过程项目经理和高级管理层的工作

任命的项目经理必须能够领导好团队成员、处理好与关键利益相关者的关系、理解项目的商业需求、准备可行的项目计划。高层管理者应当参与项目并提供总体支持和指导，他们需要做的主要工作如下。

（1）快速建立一个强有力的团队。项目初期，首先通过外部招募或内部协调获得项目团队的关键人员，因为有太多的关键工作要做。项目经理通过个人的魅力或能力的展示吸引关键人员来到团队并投入极大的热情，同时要得到高层领导的支持。①绘制组织机构图。在委任项目经理后就应该绘制组织机构图，并公之于众。组织结构图需要包括在项目承担一定责任的外部组织的高级成员。一般组织结构图要包括项目承包商的主要人员如项目经理、项目承包商派出的管理团队、关键的子承包商、外部服务机构、独立的咨询机构。②进行责任分配。项目成员应该知道自己的工作内容，项目经理可以利用线性责任矩阵分配，责任矩阵通常围绕任务类型进行设计。

（2）尽早让主要利益相关者参与项目。项目经理要分析、评价项目的利益相关者，掌握项目所涉及的主要利益相关者，特别是高层管理者、用户团体、各个主要部门。定期召开会议，让用户积极参与以便了解详细的需求和所面临的问题；得到高层领导和相关部门的支持以便获得资源。

（3）准备商业问题的详细分析报告和开发方法。在项目开始前，项目经理一般都编制一个粗略的计划，用于估算项目成本，结合业务需求和市场预测以及项目采用的技术来证明该项目的赢利性。

（4）项目的工程设计标准和一般流程。项目承包商要调查清楚项目是否需要符合特定的设计标准、安全条例、行业法规或其他法律条文；项目承包商需要运用项目中的制图编号系统与客户磋商；选择适当的计划控制流程；编写项目手册或流程手册。

（5）项目文书及其他文档的管理规定。项目承包商应该注意项目文书及相关文件的收取、传送及保存等程序。在项目启动阶段需要采取积极措施，以确保办公室内部和相关外部组织的档案信息得以适当处理。

（6）项目的物资储备。任何项目都需要物资储备，有的项目使用和其他项目一样的物资，而有的项目则需要单独进行物质储备，这通常要用到核查表。

（7）为项目制订行之有效的项目计划书。明确项目的开发阶段，和富有经验的计划编制者一道编制计划，通过实施日期来驱动项目，并标注关键的里程碑日期和事件，形成一个操作性强的项目计划。

（8）项目的正式启动。项目经理召开项目启动会议，在会上他会向各部门经理、高级设计师及其他关键人员简要介绍项目基本情况；同时发布计划。

3.2.3　项目启动过程所形成的文档

根据项目所属的行业以及项目复杂程度的不同，启动阶段所形成文档数量和格式会有很大不同，但是一般都包括项目章程和项目初步范围说明书，如果项目采用招标的方式选择承包商的话，还需要一份项目需求建议书，具体内容和格式如下。

1. 需求建议书

需求建议书是在项目可行性研究前期阶段所形成的文档，一旦项目建议书被批准，即为立项。需求建议书就是从客户的角度出发，全面、详细地向承包商陈述、表达了为了满足其已识别的需求应做哪些准备工作。也就是说，需求建议书是客户向承包商发出的用来说明如何满足其已识别需求的建议书。需求建议书一般包括如下内容：①项目工作陈述。如开发项目管理软件要说明实现哪些功能。②项目的目标。如交付物、成本、进度。③项目目标的规定。如物理参数、操作参数。④客户供应。项目实施让客户提供的保障、物品供应等。⑤客户的付款方式。这是承包商最为关心的，如分期付款、一次性付款等。例如，项目管理软件开发项目启动时支付给开发商 20% 的款项，项目完成 50% 再支付 30% 的款项，项目完成后支付剩余 50% 资金。⑥项目的进度计划。这是客户最为关心的。⑦对交付物的评价标准。项目实施的最终标准是客户满意，否则承包商很难获得所期望的利润。⑧有关承包商投标的事项。应规定投标书的格式及投标方案的内容。⑨投标方案的评审标准。可能包括承包商背景及经历、技术方案、项目进度、项目成本。

2. 项目章程

项目章程，也称"项目许可证书"、"项目委托书"、"项目使命说明书"，是一篇简短的正式批准的项目文件，是公司业务规划，或与之密切相关的文件。是为客户准备的高层文档，该文件说明项目的目的、应当取得的成果，以及对该成果的要求。为了达到项目的目的，项目经理及其团队必须为项目委托人完成任务。项目章程通常由项目委托人、项目实施组织的高层管理者或项目的主管部门颁发给项目经理及其团队。项目章程赋予了项目经理及其团队使用资源完成项目的权利。一般项目经理和项目委托人之间相互明确并取得一致意见的事项也要写入项目章程。对不同的项目而言，项目章程的细节会有很大不同，但常常要包含下列元素：①为满足顾客、赞助人，及其他利益相关者的需要、愿望与期望而提出的要求；②经营需要、高层项目说明或本项目对应的产品说明；③项目的目的和开展项目的理由；④委派的项目经理与权限级别；⑤总体里程碑进度表；⑥利益相关者的影响；⑦职能组织及其参与；⑧组织、环境及外部假设；⑨组织、环境与外部的制约因素；⑩说明项目合理性的经营实例，包括投资收益率；⑪总体预算；⑫项目名称与授权日期；⑬项目经理姓名和联系方式；⑭客户姓名和联系方式；⑮项目启动和完成日期；⑯核心利益相关者、项目角色与职责；⑰项目目标与描述；⑱关键假设或方法；⑲核心利益相关者的签名处。

项目章程要确保与客户能够对项目达成共识。此外，它还是一种非常有效的沟通工具，可以帮助向组织宣布选择了哪个承包商来进行开发。

3. 初级项目范围说明书

一旦项目识别并正式选择后，需要制定初级项目范围说明书，这一过程使用项目章程和其他输入信息，对项目范围进行初步的界定，并且给出项目条件和项目假设前提，有助于确保项目经理、客户和其他项目团队成员对项目有一个共同的理解，一般包括如下内容：①项目要解决哪些问题或利用哪些机会；②完成了哪些量化成果；③需要完成什么；④怎样度量成果；⑤完成的时候我们如何知道。特别注意，在 PMBOK 中，启动阶段没有可行性研究过程，他们认为项目管理是从可行性研究结束后开始的，因此，不形成需求建议书和可行性研究报告，但是我国一般将项目决策阶段纳入启动过程。

3.3 项目计划过程

在项目管理中，计划编制是最复杂的阶段，因为计划的主要目的就是指导项目的具体实施。为了指导项目的实施，计划必须具有现实性和有用性，因此，需要投入大量的时间和人工，而且需要有经验的人员来进行计划的编制。由于项目的一次性、独特性特点，项目团队在项目计划阶段不可能预料到所有的情况，项目用户或利益相关者也很难表述清楚对项目的要求和期望，随着项目的进展，他们的要求也越来越具体，项目的情况也越来越清楚，因此，难免进行计划的变更。项目计划过程是由项目目标和需求所驱动的，是为了沟通以及获取一致意见并得到实施的承诺；它是预测未来，确定要达到的目标，估计会碰到的问题并提出有效的方案措施的过程。其成果是项目计划书和辅助资料。

从总体而言，项目生命周期中的每一个阶段都要为下一阶段的工作制订计划。在每一个活动中，制订的计划需要反复修改，以获得协调与平衡。在不同的项目阶段，其计划所关注的重点、详细程度、所面临的风险都会有所差异，因此，各阶段所采用的计划编制流程也会各异。项目计划与项目状况之间有密切的联系。在制订项目计划时一定要考虑以后如何检查项目状况，并要考虑到对项目状况变化的频繁程度，从而形成项目控制的基本内容。有效的计划是项目管理的基础，计划如得到合情合理、合乎逻辑地执行，会改进项目绩效。一个良好的计划代表着项目按期完工的可能性更大，从而有助于节约成本和获得更高的利润。

3.3.1　项目计划的分类

计划工作是项目管理中最为重要的一个环节，因此，项目管理中有很多计划工作。根据项目计划所在的层次可以分为以下三种。

（1）项目综合计划。它是通过使用项目专项计划过程运用整体和综合平衡的方法所得出的结果，用于指导项目实施和管理的整体性、综合性、全局性、协调统一的整体计划文件。该计划应被投资人和其他项目利益相关者协同认可，并被项目管理部门批准生效，该计划将作为工作授权、预算和控制的依据。其中，项目范围、应用标准、进度指标、成本指标等被称为基线。尽管随着项目的进展，可能需要变更基线，但仍要保留原始基线计划，用于分析和未来计划的制定。项目综合计划是 WBS 最上一层，应由项目经理组织编制。一般先初步对项目管理的每个知识领域做计划，然后综合汇总得到项目的总计划，然后分解下去，再详细制订专项计划，再综合，如此矫正，最终形成指导项目实施的整体计划。

（2）项目的分项计划。被称为领域计划（或称为分计划或专项计划），每个项目管理知识领域都有一个分计划，如进度计划、成本计划等；该项计划应由分项负责人负责编制，它需要在综合计划的框架下完成。

（3）工作计划。是制订为实施项目的每一个特定的工作而进行的具体计划，是 WBS 的最下层工作计划，由相关作业负责人编制。

3.3.2　项目计划的内容

一般来说，项目计划包含以下内容。

（1）项目范围计划。项目范围计划说明了项目的目标，以及达到这些目标所要完成的可交付物，并作为项目评估的依据。项目范围计划可以作为项目整个生命周期监控和考核项目实施情况的基础，以及项目其他相关计划的基础，包括项目名称、项目描述、发起人姓名、项目经理与项目主要成员的姓名、项目可交付成果、重要资料清单、项目任务分解结构、与工作有关的其他信息。

（2）项目进度计划。项目进度计划是说明项目中各项工作的开展顺序、开始时间、完成时间及相互依赖衔接关系的计划。进度计划是进度控制和管理的依据，包括项目阶段模型、里程碑计划、进度监控、与进度有关的其他信息。

（3）项目成本与资金需求计划。项目成本计划就是决定在项目中的每一项工作中用什么样的资源（人、材料、设备、信息、资金等），在各个阶段使用多少资源，成本是多少。项目成本计划包括资源需求、成本估算、成本预算、资金需求及其他信息。

（4）项目质量计划。项目质量计划针对具体待定的项目，安排质量监控人员及相关资源，规定使用哪些制度、规范、程序、标准。项目质量计划应当包括与保证和控制项目质量有关的所有活动。质量计划的目的是确保项目的质量目标都能达到，包括质量政策、质量目标、界定说明、项目描述、标准和条款等。

（5）项目人力资源计划。项目人力资源计划就是要明确项目不同阶段对人员数量、质量及结构的要求。

（6）项目沟通计划。项目沟通计划就是要明确项目过程中，项目利益相关者之间信息交流的内容、人员范围、沟通方式、沟通时间或频率等的约定。

（7）项目风险管理计划。项目风险管理计划是为了降低项目风险的损害而分析风险、制订风险应对策略方案的过程，包括识别风险、量化风险、编制风险应对策略方案等过程，还包括意外需求和应对措施等。

（8）项目采购计划。项目采购计划就是识别哪些项目需求应该通过从本企业外部采购产品或设备来得到满足。如果是软件开发工作的采购，也就是外包，应当同时制订对外包的进度监控和质量控制的计划，包括所需服务、材料、设备、机械和其他资源的名称和数量清单，需要的时间，采购来源，服务支持等。

（9）项目变更控制、配置管理计划。项目变更控制、配置管理计划主要是规定变更的步骤、程序。配置管理计划就是确定项目的配置项和基线，控制配置项的变更，维护基线的完整性，向项目利益相关者提供配置项的准确状态和当前配置数据。

（10）项目总体管理。项目总体管理包括组织机构图、项目责任、其他与组织相关的信息、利益相关者管理目标、项目控制、项目人员、技术过程、文件控制等。

3.3.3　项目计划的作用

一般来说，项目计划有以下几方面的作用。

（1）指导项目的执行。项目计划是项目组织为了达到项目的各种目标，用于指导项目实施和管理的整体性、综合性、全局性、协调统一的整体计划文件。

（2）激励和鼓舞项目团队的士气。项目计划中包括项目的目标、项目的任务和工作范围、项目的进度安排和质量要求、项目的成本预算要求、项目的风险控制和变动控制要求与措施、项目的各种应急计划等。这些不但对项目组织的工作做出了规定，而且对项目团队也有一定的激励作用。例如，项目的目标就有较大的激励作用，而项目进度安排中的各个里程碑对于项目团队的士气也有很大的鼓舞作用。

（3）明确项目目标与基线要求。项目计划中最主要的内容是项目的各种目标和计划要求，这些计划指标和要求是人们制定绩效考核和管理控制标准的出发点和基准。通常，项目控制工作都需要根据项目计划去建立各种控制和考核标准。这包括两方面标准：一是考核项目工作成果的标准；二是项目产出物的管理与控制标准。这两方面的管理与控制标准都是根据项目计划制定的。

（4）促进项目利益相关者之间的沟通。项目计划也是项目利益相关者之间进行有效沟通的基础，项目计划为全体项目利益相关者提供了沟通的平台。

（5）统一和协调项目工作的指导文件。项目计划是对项目各个部分或群体的工作进行统一和协调的指导文件，又是对项目各个专项管理工作进行统一和协调的指导文件。项目计划是通过对项目各种专项计划的综合与整合而形成的一份协调和统一项目工作的文件。这一文件规定了协调和统一项目各种工作的目标、任务、时间、范围、工作流程等。因此，它可以指导项目工作的协调和统一，这种指导作用十分有利于整个项目工作的顺利进行，特别是有利于在项目实施中避免多头的、矛盾的指挥和命令，防止项目组织或项目团队中不同群体"各自为政"。

3.3.4　项目计划的编制

项目计划的编制是从收集项目信息开始，然后确定项目所需完成的任务和所花时间，得到项目进度计划，再以进度计划为基础，得到成本计划、资源计划等。项目计划编制不是一次性的，应该是一个动态的编制过程。项目管理知识领域、过程和项目计划编制的输出如表 3-4 所示。

1. 项目计划的编制过程

一般来说，项目计划的制订要经过以下几个过程。

（1）收集项目信息。通过收集与项目相关的信息，可以为项目计划的制订提供参考。收集的信息要尽可能地全面，既要有社会经济方面的信息，也要有具体项目的信息。特别是类似项目的信息，可为本项目的进度、成本计划等提供参考。

（2）确定项目的应交付成果。项目的应交付成果不仅是指项目的最终产品，也包括项目的中间产品。如对于信息系统项目其交付成果可能包括需求规格说明书、概要设计说明书、详细设计说明书、数据库设计说明书、项目阶段计划、项目阶段报告、程序维护说明书、测试计划、测试报告、程序代码与程序文件、程序安装文件、用户手册、验收报告和项目总结报告等。

表 3-4　项目计划编制过程和输出

知识领域	过程	输出	知识领域	过程	输出
项目综合	项目计划编制	项目计划 详细依据	沟通	沟通计划编制	沟通管理计划
范围	范围计划编制	范围说明书 详细依据 范围管理计划	风险	风险管理 计划编制	风险管理计划
	范围定义	WBS 范围说明（更新）		风险识别	风险 触发器 其他过程的输入
时间	活动定义	活动清单 详细依据 工作分解结构清单		风险定性分析	项目所有风险排序 优先风险清单 额外分析和管理地风险清单
	活动排序	项目网络图 活动清单（更新）		风险定量分析	量化风险的优先顺序表 项目的可行性分析 达到成本和时间目标的概率 风险量化分析的趋势
	活动历时估算	活动历时估测 估算基础 活动清单（更新）		风险应对 计划编制	风险应对计划 残余风险 二次风险 契约协议 需要的应急储备额 其他过程的输入 修改后项目计划的输入
	进度计划编制	项目进度 详细依据 进度管理计划 资源需求（更新）	采购	采购计划编制	采购管理计划 工作说明
成本	资源计划编制	资源需求		询价计划编制	采购文件 评价标准 工作说明更新
	成本估算	成本估测 详细依据 成本管理计划	人力资源	组织计划编制	角色和责任分配 员工配置管理计划 组织结构图 详细依据
质量	质量计划的编制	质量管理计划 操作定义 检查表		人员获得	项目人员分配 项目团队成员名单

（3）分解任务并确定各任务间的依赖关系。从项目目标开始，从上到下，层层分解，确定实现项目目标必须要做的各项工作，并画出完整的 WBS，得到项目的范围计划。确定各个任务之间的相互依赖关系，获得项目各工作任务之间动态的工作流程。

（4）确定每个任务所需的时间和团队成员可支配的时间。根据经验或应用相关方法给定每项任务需要耗费的时间；确定每个任务所需的人力资源要求，如需要什么技术、技能、知识、经验、熟练程度等。确定项目团队成员可以支配的时间，即每个项目成员具体花在项目中的确切时间；确定每个项目团队成员的角色构成、职责、相互关系、沟通方式，得到项目的人力资源计划和沟通计划。

（5）确定管理工作。项目中有两种工作：一是直接与产品的完成相关的活动；二是管理工作，如项目管理、项目会议、编写阶段报告等。这些工作在计划中都应当充分地被考虑进去，这样项目计划会更加合理，更有效地减少因为计划的不合理而导致的项目进度延期。

（6）根据以上计划制订项目的进度计划。进度计划应考虑里程碑，体现任务名称、责任人、开始时间、结束时间。应提交的可检查的工作成果。

（7）在进度计划基础上考虑项目的成本预算、质量要求、可能的风险分析及其对策，需要公司内部或客户或其他方面协调或支持的事宜，制订项目的成本计划、质量计划、风险计划和采购计划等其他领域计划。

（8）项目总体计划的整合、评审、批准。得到各分项的计划之后，需要集成为项目的总体计划，简称项目计划。项目计划书评审、批准是为了使相关人员达成共识，减少不必要的错误，使项目计划更合理、更有效。

项目计划编制过程的结束以项目计划的确认为标志。项目组在项目计划制订完成后，应该对项目计划予以确认，只有确认的项目计划才能作为项目实施和控制的现实性指导文件。项目计划的确认，应该包含三个方面：一是项目管理团队对计划的认可，保证项目团队成员都对其有充分的理解和认可；二是组织管理层和项目涉及的相关职能部门对计划的认可，只有他们认可了才可能为项目实施提供资源基础和行政保障；三是项目客户和最终用户对项目计划的认可，他们的认可可以明确项目管理及其实施的分工界面、明确项目的具体目标、清楚界定双方责任，从而增强了项目的透明度、提供客户满意程度。只有经过上面三个层次的确认，计划才能付诸行动，才是指导项目实施的基准计划。

2. 项目计划的编制策略

项目计划的编制是一项很有挑战性的任务，在编写时特别需要注意以下几个方面。

（1）项目计划的编制是一个滚动的过程。由于项目的独特性，项目计划不可能是一个静态的计划，不是在项目计划阶段一次就可以制订的。一般可以先制订一个粒度相对比较粗的项目计划，确定项目高层活动和预期里程碑，然后根据项目的执行情况及外界环境的变化等因素不断地更新和调整项目计划。只有经过不断的计划制订、调整、修订等工作，项目计划才会从最初的粗粒度，变得非常详细，这样的项目计划不但具有指导性，还具有可操作性。实际上，编制项目计划的过程就是一个对项目逐渐了解和掌握的过程，通过认真地编制计划，项目组可以知道哪些要素是明确的、哪些要素是要逐渐明确的，通过渐近的明细不断完善项目计划。

（2）注重项目计划的层次性。对于大型项目，其中可能又包含多个小项目。这样就有了大项目计划和小项目计划，形成项目计划的层次关系。

（3）重视与客户的沟通。与客户进行充分的交流与沟通是保证项目计划实施的必要条件。项目计划取得双方签字认可是一种好的习惯。客户签字意味着双方有了一个约定，既让客户感觉心里踏实，也让自己的项目组有了责任感，有一种督促和促进的作用。

（4）编制的项目计划要现实。制订项目计划仅靠"个人经验"是不够的，要充分鼓励、积极接纳项目利益相关者（包括客户、公司高层领导、项目组成员）来参与项目计划的制订。此外，编制项目计划时要充分利用一些历史数据，如项目计划的模板等。

（5）尽量利用成熟的项目管理工具。利用现有的项目管理工具，可以极大地提高项目计划的编制效率。许多项目管理工具都带有项目计划模板，编制项目计划只要选择一个模板大纲，然后在此基础上再作细节方面的修改就可以了。

3.3.5 项目计划过程所形成的文档

计划阶段完成之后形成项目计划，项目计划是一份经过批准的正式文件，用来指导项目的执行，它是一个文件或一份文件集，随着有关项目信息的获得不断变化。尽管组织用于表示项目计划的方法各有不同，但是项目计划通常包含以下内容：①项目章程；②范围说明，包括项目可交付成果和项目目标；③执行控制层面的 WBS，作为一个基准的范围文件；④在执行层面上的 WBS 之中，每个可交付成果的成本估算、所计划的开始和结束时间（进度）和职责分配；⑤技术范围进度和成本的绩效测量基准计划，即进度基准计划（项目进度计划）、成本基准计划（随时间的项目预算）；⑥主要的里程碑和每个主要里程碑的实现日期；⑦关键的或所需的人员及其预期的成本、工作量；⑧风险管理计划，包括主要风险（包括约束条件和假定）以及针对各个主要风险所计划的应对措施和应急费用（在适当的情况下）；⑨辅助管理计划，有范围管理计划、进度管理计划、成本管理计划、质量管理计划、人员管理计划、沟通管理计划、风险应对计划以及采购管理计划。

如果有必要可以包含这些计划中的任何一个,详细程度根据每个具体项目的要求而定。基于项目的具体要求,在正式的项目计划中还包括其他项目计划的输出,如组织机构图、技术文档、有关规定等。

3.4 项目实施与控制过程

项目实施包括采取必要的行动来保证完成项目计划中的各项任务。项目实施阶段的产品通常要花费大部分资源,是项目产出物的形成阶段。

控制是一个过程,衡量朝向项目目标的进展、监控与计划的偏差、采取纠正措施使项目按计划进行。从管理的角度,控制阶段主要完成以下几项职责:团队管理、风险管理、项目要素管理、项目资源管理、配置管理和供应商管理。项目实施与控制阶段管理的主要任务包括:①实现对项目实施过程中每一阶段过程的控制与管理;②实施项目里程碑管理;③项目变更的管理与控制;④项目绩效评估管理;⑤项目风险管理控制。

3.4.1 项目实施过程

1. 项目实施阶段的主要工作

项目实施阶段是项目生命周期的主体。在这一阶段,主要工作包括两部分:一是项目的执行工作,主要是执行项目进度中规定的各项工作;二是项目的控制工作,防止变更和处理变更。具体来讲,项目实施阶段工作包含:①执行项目WBS 中的各项工作;②跟踪、记录项目执行中的进度、成本及范围变更等信息;③将收集到的信息与项目最初原定计划进行比较;④对项目的偏差进行报告以便控制偏差。

项目实施根据项目总体计划,在一个报告期结束后,根据执行报告得到的实际执行信息与基准计划进行比较,并交给上层领导审查,如果发现有重要变更,则应调整计划,并采取相应措施,如果没有则顺利进入下一个报告期。项目实施过程与结果如表 3-5 所示。

表 3-5 实施过程与结果

知识领域	过程	成果
综合	项目实施过程	工作结果、变更请求
范围	范围核实	正式验收
质量	质量保证	质量提高/完善
人力资源	团队建设与管理	绩效提高,为绩效评估提供依据
沟通	信息发布	项目记录
采购	询价、供方选择、合同管理	建议书、合同、信件、合同变更、付款请求

2. 项目的执行

项目的执行是为了实现项目目标，完成项目规定的最终交付成果所开展的一系列具体、实际的活动，是准确、及时完成项目中的各项工作，并得到客户满意和认可的过程。在这阶段，大部分的工作都是与项目最终成果相关的专业性活动。从项目管理角度来讲，项目执行的主要任务包括项目团队的建设和管理、项目沟通管理、项目按计划的执行过程及项目的采购管理等典型活动。

项目团队的建设与管理是项目执行时的重要任务，高效的项目团队能保证整个团队是富有战斗力的，为项目执行提供人力资源保证。高效项目团队的标志是团队成员有明确的目标和共同的价值观、高昂的士气，并且有融洽的关系和平常的交流、有效的激励机制。另外，在项目执行过程中，要做好项目团队成员的沟通，要建立一个顺畅的信息沟通渠道。一般来讲，项目团队的沟通包含正式的沟通和非正式的沟通。正式的沟通是项目正式的报告，如进度执行报告、成本执行报告、质量监测报告，以及工作周报、月报等。非正式的沟通包括各种碰头会、聚餐会等。

在项目执行时，还要做好项目的文档管理。为了保证文档版本的一致性，在项目执行之前就要对文档的输出格式、文档的描述质量、文档的具体内容、文档的可用性进行明文规定，并且要求所有的项目管理人员严格按照规定的要求输出、记录、提交文档。

3.4.2 项目控制过程

1. 项目监控过程的工作内容

项目监控是指在项目生命周期的整个过程中对变更进行识别、评价和管理。项目监控是项目管理的重要内容，在整个项目过程中，总会有各种各样的风险，时刻都有变更发生，所以早控制比晚控制好，控制比不控制好。项目监控包含以下三个方面的内容：①识别变更的发生。识别哪些因素会导致变更，并分析变更对项目的范围、质量、进度、成本等关键目标所带来的影响；②确认变更的发生。有些对项目影响较大的变更，要交给变更控制委员会（Change Control Board，CCB）进行审批，确认变更已经发生；③管理变更的发生。对已经发生的变更进行控制和管理。

项目监控的目的有两个：一是尽可能避免变更的发生，为此要确保客户充分参与，及时组织评审，倾听客户意见，保持与客户沟通渠道畅通，及时反馈；二是要控制变更，为此要建立严格的变更控制流程，评估确定该变化带来的成本和时间的代价，再由客户判断是否接受这个代价。这里强调一点，变更控制不是推卸责任的工具，有些变更是由设计缺陷造成的，这样的变更承包商应该承担责任。

项目控制过程与输出如表 3-6 所示。

表 3-6 控制过程与输出

知识领域	过程	输出
整体	整体变更控制	项目计划更新、纠正措施、经验教训
范围	范围确认	正式验收
	范围变更控制	范围变更、纠正措施、经验教训、基线调整
时间	进度控制	进度更新、纠正措施、经验教训
成本	成本控制	修改的成本估算、预算更新、纠正措施、完工估算项目清点、经验教训
质量	质量控制	质量提高、验收决策、返工、已完成的检查表、过程调整
沟通	绩效报告	绩效报告、变更请求
风险	风险监督和控制	工作计划、纠正措施、项目变更请求、风险应对计划更新风险数据库、风险更新、识别检查表

2. 变更控制系统

项目的监控需要一整套变更控制系统。变更控制系统是一系列正式的、文档式的程序，它定义了正式的项目变更的步骤。变更控制系统包括文档工作、跟踪系统和用于授权变更的批准层次。

许多变更控制系统包含 CCB，负责批准或否决项目变更请求。变更控制委员会的权利和责任需要明确定义，并应征求主要项目利益相关者的同意。对于大型、复杂的项目，可能会有多个不同职能的变更控制委员会。

变更控制系统应该包括某些程序，用来处理无须审查而批准的变更。例如，由于紧急原因，典型的变更控制系统会允许对某些确定类型变更的"自动"确认，当然，这些变更事后仍需进行文档整理并归档，以保证不在后续的项目管理中引起麻烦。

3.4.3 项目实施与控制过程所形成的文档

项目实施阶段所形成的文档包括实施过程中形成的项目档案、项目资料和实施后形成的项目中间文件和部分竣工资料。

（1）项目实施过程中的技术文件，包括实施过程中的设计变更文件，项目竣工文件的收集、编制，项目实施过程中的隐蔽工程的记录。对于系统集成工程和软件项目还包括系统配置参数、系统账号统计，开发源代码、需求分析说明书及各种过程的技术文件。

（2）项目涉及的设备管理文件，包括设备到货单、设备装箱单、各类合格证等安装记录、测试文档、安装维护手册、用户使用手册。

（3）项目实施过程中的管理文档及部分商务类文件，包括项目组织设计文件、安全管理文件、质量管理文件、开工报告、竣工报告、验收申请、验收证书、项目实施计划及实施总结及其控制措施文件；项目实施过程中的来往记录、传真、会议记录、项目商务情况洽谈文件等。

（4）项目实施过程中的监理资料文档，包括监理大纲、监理实施计划、监理工作日志、监理总结。

3.5　项目收尾过程

项目收尾是指利益相关者和客户对最终产品进行验收，使项目或某个项目阶段有序地结束。项目组要移交工作成果，帮助客户实现商务目标；系统交接给维护人员；结清各种款项。项目完成一段时间后，一般还应进行项目后评估。

3.5.1　项目收尾过程的主要工作

项目收尾是指结束所有项目管理过程的活动，正式结束项目，移交已完成或取消的项目。项目收尾包含以下两种类型。

（1）合同收尾。合同收尾主要是针对项目组的外部来讲，是指为完成与结算签订的合同所必需的过程，包括解决所有遗留问题并结束每一项与本项目或项目阶段有关的合同。合同收尾包括结清了项目的所有合同协议，以及确定配合项目正式行政收尾的有关活动时需要的所有活动与配合关系。

（2）管理收尾。管理收尾也叫行政收尾，是为了使项目利益相关者对项目产品进行正式的验收，而对项目成果进行验证和归档，具体包括收集项目记录、确保产品满足最终规范、分析项目是否成功和有效、保存项目信息以供将来使用。具体来说，项目收尾阶段的主要工作包括以下内容：①对项目产生的结果进行验收评估。当项目组完成项目的所有任务后，应该协助相关方面对项目进行验收，以确保项目事先规定的工作范围都得到了圆满完成，同时检查项目完成的任务是否符合客户的要求，确保客户在合同中的要求都得到了满足。②将项目结果移交给客户。对于信息系统项目而言，移交既包括软件及其文档的移交、硬件的安排，也包括对客户员工进行相应的培训。③总结经验教训，形成案例。分析项目成败的原因，收集吸取的教训，以及将项目信息写成案例供本组织将来使用。④项目团队解散，项目人员安置。收尾过程与输出如表 3-7 所示。

表 3-7　收尾过程与输出

知识领域	过程	输出
沟通	管理收尾	项目档案、正式验收、吸取的教训
采购	合同收尾	合同文件、正式验收和收尾

3.5.2 项目的移交和总结

一个成功的项目，不但要保证生产合格的项目产品，高质量地完成项目章程中规定的可交付物，同时还要重视项目移交和项目总结。

（1）项目移交。在项目完成后，要移交给客户，为保持一个长久持续的客户关系，项目移交时的态度和表现就尤为重要，它会直接影响客户对最终产品的态度，也最终影响对项目的评价，以及客户对企业的认可。良好、顺利、友好地完成移交，将消除客户对产品产生的许多顾虑，有利于树立企业的良好形象。

（2）项目总结。有些项目，结束后还应对项目进行总结，并形成一个项目总结报告。项目总结报告与交给客户的移交报告不同，它是作为企业内部审核项目的执行是否达到预期目标的依据，为今后项目的计划和执行提供历史资料和经验教训。项目执行完毕，每个项目成员都应该总结一下项目执行的得与失、成与败。它有两个作用：一是为员工个人的成长积累经验；二是为将来的项目提供借鉴，特别是对类似的项目，在管理上、技术上都是一笔财富。一些好的做法可以成为今后类似项目的模板，项目管理方法来自于最佳实践，是由实践上升为理论的。认真撰写的项目总结，既是项目可持续发展的必要，也是对项目和项目组成员的尊重。

在项目移交和总结之后，有的项目还需要后评估，项目后评估主要是针对项目发起方来讲的。所谓项目后评估，就是在项目完成并投入使用一段时间后，对项目的运行及其所产生效益进行全面评价、审计，将项目决策初期效果与项目实施后的终期实际结果进行全面、科学、综合的对比考核，对项目投资产生的财务、经济、社会和环境等方面的效益与影响进行客观、科学、公正的评估。通过项目后评估，可以验证该项目能否支持企业战略，一方面，可以检验项目立项评估的理论和方法是否合理，决策是否科学；另一方面，可以从中借鉴成功的经验，吸取失误的教训，为今后同类项目的评估和决策提供参照和分析依据。业主方还需对项目进行决算，形成自己的固定资产。

3.5.3 项目收尾过程的文档收集

当完成验收、终止项目后，作为项目参与方的项目业主和项目施工单位应首先对项目档案进行收集整理。项目档案的收集整理是一个持续的过程，贯穿项目的整个生命周期。

1. 业主方准备的文档

（1）项目前期文件，包括项目立项报告及批复、项目可行性报告及批复、项目技术规范书、项目设计文件及设计批复。

（2）项目招投标文件，包括项目招标文件、项目投标文件、项目评标文件、中标单位的各种手续文件。

（3）项目合同文件，包括项目合同清单、项目合同文本、设备供应商联系人及联系方式、授权合约清单。

（4）项目决算文件，包括项目决算书、形成资产清单及资产保管人。

（5）项目监理文件，包括监理大纲、监理总结等。

2. 承包商准备的文档

（1）项目技术文件，包括竣工图纸、设备及物资合格证书、测试文档、安装维护手册、用户使用手册、系统配置参数、系统账号统计、需求分析说明书、概要设计及详细设计说明书、开发源代码、各种过程技术文件。

（2）项目管理文件，包括项目组织设计文件、安全管理文件、质量管理文件、开工报告、竣工报告、验收申请、验收证书、设备到货验收单、设备装箱单、各类合格证书。

本 章 小 结

项目生命周期就是由项目各个阶段按照一定顺序所构成的整体，阶段的划分是以可交付成果为标志，就是一种可验证的项目工作结果或项目产出物。划分项目阶段主要是为了对项目进行有效的控制，及早地发现问题。在项目的生命周期中，资源的投入、项目的可改动性、项目的风险都呈一定的变化趋势，所以项目经理要把握好这一规律，项目管理分为启动、计划、实施、控制、收尾 5 个子过程，除了启动、收尾是一次性的过程之外，计划、实施、控制 3 个子过程是一个反复迭代的过程。在整个项目生命周期中，5 个子过程之间又有交叉。启动过程最主要的工作是确定项目章程、委任一名合格的项目经理；计划过程是一项历时较长的阶段，从横向看，每一阶段都要为下一阶段的工作做出具体的计划，从纵向看，计划还分综合计划、分项计划、工作计划；计划的作用是指导项目的实施、鼓舞团队的士气、明确控制基线以便于各相关主体之间的沟通。项目实施与控制阶段管理的主要任务包括：实现对项目实施过程中每一阶段过程的控制与管理；实施项目里程碑管理；项目变更的管理与控制；项目绩效评估管理；项目风险管理与控制。项目收尾是指结束所有项目管理过程的活动，正式结束项目，移交已完成或取消的项目，具体包括合同收尾和管理收尾。

➢ **复习思考题**

1. 何为项目生命周期？
2. 项目生命周期的特点是什么？

3. 从生命周期的角度简述项目管理与产品管理的区别。

4. 通用的项目生命周期有哪几个阶段？请分别介绍。

5. 在 PMBOK 中，PMI 把项目管理过程划分为几个子过程？请分别介绍。

6. 项目启动阶段需要形成哪些文档？如果你要做的项目是一个购物网站，请挑选启动阶段的一个文档进行设计。

7. 项目计划的编制过程是怎样的？

第4章

IT 项目启动与项目管理计划

【本章学习目标】

➢ 了解 IT 项目的特点
➢ 了解组织信息化战略及软件成熟度模型
➢ 了解信息系统生命周期与信息系统项目生命周期
➢ 掌握 IT 项目启动的条件
➢ 了解如何成功启动 IT 项目
➢ 学习项目启动时制定的文档内容
➢ 掌握如何编写项目启动时的项目章程
➢ 掌握项目启动应该完成的任务
➢ 掌握制定项目章程、项目范围说明书及项目管理计划的内容和步骤

　　信息系统项目不同于传统的工程项目，从技术层面上看，创新成分多、涉及面广；从管理层面上看，信息化建设项目需要结合行业特点、企业战略及管理业务流程等；从需求层面看，信息化建设需求往往会随着企业及信息技术发展和用户对信息系统了解的不断深入而发生变化。这些特点决定了信息化项目实施的风险是必然存在的。

▌4.1　IT 项目简介

　　IT 项目是一类典型的项目，是组织信息化战略的支撑和具体实现，而组织信息化战略又支撑着组织的战略目标。所以，IT 项目的规划应该先从组织战略规划出发制定组织的信息化战略，再根据组织信息化战略的实施步骤，规划出一个个具体的信息系统项目。本节按照以上思路，分别讲解组织信息化战略的概念、信息系统规划，以及信息系统项目的特点。

4.1.1　IT 项目的特点

信息系统项目除具有一般项目的特点，还具有其行业自身的特点，具体内容如下。

（1）高智力密集性。IT 行业是最典型的技术密集型、知识密集型的产业，人才是 IT 行业最宝贵的财富，这些人员包括项目经理、系统分析师、程序员和最终用户。IT 项目人员具有明显的技术性、稀缺性、流动性和年轻化的特点，因此，留住这些人员对于人力资源部门来说就变成一种挑战。

（2）高风险、高收益。IT 项目都是高风险项目，要么带来丰厚的收益，要么会使企业陷入困境。

（3）高度时效性。许多公司发现它们被迫要采用新的技术，以匹配竞争者所提供的功能。要想比竞争对手更快地推出产品或占领市场，IT 项目的策划和事前评估就显得尤为重要，而不像一般项目更重视项目执行过程的管理。

（4）沟通十分重要。IT 项目的客户通常对项目的需求比较模糊，且使用信息系统的人员可能会具有不同级别的技术熟练程度。这样，IT 项目从需求调研到方案设计，从代码设计到运行调试都需要信息传递，让客户充分参与到项目中，才能使最终的结果不偏离目标。

（5）在企业环境下做项目。IT 项目通常是在企业内部完成，项目团队成员往往来自组织内部，因此，人力资源冲突是需要特别解决的问题。另外，项目经理的授权也是要重点考虑的问题。

4.1.2　组织信息化战略

1. 组织信息化战略的定义

组织信息化战略是指为满足企业经营需求、实现组织战略目标，由组织高层领导、信息化专家、信息化用户代表根据企业总体战略的要求，对组织信息化的发展目标和方向所制定的基本谋划。组织信息化战略规划就是对组织信息化建设的一个战略部署，最终目标是推动组织战略目标的实现，并达到总体拥有成本最低。

信息化战略作为企业战略的一个有机组成部分，必须服从并服务于企业总体战略及长远发展目标。同时，组织总体战略也离不开信息化战略，无论企业采取何种总体企业战略，战略的制定和实施都必须以一个高效、可靠的信息化为基础。只有从企业发展的全局考虑，把企业作为一个有机整体，用系统的、科学的、发展的观点根据企业发展目标、经营策略和外部环境，以及企业的管理体制和管理方法，对企业信息化进行系统的、科学的规划，才能为企业整体战略实施提供最大限度的信息保障。IT 治理为组织信息化战略提供了一个思路。

2. IT 治理

IT 治理（IT governance）是一个由关系和过程构成的体制，用于指导和控制企业，通过平衡信息技术与实施过程的风险、增加价值来确保实现企业的目标。IT 治理的目标将帮助管理层建立以组织战略为导向，以外界环境为依据，以业务与 IT 整合为重心的观念，正确定位 IT 部门在整个组织中的作用，最终能够针对不同的业务发展要求，整合信息资源，制定并执行推动组织发展的 IT 战略。

IT 治理应该体现"以组织战略目标为中心"的思想，通过合理配置 IT 资源创造价值。IT 治理体系保证总体战略目标能够从上而下贯彻执行。IT 治理和其他治理活动一样，治理层主要是最高管理层（董事会）和执行管理层，但由于 IT 治理的复杂性和专业性，治理层必须强烈依赖企业的下层来提供决策和评估活动所需要的信息。所以，好的 IT 治理实践需要在企业整个组织范围内推行。

（1）COBIT 标准。信息及相关技术的控制目标（control objectives for information and related technology，COBIT）是 IT 治理的一个开放性标准，由美国 IT 治理研究院开发与推广。COBIT 将 IT 过程、IT 资源及信息与企业的战略与目标联系起来，形成一个三维的体系结构，分别是 IT 准则维、IT 资源维、IT 过程维。其中，IT 准则维集中反映了企业的战略目标，主要从质量、成本、时间、资源利用率、系统效率、保密性、完整性和可用性等方面来保证信息的安全性、可靠性和有效性；IT 资源维主要包括人、应用系统、技术、设施及数据在内的相关的信息资源，这是 IT 治理过程的主要对象；IT 过程维则是在 IT 准则的指导下，对信息及相关资源进行规划与处理，从信息技术的规划与组织、采集与实施、交付与支持、监控 4 个方面确定了 34 个信息技术处理过程，每个处理过程还包括以更加详细的控制目标和审计方针对 IT 处理过程进行评估。

（2）PRINCE2 标准。20 世纪 80 年代的英国，很多项目，特别是信息系统项目执行绩效欠佳，促使英国政府开发了 PRINCE2。项目管理的目的在于为项目中要求的各种专业和活动提供一个总体框架。其关注重点是商业论证、项目实施原因和项目预期收益。其中商业论证是贯穿 PRINCE2 的一条主线，它提供了项目的依据和商业原因，驱动着从项目立项到项目收尾的全部项目管理过程。PRINCE2 基于过程的结构化的项目管理方法，适合于所有类型项目（不管项目的大小和领域，不再局限于 IT 项目）的易于剪裁和灵活使用的管理方法。它提供了从项目开始到项目结束覆盖整个项目生命周期的基于过程（process-based）的结构化的项目管理方法。

3. 信息化成熟度模型

组织要进行信息化战略规划，还必须对其目前的组织信息化发展水平及未来的信息化目标有一个基本的定位。信息化成熟度模型（informatization maturity model，IMM）就是描述组织信息化发展水平和状态的基准模型。一般分为五级，级别越低，表明其信息化水平相对较低，级别越高表明信息化水平相对较高，如表 4-1 所示。

表 4-1　信息化成熟度模型

等级	第一级	第二级	第三级	第四级	第五级
名称	技术支撑级	资源整合级	管理强化级	战略支持级	持续优化级
关注点	电子化	效率	效益	核心竞争力	创新、风险管理
负责人	项目负责人	信息中心主任	CIO	CIO	CIO
关注内容	计算机、独立应用	局域网、统一的数据库	业务流程改进和优化	核心价值链、商业智能、外部供应链	知识管理、学习型组织、IT 治理

第一级：技术支撑级。技术支撑级是 IMM 中最低的一级，主要从信息技术的角度展开，达到这一级的组织，即开始真正跨入组织信息化的门槛；组织对于信息化的理解侧重于技术层面，主要是购买计算机等 IT 设备，开发面向业务的独立应用系统；这些组织有一定的计算机数量，组织中传递的文档基本实现电子化，有些部门内有独立的系统和数据库，但是相互之间不一定兼容，存在一个个的信息孤岛；组织成员对信息化的理解是初步的，在有效利用信息资源、支持管理、辅助战略决策等方面存在明显的不足之处。

第二级：资源整合级。资源整合级是 IMM 中次低的一级，主要从信息资源的角度展开，达到这一级的组织，开始认识到信息是一种资源，并对组织内的信息资源进行规划；这些组织以提高组织整体运作效率为目标，以局域网建设、数据库整合和疏通信息传递渠道为投入重点，实现信息共享，消灭信息孤岛。信息技术带来了效率上的提高，但是信息化的效益还未明显体现出来。

第三级：管理强化级。管理强化级是 IMM 中中间的一级，主要从纵向管理链和横向价值链的角度展开，突出中层的管理和组织内部业务流程的整合，达到这一级的组织，设置了首席信息官（chief information officer，CIO），开始重视信息安全，组织结构趋向扁平化；在资源整合的基础上，把前期的 IT 技术投入与管理模式真正结合起来，通过进行业务流程重组或业务流程改进来对业务流程进行变革，使组织内部的信息流、资金流、业务流、物流等"各流合一"；在整体运作效率提升后，组织的主要目标转变为实际效益的提高。

第四级：战略支持级。战略支持级是 IMM 中比较高的一级，主要从纵向管理链和横向价值链的角度展开，突出高层的管理和组织内部与外部业务流程的整合，达到这一级的组织，建立了 CIO 机制，组织对 IT 战略进行规划，使 IT 战略与业务战略相一致，达到支持业务战略的目的；通过核心价值链的信息化，强化了自身的核心竞争力；组织与上下游合作伙伴开始进行各种资源整合；组织积极推动信息文化的培育过程，努力使信息化的目标融入到每个员工的实际行为之中。

第五级：持续优化级。持续优化级是 IMM 中最高的一级，也是模型开放的体现；达到这一级的组织，已经成为学习型组织，有了 IT 治理意识，并试图成为创新型组织；在各项信息化基础设施、基本制度、运行机制齐备的条件下，信息化已经成为组织创新的重要工具和力量；信息文化已经成为组织文化中重要的一部分；组织作为一个智能的主体，有快速对环境或市场做出反应的能力，成为自适应组织。

4.1.3　信息系统项目的规划

组织的信息化战略对组织的整体信息化布局有一个总体思路，接下来的事情就是在此基础上规划出一个个具体的项目来支撑并实现这些信息化战略。也就是说，在有了信息化战略之后，应该怎样规划出具体的信息系统项目。

1. 信息系统项目规划的内容

信息系统项目规划包含的内容十分广泛，但从大的方面来讲，主要包括以下三方面：①带有优先权的信息系统项目清单的设计。具体体现为各阶段需要实现的功能是什么、需要通过什么应用来具体实现、突破口如何选择等问题。②信息系统项目建设方式的考虑。例如，是自行建设还是外包，是采取一步到位的策略还是分步实施的策略等问题。③信息系统业务和技术标准的设计。具体体现为采用什么样的业务流程优化原则，采用什么样的信息资源整合的标准和原则，采用什么样的开发框架、协议和标准等问题。

2. 信息系统项目建设的方式

在项目识别决策时起重要作用的是信息系统规划（informatio system planning，ISP）。ISP 是用来评估组织的信息需求，以及定义能够最符合这些需求的信息系统、数据库和技术的一种有序方法。选择信息系统项目的建设方式，不但会影响未来信息系统运行维护和系统升级等，还会涉及相应的资金投入、人力资源政策和审计政策。所以，企业要根据实际经济状况和技术实力，选择适合自己的建设方式。一般来讲，信息系统项目的建设方式主要有自行开发、外包和合作开发三种形式。

（1）自行开发。自行开发基本上依赖组织自身的管理、业务和技术力量进行系统设计、软件开发、集成和相关的技术支持工作，一般仅向外购置有关的硬件设备和支撑软件平台（如操作系统、数据库管理系统、通信软件等）。自行开发一般比较适合企业技术实力较为雄厚，而资金相对紧张的企业或组织。

（2）外包。外包是指将信息系统项目的设计、开发、集成、培训等承包给某家专业公司（专业的 IT 公司或咨询公司等），由该公司（承包商）负责应用项目的研制或实施，有时还委托专业公司负责日常应用中的支持工作。外包适合技术实力较为薄弱但资金相对充足的企业。外包的风险主要在于承包商，选择一个合适的承包商是外包成功与否的主要因素，包括承包商经营的稳定性、承包商对企业需求能否正确理解等。

（3）合作开发。合作开发是组织与专业 IT 公司（合作商）共同协作完成信息系统项目的实施和技术支持工作，一般形式是应用单位负责提供业务框架，合作商提供技术框架，双方组成开发团队进行项目实施，IT 系统的日常支持由应用单位的 IT 部门和合作商共同承担，IT 部门负责内部（一级）支持，合作商负责外部（二级）支持。相对于前面两种方式而言，合作开发是一种比较稳妥的方式。它同时具有自行开发和外包的优点和缺点。合作开发的风险主要存在于双方的合作过程。

4.1.4　信息系统生命周期

信息系统开发项目是一种典型的开发项目，系统开发生命周期（system development life cycle，SDLC）是一种在许多组织内部都很常见的系统开发方法。它以信息系统开发的阶段或步骤为标志，SDLC 一般都会包含下述五个步骤：系统计划、系统分析、系统设计、系统实现、系统维护。

有时候生命周期可能是迭代的，也就是说，阶段会按要求重复，直到发现了一套可以接受的系统为止。有些系统分析师认为生命周期是螺旋式的，我们在周期中通过处于不同细节层次的阶段不断循环。各个阶段的主要任务如下：①系统计划。此阶段需要识别出对新系统或改进系统的需求，同时要确定下来提议构建的系统的范围。主要涉及两项活动，第一，确定新系统或改进系统的需求，识别满足这些需求的项目；第二，确定提议构建的系统的范围；②系统分析。在这一阶段中要确定系统需求，制订候选方案，在组织愿意支付的既定成本、人力和技术资源的条件下，选择最能满足需求的方案；③系统设计。在这一阶段，推荐候选方案的描述文字会被转换成一种逻辑描述，随后会转换成物理系统规范。逻辑设计（logical design）关注系统内部数据起源、流向和处理过程的规范等系统的业务层面，即系统如何影响组织内部的职能部门，并不与任何特定的硬件或系统软件平台进行绑定；物理设计（physical design）将逻辑设计转换为物理的、或技术的规范。在物理设计阶段，分析师团队要决定使用何种程序语言来编写计算机指令，使用哪种数据库系统和文件结构来处理数据，以及可以使用哪些硬件平台、操作系统和网络环境来运行系统；④系统实现。系统规范会转化成工作系统，工作系统随后会进行测试，然后投入使用。实现包括编码、测试和安装；⑤系统维护。程序员要在系统运行时执行用户所请求的变更，修改系统以反映不断变化的业务环境。为了保障系统的运行和实用性，这些变更是必要的。在维护阶段，完善系统所需要的时间和工作量在很大程度上取决于生命周期前一些阶段的完成情况。SDLC 各个阶段性的成果如表 4-2 所示。

表 4-2　SDLC 各个阶段性的成果

阶段	产品、输出或交付物
系统计划	界定系统和项目的优先级
	数据、网络、硬件和信息系统管理的体系结构
	待选项目的详细工作计划
	系统范围的规范
	系统合理性验证或业务案例
系统分析	现有系统的描述
	如何修改、增加和替代现有系统的一般性推荐
	对于待选系统的阐述，以及选择方案合理性的证实
系统设计	所有系统元素的详细规范
	新技术的采购计划
系统实现	代码
	文档
	培训过程和支持功能
系统维护	更新后的文档，培训或支持相关的新版软件的发行

当信息系统不再满足要求，或运维成本异常高昂时，就需要重新识别需求了，接着会再往复循环下去。

4.1.5　项目管理生命周期与系统开发生命周期

美国纽约州的项目管理方法都依据项目的生命周期把项目管理过程分为不同的阶段，并为项目经理提供了贯穿整个生命周期的各个项目阶段内的特殊过程、活动以及对过程和活动进行支持的模板，包括各种会议大纲、交付物模板、检查列表和表单等。该方法还提供了能够成功完成各项项目过程或活动的技术和技巧。在每个阶段结束时，该方法体系会对项目经理容易碰到的问题进行提示，并提供可参考的解决方案，以帮助项目经理成功地战胜这些挑战。这些内容，旨在使处在不同阶段的项目经理能够迅速地掌握和使用有关项目工作的指南。此外，部分州也把 SDLC 的过程作为整个项目管理方法体系的组成部分。最初在各州内部从事系统开发项目的代理方采用不同的方法体系，这些方法体系是由不同的系统开发工具、软件架构或者是"自制或外包"的决策来驱动的。然而，不管开发环境和工具有何不同，存在一套所有系统开发项目都必须遵循的标准阶段和过程。在州项目管理方法体系中对这些标准的、通用的阶段和过程进行了描述，构成了纽约州项目的 SDLC，它用一种通用的语言涵盖了所有细节，以帮助项目经理计划并管理一个系统开发项目。

　　SDLC 的各个阶段和项目管理生命周期的阶段是并行的，然而，两者并不是一一对应的。因此当前系统开发项目中的一个挑战就是如何将系统开发生命周期和项目管理生命周期进行整合。两个生命周期的关系如图 4-1 所示。

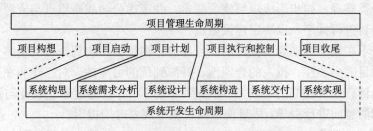

图 4-1　项目生命管理周期与信息系统开发生命周期的关系

4.2　IT 项目启动

　　项目启动过程是指开始一个项目过程的最初阶段，也是最为关键和重要的阶段，确保以适当的理由启动合适的项目。项目经理应该从全局和战略的角度权衡是否要启动某个 IT 项目，项目经理应该熟悉项目背景，了解利益相关者，研究项目的商业需求和项目功能，确定项目范围，给出项目预算和制定项目章程。"目标驱动、结果引导"是成功地启动项目的最好方法，这个阶段从确认新项目的存在，一直延续到项目执行过程的开始。

4.2.1　识别项目

1. 意向提出阶段

　　意向提出作为项目启动的一个阶段来管理，其意义就在于对意向进行统筹规划，保证系统建设的整体合理性。项目来源于社会经济生活中的各种需求和有待解决的问题，项目是受各种需求所驱使的，是项目产生的基本前提。意向提出的原因可能有：①市场需求。例如，由于汽油短缺，某汽车公司提出制造低油耗汽车项目。②营运需要。例如，某培训公司提出新设课程项目，以增加收入。③客户要求。例如，电业局提出新建变电站项目，为新工业园区供电。④技术进步。例如，电子公司在计算机内存和电子技术改进后提出研制更快、更便宜和更小的新视频游戏机项目。⑤法律要求。例如，油漆厂提出制定有毒材料使用须知项目。⑥社会需要。例如，某发展中国家的非政府组织提出一为霍乱高发病和低收入社区提供饮用水系统、厕所与卫生保健教育项目。

对于有集中业务规划期间的企业，意向的产生经常集中在业务规划期间，例如，财年末，企业对自身的业务模式进行盘点期间，往往产生业务模式的改进或改革的需求，从而对信息化工具产生需求。在这一时间产生的想法或需求，往往不是很成熟，不确定性很大，后期变化的风险也很高。但这一时期，也是意向最集中、最易于统筹规划的时期。信息化部门通常在这一时期，对所有的意向进行收集，分类整理，初步形成项目建设清单，并考虑公司战略重点与资源投入的约束，对项目进行排序，以确定建设重点。

对于不在集中规划时期提出的项目意向，往往会影响到原有的整体规划与计划，如项目的必要性、投入的合理性、资源到位的可能性、对已建和在建系统的影响等。信息化管理部门（或 IT 项目管理部门）可以通过建立制度与流程，对业务需求的意向进行引导，尽量使意向在集中规划时期提出。

2. 项目识别

项目识别就是针对客户已经识别的需求，从备选的项目方案中选择出一种最能够满足顾客需求的项目。项目识别中应注意的问题是：①以满足客户需求为目标。项目团队工作都应以客户为中心，任何项目方案的确定都要以满足客户需求为前提；②充分考虑项目方案的技术、经济可行性。一是项目方案在技术上可以达到满足客户需求的目标；二是要满足客户成本预算约束，不能通过增加预算的办法来盲目追求高效率；三是要注重项目建成后的运行成本，确保经济地满足客户需求；③注重对相关限制条件的识别。项目识别的过程中不仅仅是提出目的和目标，也要对相关的限制条件进行识别。

在许多情况下，需求识别和项目识别总是相互交融、相互作用的。客户往往在产生需求之初就和承约商接触联系。他们向承约商了解各种可能的备选方案的优点、缺点及技术、经济性，逐步完善自己的需求。项目团队也需要密切与客户的联系，帮助客户识别需求，同时也使自己能够准确地把握客户的期望，有针对性地提出满足需求的解决方案。

3. IT 项目背景的了解

1) 客户背景的了解

可以通过直接交谈，网上了解客户信息；了解客户发展前景与该项目对公司的战略重要程度；了解客户竞争对手情况；了解客户对此项目的目的和期望；了解项目实施相关的客户方面的业务流程、人员安排、项目成果的使用人员等信息。

2）项目环境信息的了解

（1）项目发起人是否有权开展项目。项目发起人应有足够的资源且得到强有力的支持来完成并实施工作。项目发起人是组织内有权力分配资源、调配项目成员、控制资金、对项目进行审批的人。

（2）项目是否有财务支持。财务支持是项目能否开展的关键要素之一，企业财务状况和企业过去项目投资状况是必须了解的背景信息。因为，项目中断或失败往往是由于中断了对项目的财务支持。

（3）项目是否以前有人开发过。这个项目在企业是不是有人做过，如果是，就必须了解是什么原因导致项目没有继续做下去，这种原因现在是否依然存在，如果存在，需要采取什么措施才能保证项目继续做下去。

（4）项目是否有合理的开始时间和截止时间。大规模的系统升级、软件发布、应用及各系统转换都需要投入大量的人力、物力和财力，并需要大量的时间。如果项目没有明确要求，则规定一个合理的截止日期是非常重要的。

（5）是否有行业相关国家标准或者国际规范。相关国家标准或国际标准，都涉及项目的技术规范和用户使用的要求，在启动项目时必须考虑这些规范。对于强制性规范，项目必须完全执行；对于建议性规范，项目应该借鉴，因为这些标准或规范都体现了在这个行业上的成熟经验。

（6）项目是否有明确的结果。作为项目经理，必须保证项目有一个明确的能够实现的最终结果。在创建项目时，项目发起人、项目经理以及每一个团队成员都应该明确项目的最终结果。不仅需要指出项目的具体要求，还应该清楚对项目潜在的要求。

4. 需求分析

1）需求分析阶段

在受理了项目的意向以后，就进入对项目需求分析阶段。这一阶段需要 IT 人员与业务人员组成小组，对业务需求进行详细的调研与分析。采用的方法主要包括各业务层次人员访谈、会议。

在这一阶段，需求分析包括的内容有：当前业务流程与未来业务流程分析；当前业务与未来业务的差异分析；信息化功能特点需求及对将来系统的非功能需求，如性能需求、环境需求、安全需求以及需求的优先次序等。

2）项目相关利益者的分析

（1）项目组成员。成员间存在相互合作关系，但是同时也存在彼此之间的竞争关系。作为 IT 项目经理应把握分寸，力求成员之间和谐相处并保持良好的工作氛围，促进项目的正常进行。

（2）公司现有业务、现有项目的成员。现有项目是本项目开展的环境，同时也对本项目的开发形成竞争关系。这种竞争体现在资金、人才和设备等资源的分配、占有等方面。因而公司现有业务或项目之间的关系是项目经理需要考虑的问题之一。

（3）资源提供者。资源提供者一般包括资金、人力和技术三类提供者。这些资源提供者一方面为使项目正常工作提供必要的资源保证，同时也给项目开发提出了要求。项目发起人或项目经理需要不断地与资源提供者进行沟通。

（4）用户。项目要满足用户需求（用户不一定是资源提供者），一般用户对项目的功能、性能等方面有具体的要求。

（5）潜在利益相关者。合作伙伴或竞争对手，他们往往在情况发生变化时影响项目的开发。

3）形成"需求分析报告"：对需求分析报告进行评审，以达成项目关系人需求的一致认可

需求分析报告的内容有制订评审计划、需求预审查、召开评审会议、调整需求文档以及重审需求文档等。

4.2.2　分类和评级 IT 项目

1. 进行可行性分析

可行性分析应遵循的基本原则有：①在着手进行可行性分析前收集足够多的信息；②制订可行性分析工作计划。如访问何人、提问什么问题、去何处、访问内容等，不断地定期进行修订；③征集一些有成见或偏见的人的意见，听取他们的建议，分析其合理性；④区分事实和观点，尽可能得到并记录事实情况，提出坦率的、公正的意见；⑤要注意意见提出者所持观点的特征、持有者强度及他的情感等因素；⑥注意可能存在的风险，考虑其造成的后果和克服困难的方法。

2. 可行性方案论证阶段

可行性方案的论证是项目启动阶段的关键活动，它的质量直接影响项目的实施效果。论证小组一般由企业内部的业务与 IT 技术两方面的人员组成。

可行性方案论证的目的是通过确认管理体系和系统技术构架，从而确认未来的管理和技术方案是否有效。它立足于项目从管理上、技术上、实现上的难点进行阐述，逐步理清客户的需求，并在需求的基础上，规划总体解决方案，以作为项目投入产出评估的依据、产品选型的依据，以及后续实施方案的约束。

此外，围绕可行性方案从管理上、技术上、实现上的难点进行阐述，可以有效地开展项目的风险分析，制定项目的风险管理策略，为项目的成功提供保障。

3. 技术方案可行性评估

这具体包括：①目前公司所拥有的产品性能是否能满足方案的要求；②公司技术人员是否有足够的能力负责项目的实施；③若方案中有未上市新产品，关注上市时间和产品性能描述是否切合实际；④技术方案的编写是否符合公司技术方

案编写格式要求；⑤项目采用的信息技术对其他软件和使用者造成的影响，该技术的供应商在行业中记录是否良好；⑥技术方案成功实施的前提条件是否明确；⑦方案中是否有可能会导致系统不被客户最终验收的风险因素。

4. 形成可行性分析报告

可行性分析报告具体包括以下内容。①识别信息：标题、地点和日期、团队组成、职责范围和研究目标；②内容提要：分析研究工作简述、结论概述、建议简述；③报告内容：主要内容、附件、职责范围描述、分析所涉及的每个方面的详细调查内容；④结论：与可行性、结果、利益、可能成本、预期遇到的问题、任何领域失败的危险和可能性、成功可能性评估以及可能的选择方法等相关的结论；⑤提议：建议开始行动、建议项目周期、如何着手进行、起草项目各方面的目标需要资源、项目所需资金、管理及人员安排、项目控制、审查计划、关键工作目标；⑥附件：建议项目事件的主要计划图表、相关数据副本、示意图、流程图、表等，关键员工招聘职位说明书、财务预算和现金流预测、威胁、风险评估。

4.2.3　选择信息系统开发项目

1. 项目选择的基本原则

项目选择的基本原则是所选的项目必须与项目团队所在组织的发展战略保持一致。一个组织的发展战略、发展目标与所从事的项目是密切相关的。一个组织的发展战略最终是通过一个个项目来实现的，组织的战略制定，首先，要对组织所处的内外部环境进行分析；其次，制定发展目标，围绕发展目标明确可能的战略规划，形成组织的战略；最后，执行战略，通过一个个项目来逐步实现。

2. 项目选择评价的方法

对于识别的多个项目，可以通过评价的方法决定项目的优先次序。常用的是要素加权分析法，即首先确定评价指标，其次是对评价指标赋予一定的权重，最后对每一可选项目的各个评价指标进行打分，计算出每一个备选项目的总分，得分高的项目，具有较高的优先性。

（1）对 IT 项目解决方案进行评估的指标可以包括以下内容：①应用软件评估，指对产品本身的功能、性能、体系架构、用户友好性、市场评价、费用等方面进行考察。②软件运行环境评估，指对系统运行所需要的服务器、客户机的软硬件配置进行评估。这既是很容易被忽略的一部分，又是有可能对后续实施投入影响最大的一部分，尤其是在客户端数量大、环境复杂的情况下。③项目实施评估，指在信息系统的建设中，项目实施方法与能力已经成为项目成败的重要环节，因此，对服务商实施能力的评估显得尤为重要。

评估内容主要包括实施方法、实施费用、实施周期、实施顾问经验以及对相似实施案例的考察。①培训与售后服务评估，包括考察培训方式、费用、售后服务方式、费用、响应时间等。②供应商评价评估，指对供应商的基本面进行评估，如供应商的规模、业绩、与客户的合作策略等方面。③效益风险评估，即项目投入与产出的评估。

（2）项目选择要素加权分析法实例如表 4-3 所示。

表 4-3   项目选择要素加权分析法

要素 项目	权重	单项得分			加权得分		
		A	B	C	A	B	C
应用软件评估	5	4	3	3	20	15	15
内部收益率	3	3	4	3	9	12	9
公司规模	3	5	4	4	15	12	12
所含风险大小 （5 表示最低）	2	3	4	4	6	8	8
总加权得分					50	47	44

4.2.4　制定项目章程

项目章程是正式批准项目的文件，明确给出了项目定义，说明了项目的特点和最终结果，规定了项目发起人、项目团队、项目经理等。该文件授权项目经理在项目活动中动用组织的资源。

1. 项目章程内容

为项目签发章程之后，就建立了项目与组织日常工作之间的联系。对于某些组织，只有在完成了分别启动的需要估计、可行性研究、初步计划或其他有类似作用的分析之后，才正式为项目签发项目章程并加以启动。制定项目章程是将经营需要、启动项目的理由、当前对顾客要求的理解，以及用来满足这些要求的产品、服务或成果形成文件。

项目章程应当包括以下内容（直接列入或援引其他文件）：①为满足顾客、赞助人及项目利益相关者需要、愿望与期望而提出的需求；②业务需求，高层项目说明或本项目对应的产品需求；③项目目的或项目立项的理由；④委派的项目经理与权限级别；⑤总体里程碑进度表；⑥项目利益相关者的影响；⑦职能组织及其参与；⑧组织、环境与外部假设及组织、环境与外部制约因素；⑨说明项目合理性的经营指标，包括投资收益率；⑩总体预算。

2. IT 项目章程的制定依据

依据合同、工作说明书、事业环境因素和组织过程资产，采用合适的项目选择方法，运用项目管理方法体系、项目管理信息系统，或请专家进行咨询，制定项目章程。因此，"制定项目章程"这一项目管理过程的依据为合同、工作说明书、事业环境因素及组织过程资产。

（1）合同。如果项目是为外部顾客而进行的，则来自顾客采购组织的合同是制定项目章程的重要依据。《合同法》规定"合同是平等主体的自然人、法人、其他组织之间设立、变更、终止民事权利义务关系的协议"。合同是买卖双方形成的一个共同遵守的协议，卖方有义务提供合同指定的产品和服务，而买方则有义务支付合同规定的价款。合同是一种法律关系，合同协议根据项目交付物的复杂程度可以很简单也可以很复杂。根据应用领域不同，合同有时也被称为协议、子合同或者采购单。

（2）项目工作说明书。工作说明书是对应由项目提供的产品或服务的文字说明。它的价值在于帮助你获取项目中的所有的关键工作要素。对于内部项目，项目发起人或赞助人根据业务需求、产品或服务要求提供一份工作说明书。对于外部项目，工作说明书属于顾客招标文件的一部分，如建议邀请书、信息请求、招标邀请书或合同中的一部分。工作说明书指明如下内容：①工作范围，指工作的详细描述；②工作场所，在工作场所所完成的工作要比其他地方好；③执行期限，指项目的开始和结束日期，每一时段的最高收费等；④交付进度，对于项目的交付时间，可能包括开发的全部时间、质量测试、用户认可测试等；⑤合适的标准，行业标准和其他的标准都影响项目的交付成果；⑥认可度，指必须符合的质量标准或必须满足的条件等；⑦特殊需求，指特殊资质的员工，比如需要一个 PMP 认证的经理等。

（3）事业环境因素。在制定项目章程时，任何一种以及所有存在于项目周围并对项目成功有影响的组织事业环境因素与制度都必须加以考虑。其中包括，但不限于如下事项：①组织或公司的文化与组成结构；②政府或行业标准，如管理部门的规章制度、产品标准、质量标准与工艺标准；③基础设施，如现有的设施和生产设备及公司工作核准制度；④现有的人力资源，如技能、专业与知识（如设计、开发、法律、合同发包与采购）及人事管理（如雇用与解雇指导方针、员工业绩评价与培训记录）；⑤市场情况；⑥利害关系者风险承受力；⑦商业数据库，如标准的费用估算数据、行业风险研究信息与风险数据库；⑧项目管理信息系统，如自动化工具套件（如进度管理软件工具、配置管理系统、信息收集与分发系统，或者与其他在线自动化系统的联网接口）。

（4）组织过程资产。在制定项目章程及以后的项目文件时，任何一种，以及所有用于影响项目成功的资产都可以作为组织过程资产。任何一种以及所有参与项目的组织都可能有正式或非正式的方针、程序、计划和原则，所有这些的影响都必须考虑。组织过程资产还反映了组织从以前项目中吸取的教训和学习到的知识，如完成的进度表、风险数据和实现价值数据。组织过程资产的组织方式因行业、组织和应用领域的类型而异。例如，组织过程资产可以归纳为两类。第一类是组织进行工作的过程与程序，如标准指导原则、工作指令、建议评价标准与实施效果评价准则；模板、项目收尾指导原则或要求。第二类是组织整体信息存储检索知识库，如过程测量数据库、项目档案、问题与缺陷管理数据库、配置管理知识库等。

3. IT 项目章程制定的工具与技术

（1）项目管理信息系统。项目管理信息系统（PMIS）是在组织内部使用的一套系统集成的标准自动化工具。项目管理团队利用项目管理信息系统制定项目章程，在细化项目章程时进行反馈，控制项目章程的变更和发布批准的项目章程。

（2）项目管理方法体系。项目管理方法体系确定了若干项目管理过程组及其有关的子过程和控制职能，所有这些都结合成为一个发挥作用的有机统一整体。项目管理方法体系可以是仔细加工过的项目管理标准，也可以不是。项目管理方法体系可以是正式成熟的过程，也可以是帮助项目管理团队有效地制定项目章程的非正式技术。

（3）专家判断。专家判断经常作为评价制定项目章程所需要的依据。在这一过程中，此类专家判断及将其知识应用于任何技术与管理细节。任何具有专门知识或训练的集体或个人可提供此类专家知识，知识来源包括实施组织内部的其他单位、咨询公司，也包括客户或赞助人在内的利害关系者、专业和技术协会及行业集团等。

4. IT 项目章程内容

IT 项目章程的内容包括项目名称、项目负责人、项目立项依据、项目目标、项目进度、项目利益相关者及他们的签名等。举例如下。

项目名称：CRM 软件开发

总体里程碑进度表：2007 年 5 月 1 日开工，2007 年 11 月 5 日结束

项目经理：张小林

联系电话：13654679201

项目立项依据：公司业务经过多年的发展，已经拥有了大量的优质客户和一大批潜在客户，为了稳定发展公司的客户群，公司管理层决定开发一个 CRM 系统。

项目目标：以标准的客户关系管理理论为指导，结合公司的营销经验，在 6 个月时间里开发完成具备客户管理、市场管理、销售管理、服务管理、统计分析和 Call Center 六大功能的 CRM 客户管理管理软件。预算 6 个月投入为 50 万元人民币。

项目利益相关者：

赵维凯，项目发起人和赞助人，负责监督项目；

李梧兵，项目经理，负责计划，监控项目，对项目质量负责；

钱建国，IT 部门经理，负责为项目提供适当资源和培训；

王可佳，业务接口人，负责为项目提供业务需求。

签名：（以上所有利益相关者签名）

5. 项目章程编制成功因素

项目章程是基础，一份好的项目规则有三个影响因素：目标一致、控制范围、领导支持。而使每个人都能理解并认同项目章程有四个方法。

（1）发布项目书。项目书应该包含的内容有：①明确项目目的；②建立对项目的理解的基本共识；③为项目及项目经理提供管理支持；④建立项目经理的决策和领导权力。

（2）发布工作一览表。建立工作一览表，至少应包括以下内容：①项目目的，项目目的一定要清晰；②范围，详细说明什么不在项目范围之列；③交付成果，从详细的产品描述开始；④成本及进度估算，详尽描述相关一切；⑤项目目标，详细、可衡量；⑥利益相关者。

（3）设置责任矩阵。设置责任矩阵的主要内容有：列出项目主要活动、列出利益相关人、定义活动与利益相关人的关系和编制责任矩阵。

（4）制订沟通计划。沟通计划是指在恰当的时候给相关人员以恰当的信息。沟通的三大原则分别是及时、准确、信息量恰到好处。

6. 立项报告审批阶段

立项报告是项目启动阶段的重要文档，在这一阶段，需要将从意向提出、需求分析，到可行性方案论证，到产品选型各阶段产生的重要内容整理形成文档，并任命项目经理、建立项目组织机构，申请项目经费，然后按公司的管理流程，交给相关的部门会签，成为确认项目合法性的文件。后序的所有项目活动都要以立项报告为依据。

按照公司的管理流程，与公司有关人等都有可能提出《立项报告》，如公司老总、市场部门、研发部门，一般是在公司组织的定期召开的会议上提出，经初步讨论具有一定的可行性之后，由公司领导提交到公司负责开发立项的部门，如总工办，然后，按照公司的管理流程，由该部门组织人员进行讨论，最后指定某人进行产品的可行性分析，提交《可行性分析报告》。在《立项报告》中，初步描述该技术的国内外现状、经济效益和社会效益。

4.2.5 初步范围说明书

项目范围是指为交付具有规定性和功能的产品和服务所必须完成的工作。项目范围为项目管理标出一个界限，或分出哪些属于应该做的，哪些不包括在项目工作之中。

1. 制定项目初步范围说明书

这是利用项目章程与启动过程组中的其他依据，为项目提出初步粗略高层定义的必要过程。这一过程处理和记载着对项目与可交付成果提出的要求、产品要求、项目的边界、验收方法，以及高层范围控制。在多阶段项目中，这一过程确认或细化每一阶段的项目范围。依据项目章程、工作说明书、事业环境因素和组织过程资产，运用项目管理方法体系、项目管理信息系统，或请专家进行咨询，制定项目初步范围说明书。

2. 项目范围说明书的内容

项目范围说明书确定了项目的范围，即需要完成的事项。制定项目初步范围说明书过程的对象和记载的事项是项目及其产品和服务的特征与边界，以及验收与范围控制的方法。项目范围说明书的内容包括：①项目与产品的目标、产品或服务的要求与特性、产品验收标准；②项目边界、项目要求与可交付成果、项目制约因素、项目假设、项目的初步组织；③初步识别的风险；④进度里程碑；⑤初步工作分解结构；⑥量级费用估算；⑦项目配置管理要求；⑧审批要求。

项目初步范围说明书利用项目发起人或赞助人提供的信息编制。范围定义过程中的项目管理团队将项目初步范围说明书进一步细化为项目范围说明书。项目范围说明书的内容因项目的应用领域和复杂程度而异，因此可能包括上面列出的某些或全部内容。在多阶段项目的以后各阶段中，制定项目初步范围说明书过程；在必要时，确认和细化本阶段的项目范围。

3. 制定项目初步范围说明书的依据与工具技术

（1）依据。这包括项目章程、项目工作说明书、事业环境因素、组织过程资产。

（2）工具与技术。①项目管理方法体系，项目管理方法体系确定了协助项目管理团队制定与控制项目初步范围说明书变更的过程。②项目管理信息系统，项目管理信息系统是一个自动化系统，项目管理团队利用项目管理信息系统制定项目初步范围说明书；在细化项目初步范围说明书时促进反馈，控制项目范围说明书的变更和发布批准的项目范围说明书。③专家判断，在应列入项目初步范围说明书中的任何技术与管理细节等方面都会用到专家判断。

4.2.6　项目启动

1. 项目启动的准备

项目启动的准备工作比较烦琐，具体事宜取决于项目所在的管理环境的要求。在项目启动准备期，可以准备一个项目启动检查清单，以确保项目启动工作的有序，避免疏漏。一般说来，启动准备工作包括建立项目管理制度、整理启动会议资料等。其中，建立项目管理制度是非常关键而且容易忽略的一项工作，主要包括：①项目考核管理制度；②项目费用管理制度；③项目例会管理制度；④项目通报制度；⑤项目计划管理制度，明确各级项目计划的制订、检查流程，如整体计划、阶段计划、周计划；⑥项目文件管理流程，明确各种文件名称的管理和文件的标准模版，如汇报模板、例会模板日志、问题列表等。

2. 项目启动会议的召开

在项目启动的准备工作完成后，就可以召开项目启动会议了，项目启动会议是启动项目的一种常用方式。召开项目启动会议的目的在于使项目的主要利益相关者明确项目的目标、范围、需求、背景及各自的职责与权限。参加人应该包括项目组织机构中的关键角色，如管理层领导、项目经理、供应商代表、客户代表、项目监理、技术人员代表等。项目启动会的任务包括：①阐述项目背景、价值、目标。具体目标包括建立初始沟通、相互了解、获得支持、对项目方案达成共识；②项目交付物介绍；③项目组织机构及主要成员职责介绍；④项目初步计划与风险分析；⑤项目管理制度；⑥项目将要使用的工作方式。

3. IT 项目经理的选择

（1）项目经理选择要求。①背景和经验，具有很强的分析问题与解决问题的能力；②领导才能和战略眼光，公正无私；③专业技术，技术要全面；④人际关系，谦虚，平易近人；⑤管理才能，具有管理的基本技能与知识；⑥健康。

（2）项目经理的作用。项目经理可以提高项目交付的产品符合客户要求的概率；保证按进度与预算完成项目，使客户和主要利益相关者满意，带来后续业务最终实现项目的成功。

项目启动会已经涉及了项目计划阶段的初期内容，这也印证了在 PMBOK 体系中启动阶段与计划阶段的重叠。

在信息化项目建设中，企业的项目启动阶段要经过意向提出、需求分析、可行性方案论证、产品选型、立项报告审批、项目启动会一系列管理活动的控制，方可完成项目的启动，进入项目实施阶段。做好项目启动管理是企业进行合理的投入产出分析，有效控制项目风险，确保项目成功的关键。

4. 项目授权

IT 项目通常是组织内部的项目，选定项目经理后需要为其授权，开始资金和重要资源投入。授权的文档被称为工作订单，文档中主要描述了如下信息：授权支出的规模（项目预算）、计划开始和结束时间、客户订单的详细内容、价格信息等。项目授权的文档将分发到各个部门以确保各部门了解项目的基本信息，但是，详细的技术和商业文档只提供给项目经理。项目经理有责任确保各部门经理了解对各自部门的详细要求，并给出充足的时间做好准备。

4.3 IT 项目管理计划

　　项目管理计划，也称项目基线计划，是一个用来协调所有其他计划、指导项目实施和控制的文件。项目管理计划应记录计划的假设条件以及方案选择，应便于各利益相关者之间的沟通，同时还应确定关键管理审查的内容、范围和时间，并为进度评测和项目控制提供一个基线。

　　计划应该具有一定的动态性和灵活性，并随着环境和项目本身的变化而能够进行适当的调整。计划应该能够有利于项目经理对项目团队进行管理、对项目的进展情况进行评估。

　　要想构建并形成一份良好的项目计划，项目经理必须要懂得综合管理的艺术。与项目团队成员以及其他利益相关者一起编制项目计划，这将有利于项目经理更好地了解项目的整体以及指导计划的实施。

　　对于小项目也需有一两页纸的计划书，对于大项目则会有详细得多的计划书，但是，一份项目计划必定包括项目的整体介绍、项目的组织描述、项目所需的管理程序和技术程序以及所需完成的任务、进度计划和预算等。

　　1. 项目的整体介绍

　　(1) 项目名称。每个项目都需要一个专用的名称，避免和其他项目混淆。

　　(2) 项目以及项目所需要求的简述。该描述应明确项目的目标和实施项目的原因。该部分应该用通俗的语言来写，并应给出大致的时间和成本估算。

　　(3) 发起人姓名。任何一个项目都需要有一个发起人，这里要介绍发起人的姓名、头衔、联系方式等。

　　(4) 项目经理与主要项目团队成员姓名。项目经理应该始终是项目信息的联络人，主要根据项目的大小和性质确定项目团队主要成员是否列出。

　　(5) 项目可交付成果。该部分用于列举并表述作为项目产出的产品或服务。例如，IT 项目的软件包、硬件设备、技术报告和培训教材都可以作为可交付成果。

　　(6) 重要资料清单。许多项目都有一个前期形成的过程。将一些与项目有关的文件和会议等列在这里有利于项目利益相关者了解项目的历史。该部分应该列举项目其他各个方面的计划。例如，项目综合计划应列举并汇总以下各计划的重要内容：范围管理计划、进度管理计划、成本管理计划、质量管理计划、人员管理计划、沟通管理计划、风险管理计划和采购管理计划等。

　　(7) 相关定义或缩略语。IT 项目会涉及一些专门行业或技术专用语。

　　2. 项目的组织情况介绍

　　(1) 组织结构图。除了项目发起组织和客户组织的组织结构图外，还应该包括项目组织结构图，以说明项目的权力、义务和沟通关系。

（2）项目责任。该部分说明项目的主要职能和任务并明确每项的具体负责人，责任分配矩阵是说明这些信息的常用工具。

3. 项目管理和技术方法

（1）管理目标。如何理解上级管理层对项目的看法；项目有哪些优先考虑的因素；有哪些假设条件和限制条件等。

（2）项目控制。描述如何对项目运行进行监控、对变更进行处理；是否需要进行月度状态审计和季度进展情况审核；是否在项目进度监控过程中使用相关的图表；是否用挣值分析法对项目绩效进行评估和跟踪；变更的控制过程以及不同类型的变更都需要得到哪些管理层的批准。

（3）风险管理。简要地讲述如何进行风险识别、管理和控制。如果项目编制了风险计划，此处可以提及并参考该计划。

（4）项目人员配置。描述项目所需人员人数和类型，如果项目编制了人员配置计划，此处可以提及。

（5）技术过程。叙述项目可能使用的一些具体的方法以及如何对信息予以记录。例如，IT 项目中采用的一些具体的软件开发方法和计算机辅助软件工程工具。

4. 项目管理计划中提及并参考的范围管理计划内容

（1）主要工作包。一般通过运用 WBS 将项目工作分解成一些工作包，并且需要编制一份工作说明书来描述工作的细节部分。该部分简要总结项目的主要工作包并参考范围管理计划的适当内容。

（2）主要可交付成果。该部分列举了项目的主要产品，同样还需要说明每一个可交付成果的质量要求。

（3）与工作有关的其他信息。该部分重点突出要做工作的一些重要信息，如在 IT 项目中用到的软件和硬件，或者是一些必须遵守的规则等。

5. 项目进度信息

（1）根据项目大小的不同，进度可能只包含关键的可交付成果和计划完成日期，对于小项目，可能会用一个甘特图涵盖整个项目的所有工作和有关日期。

（2）详细进度计划。该部分用于描述项目进度计划，提出进度管理计划并讨论可能对项目进度造成影响的项目活动之间的相互依赖关系。

（3）与进度有关的其他信息。在准备项目计划时，会作一些假设。在该部分应记录主要假设条件并重点说明与项目有关的其他重要信息。

6. 整体计划的预算部分

（1）预算概要。预算概要对整个项目有一个整体的估算，还可以按特定的预算种类给出每月或每年的预算估算。

（2）详细预算。该部分需总结成本管理计划的有关内容，给出较为详细的预算。

（3）与项目有关的其他信息。该部分需记录一些主要假设条件并重点说明与项目预算有关的其他重要信息。

因为项目管理的最终目的是使项目满足或超越利益相关者的需求和渴望，因此，在项目计划中纳入利益相关者分析是非常重要的。利益相关者分析主要记录重要的利益相关者的姓名、公司、他们分别在项目中的角色、每个利益相关者的实际情况、他们各自的项目利益大小、各自对项目的影响程度以及管理这些利益相关者关系的有关建议等。因为利益相关者分析会涉及一些较敏感的信息，所以在许多项目中只有项目经理和其他一些关键的项目团队成员才能看到利益相关者分析。

本 章 小 结

项目启动是指成功启动一个项目的过程，最主要的目的是为了获得对项目的授权。通过对 IT 项目特点的介绍，区分 IT 项目与其他项目的不同之处。对 IT 项目中的典型代表——信息系统项目的生命周期的介绍，从而确定项目启动在 IT 项目生命周期中的重要作用。

本章介绍 IT 项目启动的全过程，主要包括：首先，根据市场、环境、法律、社会等需求识别项目对已经识别的项目进行分类和评价，确定各项目的可行性与重要性；其次，选择某个最有利的项目进行开发，针对该项目运用一定的工具与技术制定项目章程，任命合格的项目经理，并制定完整的初步范围说明书；最后，召开项目启动会议，项目正式启动。其中，制定项目章程和指定项目经理是项目启动的标志。

案例分析

某软件开发项目计划案例分析

某软件 B 公司承接 A 房地产公司商品房销售信息系统的开发任务，项目期限为 3 个月，项目经理 1 人，开发人员 4 人。

1. 软件开发流程的制定

根据软件生命周期的特点及软件开发的一般流程，制定本软件开发流程如表 4-4 所示。

表 4-4　软件开发流程

阶段	过程	输入信息	输出信息	活动内容	责任人	标准
需求分析	需求定义	需求说明书	需求列表	明确需求	项目组	
	需求审查	需求列表	审查报告		项目负责人	
项目计划	项目开发计划制订	需求列表	项目开发计划书（含质量管理计划）	制订项目开发计划	项目负责人	
	项目开发计划审查	项目开发计划书	审查报告	审查产品开发合理性	项目负责人	项目计划审查
	项目开发方针审查	客户需求说明书、项目开发计划书、需求审查记录	审查报告	审查产品开发可行性	项目负责人、公司高层	项目审查规定
编码	编码	设计报告	代码	调试、审查代码	项目组、项目经理	代码审查表
系统测试	测试程序编码	系统测试样书	系统测试程序	根据测试式样测试程序	测试员	编码规则文档
维护	用户需求	升级包	根据用户需求调整	项目组负责人和相关人员		

2. 项目计划的制订规则

（1）在项目初期由项目经理负责在确认后的需求内容的基础上，制订该项目进展的整体计划，项目各组长负责制订项目详细开发计划。

（2）项目经理对项目计划及相关信息进行审查。

3. 项目详细计划的制订

项目详细开发计划应包括以下内容：①项目定义，描述用户需求内容、本项目的开发要求。②开发期。③资源分配，指项目开发的软、硬件环境，工具要求。④人力资源安排，包括项目负责人、各组负责人、项目组成员。⑤软件工作成果的定义，包括源码、数据、文档。⑥软件估计，要求量化。⑦软件产品模块的划分及责任人指定。⑧项目审查计划。

4. 项目计划阶段的主要工作

（1）根据需求分析的结果，尽可能准确地估算项目规模和工作量、工期以及其他费用，并合理地分配开发人员、平台和其他资源。

（2）根据部门开发流程和本项目特点制定项目流程，对增减的开发环节进行说明。

（3）制订人员和工期的详细日程计划（3 个月内的计划必须精确到开发周期的 5%～8%），确定项目各阶段里程碑；制订详细的审查计划。

（4）对开发人员的技能和知识进行考查，提供必要的培训或制订培训计划。

（5）对项目开发风险进行估计，并提出可能的风险预案。

5. 项目开发计划的变更管理

当发生下述情况时，启动项目计划变更管理：

（1）当项目日程仅需调整少量计划单元（开发周期的 5%～8%）时，项目组可在进度会议、专题会议或邮件中对变更进行审查和确认，并更新日程计划。

（2）当项目日程需作较多调整时（如 20%～30%），需完成正式的计划审查，并通报高级经理、技术规划部、计划科以及其他相关人员；同时，调整项目审查计划，通报项目变更控制委员会。

（3）当项目日程需大量调整时（30% 以上），需重新制订和审查项目计划，并对公司级开发方针进行审查。

对项目开发计划的修改，应按照以下内容来进行管理：①项目开发计划的修改，应能充分反映项目开发状况的变动，包括需求变化、资源变化、设计限制的变化、成本的变化；②对每次修订的项目开发计划进行审查；③项目开发计划的修改内容应被详细记录，并进行版本信息的保存。

➤ **复习思考题**

1. IT 项目和其他项目相比，自身的特点是什么？请结合自己参与过的 IS 项目进行介绍。

2. 请简述信息化成熟度模型的五个级别。

3. 比较 IS 项目开发的几种方式，说明其各自的优、缺点和适用场合。

4. 如果在你所在的校园要进行一个旧物交易网站的项目开发，你作为项目经理，请进行可行性分析。

5. 什么是项目综合管理，其管理的主要内容是什么？

6. 搜索并查看各个类型的校园旧物交易网站，通过分析调研结果制定你自己的项目章程。项目章程一般应包括项目名称、项目发起者、指派的项目经理、项目团队成员和他们在项目中的角色、目标宣言、功能说明等。

第5章

IT 项目范围计划

【本章学习目标】
➢ 了解项目范围计划在项目生命周期中的地位与作用
➢ 认识项目范围计划制订的输入、方法、工具及输出结果
➢ 掌握项目范围计划中 WBS 的创建方法
➢ 灵活运用 WBS 为 IT 项目制订范围计划

项目范围计划是确定项目范围，明确项目的主要可交付成果，制订项目范围管理计划，记载如何确定、核实、管理和控制项目范围，以及如何制定与定义 WBS。项目范围的确定与管理直接关系到项目的整体成功。

5.1 项目范围计划

5.1.1 项目范围简介

项目范围是指为了达到项目的目标，项目规定要做的工作及其可交付成果，是对项目界限进行的定义。从利益相关者角度来看，范围是指项目中交付成果的总和。范围的确定是逐渐进行的，从最初对项目最终交付成果的概念，到在项目发展中对于交付成果越来越细节描述的文件，逐步深入。项目应该交付所有在项目范围内所描述的内容。项目范围计划是确定项目范围，明确项目的主要可交付成果，制订项目范围计划要以其组成的所有产品和服务的范围定义为基础。

确定项目范围对项目管理具有重要的意义，如确定项目范围可以保证项目的可管理性，提高时间、资源计划的准确性，为测量和控制提供基准，有助于责任的分派和界定，并且，项目范围还可以作为项目评价的依据。

5.1.2　项目范围计划步骤

项目范围计划包括计划依据、所使用工具和技术以及通过计划可以得到的输出结果，结果内容包括各种文档资料。

1. 项目范围计划的依据

项目范围计划的依据有环境因素、组织过程资产、项目章程、项目初步范围说明书等，具体内容如下：①环境因素。环境因素有组织文化、基础设施、工具、人力资源、人事方针以及市场完善程度，所有这些会影响项目范围管理的管理方式。②组织过程资产。任何一种以及所有影响成功的资产都可以作为组织过程资产。组织过程资产还反映了组织从以前项目中吸取的教训和学习到的知识。组织资产是项目执行的每个过程计划阶段的必备依据，有效地利用组织资产可以规避以往类似项目中遇见的风险以及找出解决风险的途径，高效地执行项目。组织过程资产是能够影响项目范围管理方式的正式和非正式的方针、程序和指导原则。③项目章程。项目章程是用来正式确认项目存在，并指明项目目标和管理人员的文件。项目制定了项目章程以后，就跟组织的日常工作产生了联系。在某些组织中，只有在那些独立启动的，对于需求、可行性研究、初步计划或其他类似部分的分析完成以后，才会制定项目章程并启动项目。项目章程的建立基于把商业需求、项目理由、对客户需求的正确理解，以及能满足这些需求的新产品、服务和成果等内容形成文件。④项目初步范围说明书。项目初步范围说明书的制定依靠来自项目发起人和赞助者的信息。在范围定义过程中，项目管理团队会进一步把初步的范围说明书精练为项目范围说明书。项目范围说明书内容的改变来自于应用领域和项目的复杂程度。

2. 范围计划的工具与技术

项目范围定义的工具和技术有产品分析、其他方案识别、专家判断和利害关系者分析。具体内容如下：①产品分析，将项目目标变成有形的可交付成果和要求说明书，每一应用领域都有一个或多个普遍公认的方法。产品分析包括诸如产品分解、系统分析、系统工程、价值工程、价值分析和功能分析等技术。②其他方案识别，其他方案识别是用来提出执行与实施项目工作的不同办法的一种技术。通常使用各种各样的通用管理技术，最常用的是头脑风暴法与横向思维。③专家判断，由某个应用领域的专家提出详细项目范围说明书的部分内容。④利害关系者分析，利害关系者分析识别各种各样利害关系者的影响和利益，并将其需要、愿望与期望形成文件。分析之后，对这些需要、愿望与期望进行选择，确定重要性大小顺序，加以量化，并编写出要求说明书。不能量化的期望，如顾客的满意程度，能被成功满足的风险很大。利害关系者的利益可能受到项目执行或完成的有利或不利影响，因此，他们也会对项目及其可交付成果施加影响。

3. 项目范围定义的结果

项目范围定义的结果主要是项目范围说明书，还包括请求的变更和项目范围管理计划的更新。

(1) 项目范围说明书。在进行范围确定前，一定要有范围说明书，因为范围说明书详细说明了为什么要进行这个项目，明确了项目的目标和主要的可交付成果，是项目班子和任务委托者之间签订协议的基础，也是未来项目实施的基础，并且随着项目的不断实施进展，需要对范围说明进行修改和细化，以反映项目本身和外部环境的变化。在实际的项目实施中，不管是对于项目还是子项目，项目管理人员都要编写其各自的项目范围说明书。具体来看，项目的范围说明书主要应该包括以下几个方面的内容：①项目的合理性说明，即解释为什么要实施这个项目，也就是实施这个项目的目的是什么。项目的合理性说明是将来评估各种利弊关系的基础。②项目目标和项目范围指标。项目目标是所要达到的项目的期望产品或服务，确定了项目目标，也就确定了成功实现项目所必须满足的某些数量标准。项目目标至少应该包括费用、时间进度和技术性能和质量标准。当项目成功地完成时，必须向他人表明，项目事先设定的目标均已达到。如果项目目标不能够被量化，则要承担很大的风险。③项目产品范围说明书。它主要说明项目产品的特性和项目产出物的构成，以便人们能够据此生成项目产品。这方面内容也是逐步细化和不断修订的，其详尽程度要能为后续项目的各种计划工作提供依据，最低限度是要清楚地给出项目的边界，明确项目包括什么和不包括什么。④项目可交付成果清单。如果列入项目可交付成果清单的事项一旦被完满实现，并交付给使用者——项目的中间用户或最终用户，就标志着项目阶段或项目的完成。例如，某软件开发项目的可交付成果有能够运行的计算机程序、用户手册和帮助用户掌握该计算机软件的交互式教学程序，但是如何才能得到他人的承认呢？这就需要向他们表明项目事先设立的目标均已达到，至少要让他们看到原定的费用、进度和质量均已达到。⑤项目条件和项目假定条件。一般来说，项目范围说明书要由项目班子来编写，而且在编写项目范围说明书时，项目班子需要在实际工作中考虑限制或制约自己行动的各种因素。例如，准备采取的行动是否有可能违背本组织的既定方针。⑥范围说明书因项目类型的不同而不同。规模大、内容复杂的项目，其范围说明书也可能会很长。政府项目通常会有一个被称作工作说明书（SOW）的范围说明。有的 SOW 可以长达几百页，特别是要对产品进行详细说明的时候。总之，范围说明书应根据实际情况作适当的调整以满足不同的、具体的项目需要。表 5-1 是 IT 项目范围说明书编制模板。

表 5-1　IT 项目范围说明书

项目基本信息：（项目名称、项目经理以及项目发起人等与项目相关的一般信息）			
项目名称		起草人	
项目经理		日期	
项目发起人		更新日期	
项目的交付成果：（陈述项目的交付成果如产品的技术参数，以及完成项目的衡量指标）			
实施项目的方法：（详细陈述项目的实现是内部完成还是借助外部力量的帮助或介入，以及项目范围变更管理的方法）			
项目的工作范围：（确定项目需要完成的工作，包括相关的业务要求）			
例外工作：（确定不属于项目范围的工作，包括相关的业务要求）			

（2）请求的变更。对项目管理计划及其分计划请求的变更可以在范围定义过程中提出。请求的变更通过整体变更控制过程提交审查或处置。

（3）项目范围管理计划（更新）。项目范围管理计划是项目管理计划的组成部分，可能需要更新，以便将项目范围定义过程产生并批准的变更请求纳入其中，其代表文件就是 WBS。它是由项目各个部分构成的面向成果的"树"，定义并组成了项目的全部范围。WBS 结构如图 5-1 所示。

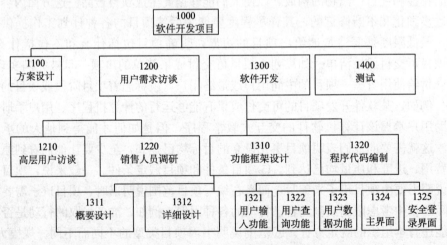

图 5-1　软件开发三级 WBS 图

5.2　工作分解结构技术

复杂的项目一般由许多较小的、相关的任务和工作单元组成。这种项目系统可以被分解为一些子系统，而这些子系统也可以再进一步分解，直到分解成为可以明确指派管理和任务职责的项目结构体系。这个过程称为项目工作分解，其目的是将整个项目分解成为便于管理的具体工作。

WBS，是一种为了便于管理和控制而将项目工作任务分解的技术，是以可交付成果为导向对项目要素进行分组的分析方法。它归纳和定义了项目的整个工作范围，每下降一层代表对项目工作的更详细定义。WBS 总是处于计划过程的中心，也是制订进度计划、资源需求、成本预算、风险管理计划和采购计划等的重要基础，WBS 同时也是控制项目变更的重要基础。项目范围是由 WBS 定义的，所以 WBS 也是一个项目的综合工具。

5.2.1 WBS 的主要用途与意义

（1）WBS 的用途。具体如下：①明确和准确说明项目的范围；②为各独立单元分派人员，规定这些人员的相应职责；③针对各独立单元，进行时间、费用和资源需要量的估算，提高费用、时间和资源估算的准确性；④为计划、预算、进度安排和费用控制奠定基础，确定项目进度测量和控制的基准；⑤将项目工作与项目的财务账目联系起来；⑥便于划分和分派责任，自上而下将项目目标落实到具体的工作上，并将这些工作交给项目内外的个人或组织去完成；⑦确定工作内容和工作顺序；⑧估计项目整体和全过程的费用。

（2）创建 WBS 的意义。WBS 是面向项目可交付成果的成组的项目元素，这些元素定义和组织该项目的总的工作范围，未在 WBS 中包括的工作就不属于该项目的范围。WBS 每下降一层就代表对项目工作更加详细的定义和描述。项目可交付成果之所以应在项目范围定义过程中进一步被分解为 WBS，是因为较好的工作分解可以有如下意义：①防止遗漏项目的可交付成果；②帮助项目经理关注项目目标和澄清职责；③建立可视化的项目可交付成果，以便估算工作量和分配工作；④帮助改进时间、成本和资源估计的准确度；⑤帮助项目团队建立及获得项目人员的承诺；⑥为绩效测量和项目控制定义一个基准；⑦辅助沟通清晰的工作责任；⑧为其他项目计划的制订建立框架；⑨帮助分析项目的最初风险。

5.2.2 工作包

（1）工作包的含义。WBS 的最低层次的项目可交付成果称为工作包（workpackage）。

（2）工作包的特点：①可以分配给一位项目经理进行计划和执行；②可以通过子项目的方式进一步分解为子项目的 WBS；③可以在制订项目进度计划时，进一步分解为活动；④可以由唯一的一个部门或承包商负责，用于在组织之外分包时，称为委托包（commitmentpackage）；⑤工作包的定义应考虑 80 小时法则

（80-hour rule）或两周法则（two week rule），即任何工作包的完成时间应当不超过 80 小时。在每个 80 小时或少于 80 小时结束时，只报告该工作包是否完成。通过这种定期检查的方法，可以控制项目的变化。

5.2.3 创建 WBS

在创建 WBS 时，一般要先收集当前所有基准材料及与项目相关的信息，如项目定义报告、要求陈述、技术建议书、供应商建议书等，并与主要人员召开研讨会，通常将精力集中在 WBS 的第二或第三级别，将责任具体到负责某个工作包的人，在开展活动前，记录每项工作活动（包括其完成标准）。WBS 的结构如图 5-2 所示。

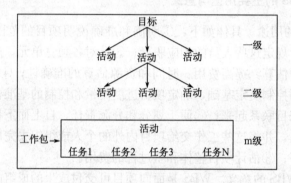

图 5-2　WBS 结构示意图

1. 创建 WBS 的方法

创建 WBS 是指将复杂的项目分解为一系列明确定义的项目工作并作为随后计划活动的指导文档。创建 WBS 的方法主要有以下 5 种。

1）模板法

模板法也称为使用指导方针法，是指项目的工作分解可以借用项目所属专业技术领域中的标准化或通用化的 WBS 模板，然后根据具体项目的具体情况和要求进行必要的增加或删减而得到 WBS 的方法。

虽然每个项目都是独特的，但以前 WBS 往往可以当做新项目的样板，因为某些项目与以前的某一项目总有某种程度的相似之处。例如，给定组织中大部分项目的生命期往往同样或者相似，因此，每个阶段的可交付成果往往相同或者相似。许多应用领域或实施组织都有标准的工作分解结构样板。

PMI 工作分解结构实用标准是制作、深化和应用 WBS 的指南。该文件含有针对行业的 WBS 样板的例子，可以在针对行业特点进行修改之后用于具体应用领域的具体项目。

2）自上而下的方法

自上而下的方法指从项目的目标开始，逐级分解项目工作，即从项目的最大单位开始，逐步将项目工作分解为下一级的多个子项目。项目分解直到参与者满意地认为项目工作已经充分地得到定义。在完成整个过程之后，所有的项目工作都将分配到工作包一级的各项工作之中。该方法由于可以将项目工作定义在适当的细节水平，对于项目工期、成本和资源需求的估计可以比较准确。

3）自下而上的方法

自下而上的方法指从详细的任务开始，将识别和认可的项目任务逐级归类到上一层次，直到达到项目的目标。自下而上的方法费时，但使用这种方法形成的WBS 比较有效，它能够反映项目的实际需求。这种方法存在的主要风险是可能不能完全地识别出所有任务或者识别出的任务过于粗略、过于琐碎。

4）分解法

分解就是把项目可交付成果分成较小的、便于管理的组成部分，直到工作和可交付成果定义到工作细目水平。工作细目水平是 WBS 中的最低层，是能够可靠地估算工作费用和持续时间的位置。工作细目的详细程度因项目大小与复杂程度而异。

要在很远的将来完成的可交付成果或子项目，可能就无法分解。项目管理团队一般要等到可交付成果或子项目经过阐明并可以提出 WBS 细节的时候才能够进行分解，这种技术有时候叫做"滚动式"规划。

不同的可交付成果会有不同的分解水平。为了达到易于管理的工作层次（即工作细目），创造某些可交付成果的工作只需分解到下一层次。而另外一些则需分解更多层次。当工作分解到下一层次时，就提高了规划、管理和控制该工作的能力。然而，过细的分解可能造成管理精力的无效耗费，资源利用效率不高，甚至降低实施该工作的效率。项目管理团队需要权衡 WBS 的规划详细程度的高低，既不能太粗，也不能太细。分解整个项目工作一般需要有下列活动：①识别可交付成果与有关工作；②确定 WBS 的结构与编排；③将 WBS 的上层分解到下层的组成部分；④为 WBS 组成部分提出并分配标识编码；⑤核实工作的分解程度是否必要而又足够。

5）类比法。参考类似项目的 WBS 创建新项目的 WBS。

2. WBS 的表示方式

WBS 可以由树形的层次结构图（树型结构）或者行首缩进的表格（缩排式）表示。在实际应用中，表格形式的 WBS 应用比较普遍，特别是在项目管理软件中。

1）树型结构（分级的树型结构）

树型结构图的 WBS 层次清晰，非常直观。结构性很强，但不是很容易修改，对于大的、复杂的项目也很难表示出项目的全景。一般在小的、适中的项目中应用得较多。树型结构如图 5-3 所示，示例如图 5-4 所示。

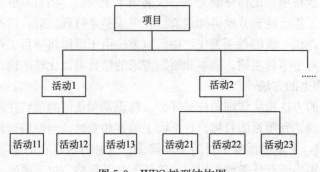

图 5-3　WBS 树型结构图

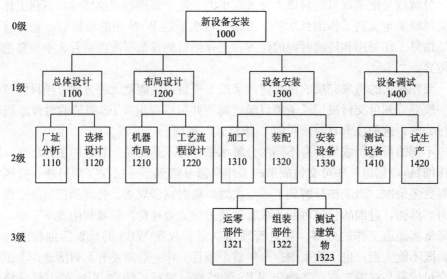

图 5-4　WBS 树型结构示例图

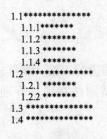

图 5-5　缩排式 WBS

2）缩排式结构

缩排式 WBS 是以 WBS 码来表示其结构的。WBS 码可以是大纲编号或是自订 WBS 码。其格式如图 5-5 所示。

（1）大纲编号是最简单的 WBS 码类型，可使用相应的项目管理软件自动生成，项目管理软件可根据任务清单的大纲结构来编码，自动计算每个任务的大纲编号。大纲编号只由数字组成，而且无法进行手动编辑。但其优点是可以实现自动更新。

（2）自订 WBS 码是由特定长度、顺序或一组数字和字母组成的编码。如果使用详细的 WBS 码对项目管理有帮助，则可以为项目定义单一的自订 WBS 码。

3. WBS 的分解原则

WBS 的分解可以依据多种标准进行，包括：①按产品的物理结构分解；②按产品或项目的功能分解，应根据项目的功能系统或涉及的技术领域来进行项目分解，这是项目分解的基本原则；③按照实施过程分解，按项目的实施不同阶段来进行项目分解；④按照项目的地域分布分解，项目分解应考虑处于不同地区或地点的子项目；⑤按照项目的各个目标分解；⑥按部门分解；⑦按职能分解。

4. 创建 WBS 的过程

创建 WBS 的过程非常重要，因为在项目分解过程中，项目经理、项目成员和所有参与项目的职能经理都必须考虑该项目的所有方面。制定 WBS 的过程是：①得到范围说明书（scope statement）或工作说明书（SOW）承包子项目时，召集有关人员，集体讨论所有主要项目工作，确定 WBS 的方式。②分解项目工作，如果有成形的模板，应该尽量利用。③画出 WBS 的层次结构图，WBS 较高层次上的一些工作可以定义为子项目或子生命周期阶段。④将主要项目可交付成果细分为更小的、易于管理的组成部分或工作包，工作包必须详细到可以对该工作包进行估算（成本和历时）、安排进度、做出预算、分配负责人员或组织单位。⑤验证上述分解的正确性。如果发现较低层次的项目没有必要，则修改组成成分。

在 WBS 的创建过程中，还需要注意一些事项。例如，如果有必要，建立一个编号系统；随着其他计划活动的进行，不断地对 WBS 更新或修正，直到覆盖所有工作；检验 WBS 是否定义完全、项目的所有任务是否都被完全分解。

5. WBS 的制作步骤

1）WBS 输入

这包括项目范围管理计划、项目范围说明书、项目经理的经验、组织过程资产（内部政策、流程或指导等）、项目范围说明书的获批变更。

2）WBS 的工具与技术

这包括分解、滚动计划、系统开发生命周期、模板。

3）WBS 的输出

这包括 WBS、WBS 词典、项目范围说明书（更新）、项目范围管理计划（更新）。

（1）项目范围说明书（更新）。如果制作 WBS 过程有批准的变更请求，则将批准的变更纳入项目范围说明书，使之更新。

（2）WBS。制作 WBS 过程生成的关键文件是实际的 WBS，一般都为 WBS

每一组成部分包括工作细目与控制账户，赋予一个唯一的账户编码标识符，这些标识符形成了一种费用、进度与资源信息汇总的层次结构。

（3）WBS 词典。即 WBS 词汇表。对 WBS 需要建立 WBS 词典（WBS dictionary）来描述各个工作部分，WBS 词典是将 WBS 中的各个要素与各个工作包按照逐个单列词条的方式进行说明的文件。通常包括工作包描述、进度日期、成本预算和人员分配等信息。对于每个工作包，应尽可能地包括有关工作包的必要的、尽量多的信息。制作 WBS 过程中生成的并与 WBS 配合使用的文件，叫做WBS 词汇表。WBS 各组成部分的详细内容，包括工作细目与控制账户可以在WBS 词汇表中说明。对于每个 WBS 组成部分，WBS 词汇表都相应地列入一个账户编码号码、一份工作说明书、负责的组织，以及一份进度里程碑清单。WBS 组成部分的信息可能有合同信息、质量要求，以及有助于实施工作的技术参考文献。控制账户的其他信息可能是一个收费编号。工作细目的其他信息会是一份有关的计划活动、所需资源与费用估算的清单。必要时，每个 WBS 组成部分都可以与 WBS 词汇表中其他 WBS 组成部分相互查阅。WBS 词汇表如表 5-2所示。

表 5-2　WBS 词汇表

项目信息：(提供项目名称、客户名称、项目经理以及项目发起人等方面的一般信息)

项目名称			客户名称		
项目经理			计划起草人		
项目发起人			日期		
WBS 编码	活动名称	历时估计	成本估计	前导活动	责任人

5.2.4　WBS 的应用

1. WBS 的制作流程

在实践应用中，最多使用 20 个层次，多于 20 层是过度的。对于一些较小的项目 4～6 层一般就足够了。WBS 中的支路没有必要全都分解到同一层次，即不必把结构强制做成对称的。在任意支路，当达到一个层次时，可以做出所要求准确性的估算，就可以停止了。对于复杂的大项目，国际商业机器公司（IBM）建议的 WBS 制作流程如下：

（1）制定工作产品清单（PL）。工作产品（working product）是项目需要产出的工作结果，可以是项目最终交付成果的组成部分，也可以是项目中间过程的产出结果。以软件开发为例，软件中的用户管理模块是最终软件产品的一部分，软件的需求分析文档是软件开始过程中的文件，都是软件开发这个项目的工作产品。工作产品有大有小，有的相互关联，有的是隶属关系。列出工作产品清单的过程，可以用头脑风暴的方法，由项目组共同完成。

（2）制定工作产品分解结构（product breakdown structure，PBS）。工作产品大大小小列出了很多，大型项目有几百项、几千项。列出这些工作产品的属性和关系，用结构化的方法组织这些工作产品，形成一个自顶向下的逐级细分的PBS。这就是制造业内的产品物料表（BOM），说明一个产品有多少个零件组成。

（3）制定工作分解结构。有了 PBS，只要获得工作产品的任务明确，就可根据 PBS 的结构，得到 WBS 了。注意同样的 PBS，可拥有不同的 WBS，因为获得同样工作产品的任务可以是不同的。例如，软件开发中的用户管理模块，是PBS 中的工作产品，对应到 WBS 中，可以是不同的任务，一种是采购一个用户管理模块，另一种可以是项目小组开发一个用户管理模块。

（4）制定组织分解结构（OBS）。WBS 中的任务确定了，完成任务的责任人也就可以明确了。因此，由 WBS 则可以形成整个项目的 OBS，由哪些人来完成项目的任务，得到工作产品，并完成项目。

其中的关键是分解的结构，PBS、WBS 和 OBS 是同一个结构，只是从不同的角度来阐述这个结构。关于这个结构的分解方法，常用的有组件分解方法和过程分解方法。典型的组件方法就是制造业中把一个完整的产品，逐级分解到零件。典型的过程分解方法可以是软件开发从需求到设计、编码、测试的一个过程。项目分解中，这两种方法往往交替使用，其最终是把项目分解到一个个具体和细小的工作任务。

2. 创建 WBS 的基本要求

创建 WBS 的基本要求如下：①某项任务应该在 WBS 中的一个地方且只应该在 WBS 中的一个地方出现；②WBS 中某项任务的内容是其下所有 WBS 项的总和；③一个 WBS 只能由一个人负责，即使许多人都可能在其上工作，也只能由一个人负责，其他人只能是参与者；④WBS 必须与实际工作中的执行方式一致；⑤应让项目团队成员积极参与创建 WBS，以确保 WBS 的一致性；⑥每个WBS 项都必须文档化，以确保准确理解已包括和未包括的工作范围；⑦WBS 必须在根据范围说明书正常地维护项目工作内容的同时，也能适应无法避免的变更。

3. 验证 WBS 的正确性

将主体目标逐步细化分解，最底层的任务活动可直接分派到个人去完成。具体验证内容如下：①分解后的活动结构清晰；②逻辑上形成一个大的活动；③集成了所有的关键因素；④包含临时的里程碑和监控点；⑤所有活动全部定义清楚。

本 章 小 结

项目范围是描述项目工作边界的方法，包括项目的最终产品或服务以及实现该产品或服务所需要开展的各种具体工作。本章介绍了 IT 项目范围的含义，制定 IT 项目范围计划的步骤，包括环境因素、组织过程资产、项目章程和项目初步范围说明书等输入对象，运用产品分析、其他方案识别、专家判断、利益相关者分析、待处理方法与工具得到范围规划最主要的输出结果，即项目范围说明书。

本章主要介绍 WBS 的生成过程，创建 WBS 的模板法、自上而下的方法、自下而上的方法和分解法等。生成的 WBS 可以有树型结构和缩排式两种表示形式。而 WBS 的分解形成可以按项目实施过程、产品结构等多种标准进行划分。对 WBS 中工作包描述、进度日期、成本预算等各个工作部分的描述则需要通过WBS 词典，即 WBS 词汇表来实现。

案例分析

某公司 ISP 接入服务的推广项目

一家从事 ISP 接入服务的通信公司的市场营销部门，年初制订了一项向国营大中型企业推广 ISP 接入服务的计划。该营销部门就此成立了几个项目小组，分别就一些行业开展工作。A 先生被任命为其中一个推广项目的项目经理，专门负责向一家大型国营钢铁公司推广 ISP 接入服务。

这家国营钢铁公司的总部设在上海，在全国其他地方还设有 10 个分公司，公司员工总数为 10 000 人（包括各分公司）。公司的产品有着较为稳定的市场，发展前景较好。总公司的高层领导比较保守，对现代信息技术的运用持怀疑态度，但公司的中层职位由一批年轻有为的、具有大学本科学历以上的年轻人担任，他们对现代信息技术抱有很大热情。

该推广项目预计持续 1 年，最初计划从这家钢铁公司总部着手，然后业务向公司其他 10 个分公司拓展。希望到 2010 年初，该通信公司能够向这家国营钢铁公司全面接通 ISP 服务，并使得公司高层领导对这项新的通信技术能够完全接受。

　　A 先生接受任命后便开始对这家钢铁公司进行调查，调查的内容包括公司的主要产品及其销售数量、公司的赢利情况、公司现在的市场信息系统、公司的营销队伍分布和装备、公司对现代信息技术的了解情况、公司的物料采购系统、公司现有的主要通信方式、互联网可能对公司管理方式造成的影响，此外，还对公司现有的企业文化、公司有关的规章制度以及高层领导的个性作了分析并就公司对 ISP 接入服务可能的投资规模进行了预测。通过一系列的调查，A 先生提交了项目的可行性分析报告。

　　通过分析，A 先生认为向这家钢铁公司推广 ISP 接入服务就这家公司的规模和经济实力来看是完全可行的，关键在于如何去做。

　　项目经理初步分析了项目的主要任务，制订了大致的推广方案，其中包括举办 ISP 接入服务技术演示会，宣传互联网的优越性，邀请该钢铁公司的高层领导来通信公司进行参观考察，面向钢铁公司的高层领导及有关人员开设讲座，宣传最新通信技术的发展及其对现代企业管理的影响，与技术人员进行有关的技术谈判，与高层领导进行有关的商务谈判，最后争取在年底签署合同。

　　讨论：如果你是项目经理，你将如何来具体实施这个项目？

　　问题：

　　（1）确定该项目的基本假设或实施该项目的基本条件（如该钢铁公司的基本经营状况假设等）？

　　（2）该项目的目标与范围是什么？

　　（3）估计项目整个生命周期中的主要产品，并定义产品特点。

　　（4）该项目的组织结构怎样？你需要什么样的项目组成员，人数多少？

　　（5）列出项目的所有任务，并把有关任务分配给项目组成员。

　　（6）针对每项任务估计完成任务所需要的时间。

　　（7）列出该推广项目的具体日程安排。

　　（8）针对上述所有问题写出该 ISP 接入服务推广项目的项目目标文件。

➤ 复习思考题

　　1. 项目范围的定义是什么？为什么需要确定项目的范围？

　　2. 什么是项目范围说明书，主要包括哪些内容？

　　3. IT 项目范围计划的输入、处理工具、输出分别是什么？

　　4. 什么是 WBS，其主要用途是什么？

　　5. 简述创建 WBS 的方法。

6. 任务的具体划分是可以有多种选择的，请列举一二。同时，说明这些不同的选择取决于哪些因素。

7. 根据你所要开发的高校校园旧物交易网站开发项目的实际情况，创建 WBS，包括制定完成项目所必需的详细任务与子任务清单。

第6章

IT 项目进度计划

【本章学习目标】
- ➤ 了解 IT 项目进度计划的作用与意义
- ➤ 掌握 IT 项目进度计划的编制步骤
- ➤ 认识项目活动在项目进度规划中的作用
- ➤ 掌握对项目活动资源的估算方法与流程
- ➤ 了解 IT 项目活动工期估算的方法
- ➤ 灵活运用甘特图、网络图等工具与技术编制项目进度计划

项目进度计划在 PMBOK 中对应的是项目时间管理知识域。项目时间管理包括使项目按时完成必须实施的各项过程，包括活动定义、活动排序、活动资源估算、活动历时估算、制订进度计划和进度控制。

■ 6.1 进度计划的目的与编制步骤

活动定义的任务是确定为产生项目各种可交付成果而必须进行的具体计划活动；活动排序的任务是确定各计划活动之间的依赖关系，并形成文件。活动资源估算的任务是估算完成各计划活动所需资源的种类与数量；活动历时估算的任务是估算完成各计划活动所需工时单位数；制订进度计划的任务是分析活动顺序、活动持续时间、资源要求，以及进度制约因素，从而制订项目进度计划；进度控制的任务是控制项目进度表变更。

某些项目，特别是小项目，活动排序、活动资源估算、活动持续时间估算以及进度表制订之间联系密切，可以将其视为单一的过程，可以由一个人在较短的时间内完成。

在开展实施项目时间管理六个过程工作之前，项目管理团队已经付出努力做了规划工作，这项工作是一个单独的过程，这一规划过程是制订项目管理计划过程的一部分，其成果中有一份进度管理计划。进度管理计划确定了制订项目进度计划的格式与控制项目进度的准则。项目时间管理的各个过程及有关的工具与技术，因应用领域而异，在确定之后通常都属于项目生命周期的一部分，并记载于进度管理计划之内。进度管理计划包括在项目管理计划之内，或单独列出。进度管理计划可以是正式的，也可以是非正式的，可以相当概括，也可以非常详细，具体视项目的需要而定。

6.1.1　IT 项目进度计划的目的与内容

项目进度计划（schedule）是在工作分解的基础上对项目活动做出的一系列时间安排。

1. 制订项目进度计划的目的

项目进度计划制订的目的主要有：①控制时间和节约时间；②协调资源，通过安排项目各项活动的时间计划和人员安排，它可以保证按时获利以补偿已经发生的费用支出、协调资源可以使现有的项目可行；③使资源在需要时可以被利用，保证项目正常运行；④预测在不同时间上所需要的资金和资源的级别以便赋予项目不同的优先级；⑤满足严格的完工时间约定。

2. 项目进度计划的内容

一个项目能否在预定的工期内实施并交付使用，这是客户最关心的核心问题之一，也是项目进度管理的重要内容。当然，对于开发人员来说，控制项目进度并不意味着一味追求进度，还必须满足与质量和成本的平衡。项目需要有一个总体的协调工作的进度计划；否则，不可能对整个项目的实施进度进行控制。IT 项目进度计划应该包括以下 5 项基本内容。

（1）项目综合进度计划。按照项目的特点和实施规律，根据活动排序计算各分项或阶段工程的工期，再计算出整个项目所需的总工期，直到达到计划目标确定的合理工期为止。

（2）项目实施进度计划。根据估算各项活动所需的工时数以及计划投入的人力和需要的人工日数，求出各项活动的实施时间，然后按照项目具体实施顺序的要求，制订出整个项目的实施进度计划。

（3）项目采购进度计划。对于一些系统集成类的 IT 项目或根据实际需要进行外包或定制的软件项目，还可能需要一些采购工作，因此，需要编制采购计划。对于采购计划，应该按照项目总进度计划中对各项设备和材料到达现场的时间要求，确定出各项采购实施的具体日期。

（4）项目验收进度计划。项目验收进度计划是对项目实施中以及即将结束时进行的验收活动安排的计划。这将使客户、用户、承包商、转包商和项目团队成员等有关方面对于项目的各个交付结果做到心中有数，并依此安排好各自的工作，以便顺利验收。根据项目的不同阶段的交付成果及交付成果的性质，验收工作有长有短。一般来说，IT 项目需要通过实际的使用来进行验收。例如，软件项目的验收一般是通过系统初验、系统运行、系统终验等几个阶段来完成。

（5）项目维护计划。IT 项目的维护工作量很大，持续时间也会很长，有必要对维护工作制订相应的进度计划。有些客户甚至要求承包商与其签订专门的维护合同，对项目验收后的运行制订详细的维护计划。

历史数据显示进度问题在项目生命周期中引起冲突最多，因而，进度计划在项目管理中是非常重要的，是成功实现项目的关键。制订项目进度计划要通过的过程有活动定义、活动排序、活动时间安排以及制订进度计划。

6.1.2　IT 项目进度计划的编制步骤

1. 编制步骤

（1）项目划分成子系统：判定关系，绘制网络图。

（2）将子系统划分阶段，确定交付物：确定为完成交付物所需进行的活动。

（3）判断活动间依赖关系：硬逻辑关系，即活动之间的相互关系是强制性的依存关系，不可更改；软逻辑关系，即根据经验确定的，可酌情处理的关系。

（4）编制各个子系统的网络图，并合并各子系统网络图为整体网络图。

（5）估算每项活动的历时。

（6）寻找项目关键路径。

（7）调整项目网络图。

（8）分析项目，增加预留时间，项目进度估算＝关键路径＋预留时间。

（9）评议，作适当调整。

（10）重复上述过程。

2. 制订项目进度计划注意的问题

制订项目进度计划需注意以下问题：①需要全员参与；②控制工作包的历时；③要考虑到项目环境中存在的制约条件；④对关键路径储备时间预留；⑤需要用户的配合；⑥对进度计划进行改进

■ 6.2　活动定义

项目活动定义是确认和描述项目的特定活动，它把项目的组成要素细分为可管理的更小部分，以便更好地管理和控制。

确定计划活动需要确定和记载计划完成的工作。活动定义过程用以识别处于WBS 最下层，即工作包的可交付成果。项目工作包被有计划地分解为更小的组成部分，叫做计划活动，为估算、安排执行、进度，以及监控项目工作奠定基础。确定并规划计划活动以便实现项目目标是本过程的主要任务。如图 6-1 所示，某信息系统开发项目 WBS 进行了进一步分解，以得到相应的活动。

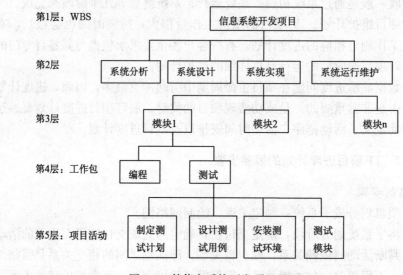

图 6-1   某信息系统开发项目 WBS

1. 项目活动定义的依据

（1）企业环境因素。作为活动定义的依据，可以考虑是否有可利用的项目管理信息系统与进度安排工具软件。在进行活动定义过程中，要充分利用组织过程资产。

（2）组织过程资产。这包括同活动规划有关的正式与非正式方针、程序与原则，需要在活动定义中给予考虑；吸取的教训知识；以前类似项目用过的有关活动清单的历史信息，在确定项目计划活动时可以考虑。

（3）项目范围说明书。在定义活动时显然要考虑项目范围说明书中记载的项目可交付成果、制约因素与假设。制约因素是限制项目管理团队选择的因素。例如，反映高层管理人员或合同要求的强制性完成日期的进度里程碑；假设在项目进度计划时视为制约因素，如每周的工作时间或一年当中可用于施工的时间。

（4）WBS 及 WBS 词汇表。这是进行项目活动定义的基本依据。项目管理计划包含进度管理计划，进度管理计划是制订与规划计划活动和项目范围管理计划的指南。

2. 项目活动定义的工具与技术

进行活动定义的工具和技术有分解、使用样板、滚动式规划、利用专家判断和规划组成部分。

(1) 分解。就活动定义过程而言，分解技术是指把项目工作组合进一步分解为更小、更易于管理的部分称为计划活动的组成部分。活动定义确定的最终成果是计划活动，而不是制作 WBS 过程的可交付成果。活动清单、WBS 与 WBS 词汇表既可以分先后完成，也可以同时制定，都是确定编制活动清单的基础。WBS 中的每一个工作组合都分解成为提交工作组合所必需的计划活动。

(2) 使用样板。标准的或者是以前项目活动清单的一部分，往往可当做新项目的样板使用。样板中的有关活动属性信息还可能包含资源技能，以及所需时间的清单、风险识别、预期的可交付成果和其他文字说明资料。样板还可以用来识别典型的进度里程碑。

(3) 滚动式规划。WBS 与 WBS 词汇表反映了随着项目范围一直具体到工作组合的程度而变得越来越详细的演变过程。滚动式规划是规划逐步完善的一种表现形式，近期要完成的工作在 WBS 最下层详细规划，而计划在远期完成的 WBS 组成部分的工作，在 WBS 较高层规划。最近一两个报告期要进行的工作应在本期工作接近完成时详细规划。所以，项目计划活动在项目生命期内可以处于不同的详细水平。在信息不够确定的早期战略规划期间，活动的详细程度可能仅达到里程碑的水平。

(4) 利用专家判断。擅长制定详细项目范围说明书、WBS 和项目进度表并富有经验的项目团队成员或专家，可以提供活动定义方面的专业知识。

(5) 规划组成部分。当项目范围说明书不够充分，不能将 WBS 某分支向下分解到工作组合水平时，该分支最后分解到的组成部分可用来制定这一组成部分的高层次项目进度表。项目团队选择并利用这些规划组成部分来规划处于 WBS 较高层次的各种未来工作的进度。这些规划组成部分的计划活动可以是无法用于项目工作详细估算、进度安排、执行、监控的概括性活动。两个规划组成部分是：①控制账户。高层管理人员的控制点可以设在 WBS 工作组合层次以上选定的管理点（选定水平上的具体组成部分）上。在尚未规划有关的工作组合时，这些控制点用做规划的基础。在控制账户内完成的所有工作与付出的所有努力，记载于某一控制账户计划中。②规划组合。规划组合是在 WBS 中控制账户以下，但在工作组合以上的 WBS 组成部分。这个组成部分的用途是规划无详细计划活动的已知工作内容。

3. 项目活动定义的成果

(1) 活动清单。活动清单内容全面，包括项目将要进行的所有计划活动，是项目活动定义的主要输出。活动清单不包括任何不必成为项目范围一部分的计划活动。活动清单应当有活动标志，并对每一计划活动工作范围给予详细的说明，以保证项目团队成员能够理解如何完成该项工作。计划活动的工作范围可有实体数量，如应安装的管道长度、在指定部位浇筑的混凝土、图纸张数、计算机程序语句行数或书籍的章数。活动清单在进度模型中使用，属于项目管理计划的一部分。计划活动是项目进度表的单个组成部分，不是 WBS 的组成部分。

（2）活动属性。活动属性指出每一计划活动具有的属性，包括活动标志、活动编号、活动名称、先行活动、后继活动、逻辑关系、提前与滞后时间量、资源要求、强制性日期、制约因素和假设。活动属性还可以包括工作执行负责人、实施工作的地区或地点，以及计划活动的类型，如投入的水平、可分投入与分摊的投入。这些属性用于制定项目进度表，在报告中以各种各样方式选择列入计划的活动，确定其顺序并将其分类，属性的数目因应用领域而不同。

（3）里程碑清单。计划里程碑清单列出了所有的里程碑，并指明里程碑属于强制性（合同要求）还是选择性（根据项目要求或历史信息）。里程碑清单是项目管理计划的一部分，里程碑用于建立进度模型。某信息系统开发项目里程碑清单如表 6-1 所示。

表 6-1　某信息系统开发项目里程碑

序号	里程碑事件	交付成果
1	系统分析完成	系统分析说明书
2	系统设计完成	系统设计报告
3	系统实现完成	软件及源程序清单
4	系统测试完成	系统测试报告

审核意见：　　　　　　　签名：　　　　　　　日期：

（4）请求的变更。活动定义过程可能提出影响项目范围说明与 WBS 的变更请求，请求的变更通过整体变更控制过程审查与处置。

6.3　活动的排序

项目活动排序是指识别项目活动清单中各项活动的相互关联与依赖关系，并据此对项目各项活动的先后顺序进行安排和确定的工作。

6.3.1　项目活动的依赖关系

1. 强制性依赖关系

强制性依赖关系指工作性质所固有的依赖关系，是活动之间本身存在的、无法改变的逻辑关系，它们往往涉及一些实际的限制，强制性依赖关系又称硬逻辑关系。例如，在施工项目中，只有在基础完成之后，才能开始上部结构的施工；在电子项目中，必须先制作原型机，然后才能进行测试。

2. 可斟酌处理的依赖关系

可斟酌处理的依赖关系是指人为组织关系所确定的工作关系，如某企业进行生产组织时，安排先生产 A 产品还是 B 产品。可斟酌处理的依赖关系要有完整的文字记载，因为它们会造成总时差不确定，失去控制并限制今后进度安排方案的选择。可斟酌处理的依赖关系有时叫做优先选用逻辑关系、优先逻辑关系或者软逻辑关系。通常根据对具体应用领域内部的做法，或者项目某些非寻常方面的了解而确定。项目的这些非寻常方面造成了即使有其他顺序可以采纳，但也希望按照某种特殊的顺序安排的结果。某些可斟酌处理的依赖关系，包括根据以前完成同类型工作的成功项目所取得的经验而选定的计划活动顺序。

3. 外部依赖关系

外部的制约因素有时也会影响活动排序，如外部的资金约束、资源约束等。外部依赖关系指涉及项目活动和非项目活动之间关系的依赖关系。例如，软件项目测试活动的进度可能取决于来自外部的硬件是否到货；施工项目的场地是否完善，可能要在环境听证会之后才能开始。活动排序的这种依据可能要依靠以前性质类似的项目历史信息，或者卖方合同或建议。

根据项目活动间的关系，可以对项目活动进行排序，排序的原则是由逻辑关系决定组织关系，兼顾外部约束。活动排序的主要程序是：①根据项目工作列表和工作说明书确定各项工作的强制性逻辑关系，它主要取决于技术方面的限制，比较容易确定；②根据项目的组织关系确定那些没有逻辑关系的活动的顺序，它主要依赖于项目管理人员的知识和经验，比较难以确定；③分析和预测可能产生的外部约束，并据此对工作排序进行适当调整。

6.3.2　活动排序的步骤

1. 项目活动排序的输入包括项目范围说明书、活动清单、活动属性、里程碑清单和获批的变更请求

（1）项目活动清单及相关支持信息。活动清单所列出的活动是活动排序的全部内容，而支持信息则是活动清单的说明和描述，二者的有机结合是活动排序能准确进行的基础。

（2）项目范围说明书。不同的产品特征会影响活动的排序，虽然所有的活动均可以在项目活动清单中查出，但审查项目范围说明书可以防止在排序时只注重局部路径而忽略项目的全局。

（3）里程碑清单。项目里程碑是测量工作进度的重要依据，也是活动排序中

必须关注的重点。

2. 项目活动排序的工具与方法

(1) 紧前关系绘图法 (PDM 单代号网络图)。例如,某项目的活动列表如表 6-2 所示,要求绘制其单代号网络图。

表 6-2　某项目活动列表

序号	活动代号	紧前活动	序号	活动代号	紧前活动
1	A	—	5	E	B
2	B	—	6	F	B、E
3	C	A	7	G	D、C、F
4	D	A	8	H	D

根据表 6-2 所列的活动项,可以绘制该项目的单代号网络图,如图 6-2 所示。

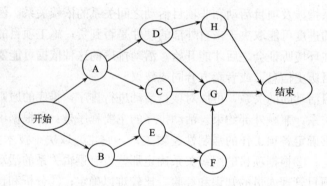

图 6-2　某项目单结点网络图

(2) 箭线绘图法 (ADM 双代号网络图)。ADM 不如 PDM 使用普遍,ADM 只使用一种活动之间的逻辑关系 FS,即完成对开始依赖关系。

例如,根据表 6-3 所示的项目活动关系,绘制出该项目的双代号网络图。

表 6-3　某项目活动关系表

活动	紧前活动	持续时间	活动	紧前活动	持续时间
A	—	3	D	B、C	3
B	A	8	E	C	5
C	A	7	F	D、E	6

根据表 6-3 中项目活动关系,可以得到如图 6-3 所示的网络图。

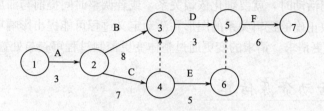

图 6-3　双代号网络图示例

（3）计划网络样板。在编制项目计划活动网络图时，可以利用标准化的项目进度网络图以减少工作并加快速度。这些标准网络图可以包括整个项目或仅仅其中一部分。项目进度网络图的一部分往往称为子网络或者网络片断。当项目包括若干相同或者几乎相同的可交付成果时（例如，高层办公楼的楼层，药品研制项目的临床试验，软件项目的程序模块，或者开发项目的启动阶段），子网络就特别有用。

（4）利用时间提前与滞后量。项目管理团队要确定可能要求加入时间提前与滞后量的依赖关系，以便准确地确定逻辑关系。时间提前与滞后量，以及有关的假设要形成文件。利用时间提前量可以提前开始后继活动。例如，技术文件编写小组可以在写完长篇文件初稿（先行活动）整体之前 15 天着手第二稿（后继活动）。利用时间滞后量可以推迟后继活动。例如，为了保证混凝土有 10 天养护期，可以在完成对开始关系中加入 10 天的滞后时间，这样一来，后继活动就只能在先行活动完成之后开始。

3．项目活动排序的输出

（1）项目进度网络图。项目进度网络图就是展示项目各计划活动及逻辑关系（依赖关系）的图形。项目进度网络图可用手工或利用项目管理软件制作。该图可以包括项目的全部细节，也可以只有一项或若干项概括性活动。项目进度网络图应附有简要的文字，说明活动排序使用的基本方法。凡不寻常的活动序列均应在这段文字中加以详细说明。

（2）活动清单（更新）。活动排序过程中可能批准变更请求，如果批准，就应将其列入活动清单，使之更新。

（3）活动属性（更新）。将确定了的逻辑关系，以及所有有关的时间提前与滞后量都列入活动属性，使之更新。活动排序过程中可能批准的变更请求如果影响到活动清单，则应将批准的变更加入活动属性，更新活动属性的有关事项。

（4）请求的变更。确定项目逻辑关系及时间提前与滞后量时，可能会遇到对活动清单或活动属性提出变更请求的事例。例如，当可以分解或由于其他原因重新定义计划活动时，就要细化依赖关系，或者调整时间提前与滞后量时，以便绘制充分反映正确的逻辑关系的图形。活动定义过程可能提出影响项目范围说明与 WBS 的变更请求。请求的变更通过整体变更控制过程审查与处置。

6.4　活动资源估算

计划活动资源估算就是确定在实施项目活动时要使用何种资源（人员、设备或物资），每一种资源使用的数量，以及何时用于项目计划活动。活动资源估算过程与费用估算过程紧密配合。活动资源估算主要包括输入、工具与技术、输出三项内容。

1. 项目活动资源估算的输入

（1）事业环境因素。活动资源估算过程利用事业环境因素中包含的有关基础设施资源的有无或者资源是否可以利用的信息进行估算。

（2）组织方针。组织方针提供了实施组织有关活动资源估算过程中所需要考虑的人员配备、物资与设备租用或者购买的各种方针。不同的组织方针将会导致资源的获得与组织方式的不同。

（3）活动清单。从活动清单可知需估算资源对应的计划活动。

（4）活动属性。在活动定义过程中提出的活动属性是估算活动清单中每一计划活动所需资源时依靠的基本数据。

（5）后备资源说明书。通过后备资源说明书，可以了解有哪些相关资源（如人员、设备和物资）可供本项目使用。对这种信息的了解包括考虑这些资源的地理位置，以及可利用的时间。例如，在工程设计项目的早期阶段，可供使用的资源可能包括大量的初级与高级工程师，而在同一项目的后期阶段，可供使用的资源可能仅限于因为参与过项目早期阶段而熟悉本项目的个人。

（6）项目管理计划。项目管理计划中的进度管理计划是用于活动资源估算的组成部分。

2. 活动资源估算工具与技术

（1）专家判断。专家判断法是进行资源估算最常用的方法。任何具有资源规划与估算专门知识的集体或个人都可以提供这方面的专业知识。

（2）多方案分析。很多计划活动都可以利用多种形式完成，其中包括利用各种水平的资源能力或技能，各种类型的机器，各种工具（手工操作或自动化工具），以及有关资源自制或购买的决策。这就需要从中选择出最符合要求和最经济的方案。一般可以采用头脑风暴法。

（3）出版的估算数据。有许多定期出版和更新的不同国家与各国不同地理位置资源的生产率与单价，这些数据涉及门类众多的各工种劳动力、材料与设备。

（4）项目管理软件。项目管理软件能够协助规划、组织与管理备用资源，并提出资源估算。软件的复杂程度彼此之间相差悬殊，不但可用来确定资源日历，而且还可以确定资源分解结构、资源的有无与多寡，以及资源单价。

（5）自下而上估算。当估算计划活动无足够把握时，则将其范围内的工作进一步分解。然后估算下层每个更具体的工作资源需要，接着将这些估算按照计划活动需要的每一种资源汇总出总量。计划活动之间可能存在也可能不存在影响资源利用的依赖关系。如果存在，资源的这种利用方式反映在计划活动的要求估计之中，并形成文件。

3. 活动资源估算输出

（1）活动资源计划使用表。活动资源估算过程的成果就是识别与说明工作细目中每一计划活动需要使用的资源类型与数量。可以在汇总这些要求之后，确定每一工作细目的资源估算量。资源要求说明书细节的数量与具体和详细程度，因应用领域而异。每一计划工作的资源要求文件可能包括每一资源估算的根据，以及在确定资源类型、有无与多寡和使用量时所做的假设，其一般使用格式如表6-4 所示。

表 6-4   活 动 资 源 计 划 使 用 表

任务代码：　　　　　　任务名称：

施工单位：　　　　　　负责人：

资源代码	资源名称	计量单位	单位成本	数量	计划成本	可控资源	使用日期

填报日期：　　　　　　　　　　　　填报人：

（2）资源分解结构。资源分解结构是按照资源种类和形式而划分的资源层级结构。

（3）资源日历。项目综合资源日历记录了确定使用某种具体资源（如人员或是物资）日期的工作日，或不使用某种具体资源日期的非工作日。项目资源日历一般根据资源的种类标识各自的节假日，以及可以使用资源的时间，项目资源日历还标识出每一资源可供使用期间及可供使用的数量。

（4）请求的变更。在活动资源估算过程中可能会提出变更请求，要求在活动清单内添加或删除列入计划的计划活动。请求的变更通过整体变更控制过程审查与处置。

6.5 活动工期估算

6.5.1 活动工期估算的前提

1. 活动工期估算的含义

活动工期估算是根据 WBS 中定义的项目活动和项目活动清单来估计完成这些项目活动所需的工期。工期通常以小时或天表示，但大型项目也可能用周或者月作为表示工期的单位。

估算计划活动持续时间的依据来自于项目团队最熟悉具体计划活动工作内容性质的个人或集体。持续时间估算是逐步细化与完善的，估算过程要考虑数据依据的有无与质量。例如，随着项目设计工作的逐步深入，可供使用的数据越来越详细，越来越准确，因而提高了持续时间估算的准确性。这样一来，就可以认为持续时间估算结果逐步准确，质量逐步提高。

估算完成计划活动所需工时单位数目，有时必须考虑因具体类型工作的要求而使用的时间。大多数项目进度管理软件，都利用项目日历与其他可供考虑的工作时间资源日历来处理这种情况。其他可供考虑的工作时间资源日历，通常由要求安排具体时间段的资源所确定。计划活动按照项目日历开展，而分配了资源的计划活动也要按照相应的资源日历开展。

2. 影响实际活动工期的主要因素

根据项目范围、资源状况计划，列出的项目活动工期应该现实、有效并能保证质量。所以在估算工期时要充分考虑活动清单、合理的资源需求、人员的能力因素以及环境因素对项目工期的影响。在对每项活动的工期估算中应充分考虑风险因素对工期的影响。但值得注意的是，无论采用什么样的估算方法，实际所花费的时间和事前估算的结果总会有所不同，其中影响实际的活动工期的主要因素有：①投入活动中的资源、资源获得的难易程度。指定的活动资源在实际取得时不能按计划获得。②不同技能水平的工作人员（资源能力）。一般进行估算均是以典型的工人或者工作人员的熟练程度为基础而进行的，在实际工作中，事情不会正好如此，参与相关活动的人员的熟练程度可能高于平均水平，也可能低于平均水平，这就使得活动进行的实际时间可能会比计划时间长也可能短。③突发事件和其他识别出的风险。在项目实际进行中，总是会遇到一些意想不到的突发事件，在比较长期的项目中更是如此。大到天灾，小到工作人员生病，这些突发事件均会对活动的实际需要时间产生影响。在计划和估算阶段考虑所有可能突发事件是不可能的，也是不必要的，但是在项目实际进行时，需要对此有心理准备，并进行相应的调整。

（1）工作实践的有效性（效率）。参与项目工作的人员不可能永远保持同样的工作效率。一般可以看到，如果一个人的工作被打断，继续进行时就需要一定的时间才能达到原来的速度，而干扰无时不在，无法预知，也无法完全消除，它的影响也是因人而异，事前无法确定。

（2）错误的或者遗漏的工期估算。尽管在计划时尽可能详尽，但总是无法避免实施过程中的误解和失误，需要随时加以控制，出现错误时予以纠正，而这又会使得实现工作所需要的时间和预计的时间不尽相同，造成一定程度的延误。

6.5.2　活动工期估算流程

估算活动工期的过程是利用有关计划活动的工作范围、必要资源类型、资源需要量估计，以及标明资源有无与多寡的资源日历的信息进行估算的过程。

活动工期估算过程要求估算为完成计划活动而必须付出的工作努力数量，估算为完成计划活动而必须投入的资源数量，并确定为完成该计划活动而需要的工作时间数。对于每一活动持续时间估算，所有支持持续时间估算的数据与假设都要记载下来。活动工期估算完成后，可以得到量化的工期估算数据，将其文档化，同时完善并更新活动清单。

1. 活动工期估算的依据

（1）组织过程资产。有关许多类型活动的可能持续时间的历史资料通常容易找到。参与项目的一个或多个组织可能会保留过去项目结果的记录，其详细程度足以帮助提出活动持续时间估算。在某些应用领域中，团队个别成员也可能会保留此类记录。实施组织的组织过程资产会有可用于活动持续时间估算的某些事项，如项目日历（编排开展计划活动的工作日或轮流班次，以及不开展计划活动的非工作日的日历）。

（2）项目范围说明书。在估算计划活动持续时间时，考虑项目范围说明书提供的制约因素与假设。例如，假设中有项目的报告时间长短可能决定计划活动持续时间的上限。制约因素有文件的提交与审查，以及其他经常具有由合同或实施组织方针所规定的频率与持续时间的类似非可交付成果计划活动。

（3）活动资源要求。活动的估算资源要求对计划活动的持续时间有影响，因为分配给计划活动的资源，以及这些资源能否用于项目，将会影响大多数活动的持续时间。

（4）资源日历。制定综合资源日历，属于活动资源估算过程的一部分，包括人力资源的有无、能力与技能。对于计划活动持续时间有很大影响的设备和物资的类型、数量、能否使用，以及能力也给予考虑。例如，初级和高级人员都全时投入工作，则在完成给定的计划活动时一般可指望高级人员使用的时间比初级人员少。

（5）项目管理计划。项目管理计划包含风险登记册与活动费用估算。①风险登记册。风险登记册中含有有关项目团队提出活动持续时间估算，并在考虑风险之后加以调整时，所考虑的已识别项目风险的信息。对于每一个计划活动，项目团队都考虑在基准持续时间估算中加入风险因素，特别是发生概率或后果评定分数高的那些风险。②活动费用估算。项目费用估算如果已经完成，就可以进一步详细编制，为项目活动清单中每一计划活动提供资源需求量的估算数。

2. 活动工期估算的工具和技术

（1）专家判断。由于影响活动持续时间的因素太多，如资源的水平或生产率，所以常常难以估算。只要有可能，就可以利用以历史信息为根据的专家判断。各位项目团队成员也可以提供持续时间估算的信息，或根据以前的类似项目提出有关最长持续时间的建议。如果无法请到这种专家，则持续时间估计中的不确定性和风险就会增加。

（2）类比估算。持续时间类比估算就是以从前类似计划活动的实际持续时间为根据，估算将来计划活动的持续时间。当有关项目的详细信息数量有限时，如在项目的早期阶段就经常使用这种办法估算项目的持续时间。类比估算利用历史信息和专家判断。当以前的活动事实上而不仅仅是表面上类似，而且准备这种估算的项目团队成员具备必要的专业知识时，持续时间类比估算最可靠。

（3）参数估算。将应当完成的工作量乘以生产率时，就可以估算出活动持续时间的基数。例如，对于设计项目，将图纸的张数乘以每张图纸使用的工时，或者对于电缆铺设项目，将电缆的长度乘以铺设每米需要的工时，就可以估算出生产率。总的资源数量乘以每个工作班次的工时或每个工作班次的生产能力，然后除以使用的资源数目就可以确定各个工作班次的活动持续时间。

（4）三点估算。考虑原有估算中风险的大小，可以提高活动持续时间估算的准确性。三点估算就是在确定三种估算的基础上做出的。最可能持续时间、乐观持续时间、悲观持续时间，利用这三种估算的活动持续时间的平均值，就可以估算出该活动的持续时间。这个平均值常常比单点估算的最可能持续时间准确。

（5）后备分析。项目团队可以在总的项目进度表中以"应急时间"、"时间储备"或"缓冲时间"为名称增加一些时间，这种做法是承认进度风险的表现。应急时间可取活动持续时间估算值的某一百分比，或某一固定长短的时间，或根据定量风险分析的结果确定。应急时间可能全部用完，也可能只使用一部分，还可能随着项目更准确的信息增加和积累而减少或取消。这样的应急时间应当连同其他有关的数据和假设一起形成文件。

3. 活动工期估算的结果

（1）活动持续时间估算。活动持续时间是对完成计划活动所需时间的可能长短所作的定量估计。活动持续时间估算的结果中应当指明变化范围。例如，2周

±2 天指明计划活动至少要用 8 天，但最多不超过 12 天（假定每周工作 5 天）。

（2）活动属性（更新）。活动属性更新后应包括每一计划活动的持续时间、编制活动持续时间进行估算时所作的假设，以及应急时间。

6.6　进度计划的制订

6.6.1　进度计划的制订流程

1. 进度制订的输入

（1）项目网络图。确定了项目活动顺序及相互之间的逻辑关系和依赖关系，项目进度计划按照项目网络图来确定项目活动之间的关系。

（2）资源需求。它包括什么资源在什么时间用在什么活动中，多个活动同时都需要某一种资源时，如何进行合理的安排。在制订进度计划时，知道在何时以何种方式取得何种资源是十分重要的，如果共享或关键资源的可用性不可靠，那么要制订实用的进度计划是不可能的。

（3）作业制度安排。项目团队的实际作业制度能真正决定项目进度计划的编制。例如，一周工作五天、六天还是七天；每天安排一班作业还是两班作业甚至是三班作业等。

（4）约束条件。项目开发，直接受各种条件的影响和制约，这些约束来自于社会、环境、资源、技术等。最常用的约束条件是"开始不早于什么时间"和"完成不晚于什么时间"。在项目的执行过程中，总会存在一些关键事件或里程碑事件，这些都是项目实施过程中必须考虑的约束条件。

（5）项目活动的提前和滞后要求。为了确定活动关系，有些逻辑关系需要规定提前或滞后的时间。例如，对于项目定购或者安装的网络系统允许有一周的提前或两周的延期等。

2. 进度制定的工具与技术

（1）进度网络分析。进度网络分析是提出与确定项目进度表的一种技术。进度网络分析使用一种进度模型和多种分析技术，应用关键路线法、局面应对分析，以及资源平衡来计算最早、最迟开始和完成日期，以及项目计划活动未完成部分的计划开始与计划完成日期。如果模型中使用的进度网络图含有任何网络回路或网络开口，则需要对其加以调整，然后再选用上述分析技术。某些网络路线可能含有路径汇聚或分支点，在进行进度压缩分析或其他分析时可以识别出来并可加以利用。

（2）关键路线法。关键路线法是利用进度模型时使用的一种进度网络分析技术。关键路线法沿着项目进度网络路线进行正向与反向分析，从而计算出所有计划活动理论上的最早开始与完成日期、最迟开始与完成日期，不考虑任何资源限制。由此计算而得到的最早开始与完成日期、最迟开始与完成日期不一定是项目的进度表，它们只不过指明计划活动在给定的活动持续时间、逻辑关系、时间提前与滞后量，以及其他已知制约条件下应当安排的时间段长短。由于构成进度灵活余地的总时差可能为正、负或零值，最早开始与完成日期、最迟开始与完成日期的计算值可能在所有的路线上都相同，也可能不同。在任何网络路线上，进度灵活余地的大小由最早与最迟日期两者之间正的差值决定，该差值叫做"总时差"。关键路线有零或负值总时差，在关键路线上的计划活动叫做"关键活动"。为了使路线总时差为零或正值，有必要调整活动持续时间、逻辑关系、时间提前与滞后量或其他进度制约因素。一旦路线总时差为零或正值，则还能确定自由时差。自由时差就是在不延误同一网络路线上任何直接后继活动最早开始时间的条件下，计划活动可以推迟的时间长短。

（3）进度压缩。进度压缩是在不改变项目范围，满足进度制约条件、强加日期或其他进度目标的前提下，缩短项目的进度时间。进度压缩的技术有：①赶进度。对费用和进度进行权衡，确定如何在尽量少增加费用的前提下，最大限度地缩短项目所需时间。赶进度并非总能产生可行的方案，反而常常增加费用。②快速跟进。这种进度压缩技术通常同时进行按先后顺序进行的阶段或活动。例如，建筑物在所有建筑设计图纸完成之前就开始基础施工。快速跟进往往造成返工，并通常会增加风险。这种办法可能要求在取得完整、详细的信息之前就开始进行，如工程设计图纸。其结果是以增加费用为代价换取时间，并因缩短项目进度时间而增加风险。

（4）假设情景分析。假设情景分析就是对"情景 X 出现时应当如何处理"这样的问题进行分析。进度网络分析是利用进度模型计算各种各样的情景，如推迟某大型部件的交货日期，延长具体设计工作的时间，或加入诸如罢工或申请许可证过程的变化等外部因素。假设情景分析的结果可用于估计项目进度计划在不利条件下的可行性，用于编制克服或减轻由于出乎意料的局面造成的后果的应急和应对计划。模拟指对活动做出多种假设，计算项目多种持续时间。最常用的技术是蒙特卡洛分析，这种分析为每一计划活动确定一种活动持续时间概率分布，然后利用这些分布计算出整个项目持续时间可能结果的概率分布。

（5）资源平衡。资源平衡是一种进度网络分析技术，用于已经利用关键路线法分析过的进度模型之中。资源平衡的用途是处理时间安排需要以满足规定交工日期的计划活动，处理只有在某些时间才能动用或只能动用有限数量的必要的共用或关键资源的局面，或者用于在项目工作具体时间段按照某种水平均匀地使用选定资源。

（6）关键链法。关键链法是一种进度网络分析技术，可以根据有限的资源对项目进度表进行调整。关键链法结合了确定性与随机性办法。开始时，利用进度模型中活动持续时间的非保守估算，根据给定的依赖关系与制约条件来绘制项目进度网络图，然后计算关键路线。在确定关键路线之后，将资源的有无与多寡情况考虑进去，确定资源制约进度表。这种资源制约进度表经常改变关键路线。为了保证活动计划持续时间的重点，关键链法添加了持续时间缓冲段，这些持续时间缓冲段属于非工作计划活动。一旦确定了缓冲计划活动，就按照最迟开始与最迟完成日期安排计划活动。这样一来，关键链法就不再管理网络路线的总时差，而是集中注意力管理缓冲活动持续时间和用于计划活动的资源。

（7）项目管理软件。项目管理进度安排软件已经成为普遍应用的进度表制定手段。其他软件也许能够直接或间接地同项目管理软件配合起来，体现其他知识领域的要求，如根据时间段进行费用估算，定量风险分析中的进度模拟。这些产品自动进行正向与反向关键路线分析和资源平衡的数学计算，这样一来，就能够迅速地考虑许多种进度安排方案。它们还被广泛地用于打印或显示制定完毕的进度表成果。

（8）应用日历。项目日历和资源日历标明了可以工作的时间段。项目日历影响到所有的活动。例如，因为天气原因，一年当中某些时间段现场工作是不可能进行的。资源日历影响到某种具体资源或资源种类。资源日历反映了某些资源是如何只能在正常营业时间工作的，而另外一些资源分三班整天工作，或者项目团队成员正在休假或参加培训而无法调用，或者某一劳动合同限制某些工人一个星期工作的天数。

（9）调整时间提前与滞后量。提前与滞后时间量使用不当会造成项目进度表不合理，在进度网络分析过程中调整提前与滞后时间量，以便提出合理、可行的项目进度表与进度模型。进度数据和信息经过整理，用于项目进度模型之中。在进行进度网络分析和制定项目进度表时，将进度模型工具与相应的进度模型数据同手工方法或项目管理软件结合在一起使用。

3. 制定进度表的成果

1）项目进度表

项目进度表至少包括每项计划活动的计划开始日期与计划完成日期。如果早期阶段进行了资源规划，在资源分配未确认、计划开始与计划完成日期未确定之前，项目进度表始终属于初步进度表。这个过程一般发生在项目管理计划制订完成之前。

项目目标进度表还可以对每一计划活动确定目标开始日期与目标完成日期。项目进度表可以简要概括，这种形式有时候叫做总进度表或里程碑进度表，亦可详细具体。虽然可用表格形式，但更常见的做法是用以下一种或多种格式的图形表示。

（1）项目进度网络图。加上活动日期资料的图形，一般既表示项目网络逻辑，又表示项目关键路径上的计划活动。进度网络图有活动节点表示法（单代号网络图），也使用时标进度网络图，时标网络图有时候叫做逻辑横道图。在制定进度表时，将每一工作包分解为一系列彼此联系的计划活动。

（2）横道图。横道图用横道表示活动，注明了活动的开始与结束日期，以及活动的预期持续时间。横道图容易看懂，经常用于向管理层介绍情况。为了控制与管理沟通的方便，里程碑或多个互相依赖的工作细目之间加入内容更多、更综合的概括性活动，并在报告中以横道图的形式表现出来，这种概括性活动偶尔称为汇总活动。

（3）里程碑图。里程碑图与横道图类似，但仅标示出主要可交付成果以及关键的外部接口的规定开始与完成日期，其格式如表 6-5 所示。

表 6-5　某项目里程碑进度表

序号	里程碑事件	交付成果	完成时间
1	需求分析完成	系统分析报告	2010 年 1 月 25 日
2	系统设计完成	系统设计报告	2010 年 4 月 15 日
3	程序代码完成	源程序清单及系统软件	2010 年 9 月 20 日
4	软件测试完成	测试报告	2010 年 12 月 25 日

项目经理审核意见：

（4）项目进度计划表。用表格形式表达的项目进度计划，如表 6-6 所示，该表格里描述了各项活动的名称、持续时间、最早开始时间、最早完成时间、最迟开始时间、最迟完成时间、时差以及完成情况。

表 6-6　项目进度计划表　　　　　　　（时间：天）

序号	活动名称	持续时间	最早时间		最迟时间		时差		完成情况
			开始	完成	开始	完成	总时差	自由时差	
1	A	8	2009-1-12	2009-1-20	2009-1-12	2009-1-20	0	0	
2	B	10	2009-2-5	2009-2-15	2009-2-5	2009-2-15	0	0	
3	C	10	2009-10-12	2009-10-22	2009-10-20	2009-10-28	8	6	
4	D	5	2009-12-2	2009-12-7	2009-12-2	2009-12-7	0	0	

2）进度模型数据

项目进度表的辅助数据至少应包括进度里程碑、计划活动、活动属性，以及所有已经识别的假设与制约因素的文字记载。此类数据的多寡因应用领域而异。经常当做辅助细节被列入进度模型数据中的信息包括但不限于如下方面：

（1）按时段提出的资源要求，往往以资源直方图的形式显示。

（2）其他可供选择的进度表。例如，最好和最坏的情况，资源平衡或不平衡，有或无强制性日期。

（3）进度应急储备。例如，在电子设计项目中，进度模型数据可能包括人力资源直方图、现金流量预测，以及订货与交货进度表等。

3）进度基准

进度基准是根据对进度模型进行的进度网络分析，而提出的一种特殊形式的项目进度表。该进度表在项目管理团队认可与批准之后，当做进度基准使用，标明基准开始日期和基准完成日期。

4）资源要求（更新）

资源平衡对于必要资源类型与数量的初步估算，有时候影响很大。如果资源平衡分析改变了项目资源要求，就要更新资源要求。

5）活动属性（更新）

活动属性更新后，应列入修改的资源要求与所有其他在制定进度表过程中提出且经过批准的变更。

6）项目日历（更新）

项目日历就是编排确定开展计划活动日期的工作日或工作班次的日历。项目日历也确定了不开展计划活动的非工作日，如节假日、周末，以及无工作班次的时间。每一项目的日历可以根据不同的日历单位安排项目的进度。

7）请求的变更

在制定进度表过程中可能提出变更请求，变更请求要经过整体变更控制过程的审查与处置。

8）项目管理计划（更新）

更新项目管理计划，以便反映所有批准的变更，以及管理项目进度的方式与方法。

进度管理计划（更新）如果在项目时间管理的各过程中有批准的变更，则项目管理计划中进度管理计划部分就可能需要将这些批准的变更纳入其中。

6.6.2 项目进度计划编制方法

1. 里程碑法

里程碑法，是最简单的一种进度计划方法，仅表示主要可交付成果的计划开始时间和完成时间及关键的外部界面。

里程碑是标记项目中重要事件的参考点，需要用于监视项目的进度和可交付成果，列出关键活动和进行的日期。

IT 项目中硬件装备完成后或收到厂家运到的产品时便是一个里程碑，把商品送到客户办公室让客户签收后便是另一个里程碑，安装测试后让客户验收便成为最后一个里程碑。完成这三个里程碑后便知道项目已经完结。

软件开发服务的企业，往往在签订协议时收取一笔定金，然后需要支付数月所需的开发组员薪资，而软件开发服务商往往未能在指定时间内完成开发的项目，各种原因导致项目延误，那么便需要企业应用本身的流动资金来应付。

在软件开发中，到达一个阶段可以让客户看到部分结果的地方就是里程碑。开发一套软件，需要经过信息搜集、需求分析、系统设计、系统开发、系统测试等流程。但只有四个阶段产生交付物，分别是在信息搜集阶段后将产生一份需求说明书，在需求分析后产生一份功能说明书，在系统设计阶段后产生系统逻辑说明及 DFD（数据流程图）和在系统测试阶段后产生测试报告。每一份交付物的完结说明已经完成了一个阶段的工作，在客户确认这一份工作成果后才进入下一个阶段的工作。里程碑法工作流程如图 6-4 所示。

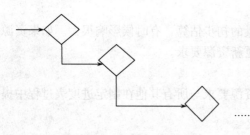

图 6-4　里程碑法工作流程

每一份交付物将是整个系统开发过程中的"里程碑"。所以里程碑的建立应该连带交付物，而这些交付物应该让客户确认。当客户确认交付物后，也是客户确认系统开发过程中到达某一个指定的阶段，完成某一部分的工作。表 6-7 显示了某信息系统开发项目的里程碑计划。

表 6-7　某信息系统开发项目的里程碑计划

里程碑事件	进度时间							
	1月	2月	3月	4月	5月	6月	7月	8月
签订合同		△						
需求说明书定稿			△					
系统设计评审				△				
子系统测试						△		
系统集成测试							△	
产品交付								△

注：有多种可使用的方法用以显示里程碑网络图中的项目信息，△表示计划完成

里程碑计划是编制详细进度计划的基础。里程碑计划的编制方式主要有两种：①编制进度计划以前，根据项目特点编制里程碑计划，并以该里程碑计划作为编制项目进度计划的论据；②编制进度计划以后，根据项目特点及进度计划编制里程碑计划，并以此作为项目进度控制的主要依据之一。

里程碑计划的编制程序具体如下：①从项目的终结开始反向进行，即从达到的最后一个里程碑开始；②请专家运用"头脑风暴法"产生里程碑的概念草图；③复查各个里程碑，有些里程碑可能是另外某个里程碑的一部分，而有些则可能是将产生新的里程碑概念的活动；④尝试每条因果路径；⑤从最后一个目标开始，顺次往前，查找同逻辑依存关系，以便可以复查每个里程碑，增加或删除某些里程碑，或者改变因果路径的定义；⑥形成最后的里程碑图。

2. 甘特图法

甘特图是对简单项目进行计划与排程的一种常用工具。它能使管理者先为项目各项活动做好进度安排，然后再随着时间的推移，对比计划进度与实际进度，进行监控工作。

1）画法：以横线来表示每项活动的起止时间。

2）特点：简单、明了、直观、易于编制。考虑了各活动先后顺序，但各活动间关系没有表示出来，没有指出影响项目生命周期的关键所在。

例如，为某银行建立新直销部门的计划。

为绘制这张图，负责项目的管理者必须先找出项目所需的主要活动，然后再对各项活动进行时间估计，确定活动序列。做完这一切，绘制如图 6-5 所示的甘特图，在图上就能显示出将要发生的所有活动、计划持续时间以及何时发生等信息。然后，在项目进行的过程中，管理者还能看到哪些活动先于进度安排，哪些

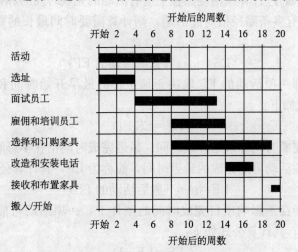

图 6-5　某银行建立新直销部门计划甘特图

活动晚于进度安排，使管理者把注意力调整到最需要加快速度的地方，使整个项目按期完成。

3. 网络图法

进度网络分析是一种构建项目进度表的技术。它利用一个进度模型和各种分析技术（比如关键路径法、关键链法、假设场景分析和资源均衡技术）计算最早开始时间（ES）、最晚开始时间（LS）、最早结束时间（EF）和最晚完成时间（LF），以及计算还未完成的项目计划任务的开始时间和结束时间。其基本原理是用网络图来表达项目中各项活动的进度和它们之间的相互关系，并在此基础上，进行网络分析，计算网络中各项活动的时间，确定关键活动与关键路线，利用时差不断地调整与优化网络，以求得最短周期。然后，还可将成本与资源问题考虑进去，以求得综合优化的项目计划方案。因该方法是通过网络图和相应的计算来反映整个项目的全貌，所以又叫做网络计划技术。

1）关键路径法（CPM）

所谓 CPM 就是一种使用进度模型来进行进度网络分析的技术。CPM 在不关注资源限制的情况下，对项目所有的计划任务，计算理论上的最早开始和结束时间以及最晚开始和结束时间。这些计算是通过正推法（从项目/阶段开始向收尾推算）和反推法（从项目/阶段收尾向开始推算）在整个项目进度网络路径中进行的。这里推算出的 ES 和 EF 以及 LS 和 LF 并非现实的项目时间表，这些结果更多的表示进度任务应该被计划在哪个时间段，应有的任务工期、逻辑关系、提前、滞后以及其他已知的约束条件。

（1）最早开始时间和最早完成时间：一项活动的 ES 取决于它的所有紧前活动的完成时间。通过计算该活动路径上所有活动的完成时间的和，可得到指定活动的 ES。如果有多条路径指向此活动，则计算需要时间最长的那条路径。其计算公式如下：

$$ES = \max（紧前活动的 EF）$$

最早完成时间即一项活动的 EF 取决于该工作的最早开始时间和它的持续时间 D。其计算公式如下：

$$EF = ES + D$$

（2）最迟完成时间和最迟开始时间。最迟完成时间指在不影响项目完成时间的条件下，一项活动可能完成的最迟时间，简称为 LF，其计算公式如下：

$$LF = \min（紧后活动的 LS）$$

最迟开始时间指在不影响项目完成时间的条件下，一项活动可能开始的最晚时间，简称为 LS，其计算公式如下：

$$LS = LF - D$$

（3）浮动时间（时差 float）。总浮动时间（总时差）指当一项活动的最早开始时间和最迟开始时间不相同时，它们之间的差值是该工作的总时差，简称为 TF（total float time）。其计算公式如下：

$$TF=LS-ES$$

自由浮动时间（自由时差）：在不影响紧后活动完成时间的条件下，一项活动可能被延迟的时间是该项活动的自由浮动时间，简称为 FF（free float time），它是由该项活动的 EF 和它的紧后活动的 ES 决定的。其计算公式如下：

$$FF=min（紧后活动的 ES）-EF$$

（4）关键路径的确定。项目的关键路径是指能够决定项目最早完成时间的一系列活动。它是网络图中最长路径，具有最少的浮动时间或时间差。尽管关键路径是最长的路径，但它代表了完成项目所需的最短时间。

例如，某项目的箭线图如图 6-6 所示，计算活动 B、G、H 的 ES、EF、LS、LF、总时差、自由时差，并确定关键路径和关键活动。假设活动 A 的 ES 为 0，活动 M 的最迟完成时间为 47。

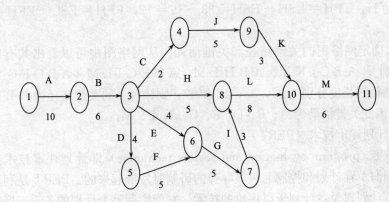

图 6-6　某项目箭线图

计算步骤如下。

（1）采用正推法计算 ES 和 EF：

活动 B，因为 B 的紧前活动只有 A，所以，$ES_B=10$；$EF_B=10+6=16$。

活动 H，其紧前活动为 B，所以，$ES_H=16$；$EF_B=16+5=21$。

活动 G，其紧前活动为 E、F，根据 $ES_E=10+6=16$，$EF_E=10+6+4=20$。

$ES_F=ES_D+4=20$，$EF_F=ES_F+5=20+5=25$。

所以，$ES_G=max(EF_E，EF_F)=max(20，25)=25$；$EF_G=ES_G+5=25+5=30$。

（2）计算 LS 和 LF：

采用倒推法，先计算最后一项活动的 LF，再计算最后一项活动的 LS，然后分别求出其紧前活动的 LF 和 LS，依次类推，直到求出全部活动的相关值。

活动 M，LFM＝47，LSF＝LFM－D＝47－6＝41；

活动 L，LFL＝LSM＝41，LSL＝LFL－D＝41－8＝33；

因为 LFI＝LSL＝33，LSI＝LFI－D＝30，则活动 G，LFG＝LSI＝30，LSG＝LFG－D＝25；

活动 H，LFH＝LSL＝33，LSH＝LFH－D＝28；

依此类推，可计算出 LSC＝31，LSE＝21，LSD＝16，则活动 B，LFB＝min（LSC，LSH，LSE，LSD）＝16，LSB＝LFB－D＝10。

（3）计算各项活动的总时差和自由时差：根据 ESC＝16，ESE＝16，ESD＝16，ESI＝30，ESL＝33 可求得：

活动 B，TFB＝LSB－ESB＝0，FFB＝min（ESC，ESH，ESE，ESD）－EFB＝0。

活动 G，TFG＝LSG－ESG＝0，FFG＝ESI－EFG＝0。

活动 H，TFH＝LSH－ESH＝28－16＝12，FFH＝ESL－EFH＝33－21＝12。

（4）确定网络图的关键路径和关键活动。从网络图中可以看出共有四条路径，分别是 A-B-C-J-K-M、A-B-H-L-M、A-B-E-G-I-L-M、A-B-D-F-G-I-L-M，这四条路径的长度分别为 32，35，42 和 47，则该项目的关键路径为 A-B-D-F-G-I-L-M。因此关键活动为 A、B、D、F、G、I、L、M。

2）计划评审技术（PERT）

PERT（program evaluation and review technique）即计划评审技术，最早是由美国海军在计划和控制北极星导弹的研制时发展起来的。PERT 是利用网络分析制订计划以及对计划予以评价的技术。它能协调整个计划的各道工序，合理安排人力、物力、时间、资金，加速计划的完成。在现代计划的编制和分析手段上，PERT 被广泛使用，是现代化管理的重要手段和方法。PERT 网络是一种类似流程图的箭线图。它描绘出项目包含的各种活动的先后次序，标明每项活动的时间或相关的成本。对于 PERT 网络，项目管理者必须考虑要做哪些工作，确定时间之间的依赖关系，辨认出潜在的可能出问题的环节，借助 PERT 还可以方便地比较不同行动方案在进度和成本方面的效果。

构造 PERT 图，需要明确三个概念：事件（events）、活动（activities）和关键路线（critical path）。事件表示主要活动结束的那一点；活动表示从一个事件到另一个事件之间的过程；关键路线是 PERT 网络中花费时间最长的事件和活动的序列。

（1）PERT 的计算特点。PERT 首先是建立在网络计划基础之上的，其次是工程项目中各个工序的工作时间不肯定，过去通常对这种计划只是估计一个时间，到底完成任务的把握有多大，决策者心中无数，工作处于一种被动状态。在工程实践中，由于人们对事物的认识受到客观条件的制约，通常在 PERT 中引入概率计算方法，由于组成网络计划的各项工作可变因素多，不具备一定的时间消耗统计资料，因而不能确定出一个肯定的单一的时间值。在 PERT 中，假设各项工作的持续时间服从 β 分布，近似地用三点估计法估算出三个时间值，即最短、最长和最可能持续时间，再加权平均计算出一个期望值作为工作的持续时间。在编制 PERT 网络计划时，把风险因素引入到 PERT 中，需要考虑按 PERT 网络计划在指定的工期下，完成工程任务的可能性有多大，即计划的成功概率或计划的可靠度，这就必须对工程计划进行风险估计。

在绘制网络图时必须将非肯定型转化为肯定型，把三点估计变为单一时间估计，其计算公式为

$$t_i = \frac{a_i + 4c_i + b_i}{6}$$

式中，t_i 为 i 工作的平均持续时间；a_i 为 i 工作最短持续时间（亦称乐观估计时间）；b_i 为 i 工作最长持续时间（亦称悲观估计时间）；c_i 为 i 工作正常持续时间，可由施工定额估算。其中，a_i 和 b_i 两种工作的持续时间一般由统计方法进行估算。

三点估算法把非肯定型问题转化为肯定型问题来计算，用概率论的观点分析，其偏差仍不可避免，但趋向总是有明显的参考价值，当然，这并不排斥每个估计都尽可能做到可能精确的程度。为了进行时间的偏差分析（即分布的离散程度），可用方差估算：

$$\sigma_i^2 = \left(\frac{b_i - a_i}{6}\right)^2$$

式中，σ_i^2 为 i 工作的方差。

标准差：

$$\sigma_i = \sqrt{\left(\frac{b_i - a_i}{6}\right)^2} = \frac{b_i - a_i}{6}$$

网络计划按规定日期完成的概率，可通过下面的公式和查函数表求得。

$$\lambda = \frac{Q - M}{\sigma}$$

式中，Q 为网络计划规定的完工日期或目标时间；M 为关键线路上各项工作平均持续时间的总和；σ 为关键线路的标准差；λ 为概率系数。

图 6-7 是一个正态分布图。曲线下的面积代表了累积概率分布。以期望工期为中心，其概率分布曲线是一个对称的分布。也就意味着，实际完成的工期比期望工期 T_e 长的可能性和比它短的可能性是一样的，都是 50%。

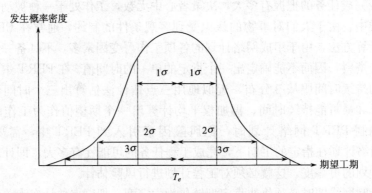

图 6-7　PERT 正态分布图

　　如果需要了解某一天完成项目的可能性，只要看对应期望工期的发生概率密度即可。

　　如果需要了解某一段时间内完成项目的可能性，则需要求解该段时间内的累积概率密度和，也就是该段时间内曲线下的面积。在正态分布中，以期望工期为中心，±1σ 内的累积概率分布之和为 68%；在正态分布中，以期望工期为中心，±2σ 内的累积概率分布之和为 95%；在正态分布中，以期望工期为中心，±3σ 内的累积概率分布之和为 99%。

　　(2) PERT 网络分析法的工作步骤。开发一个 PERT 网络要求管理者确定完成项目所需的所有关键活动，按照活动之间的依赖关系排列它们之间的先后次序，以及估计完成每项活动的时间。这些工作可以归纳为 4 个步骤。

　　第一，确定完成项目必须进行的每一项有意义的活动，完成每项活动都产生事件或结果。确定活动完成的先后次序。

　　第二，绘制活动流程从起点到终点的图形，明确表示出每项活动及其他活动的关系，用圆圈表示事件，用箭线表示活动，结果得到一幅箭线流程图，即 PERT 图，如图 6-8 所示。

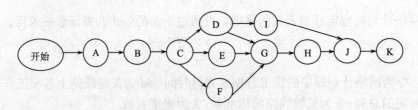

图 6-8　PERT 流程图

　　第三，估计和计算每项活动的完成时间。

第四，借助包含活动时间估计的网络图，管理者能够制订出包括每项活动开始和结束日期在内的全部项目的日程计划。在关键路线上没有松弛时间，沿关键路线的任何延迟都直接延迟整个项目的完成期限。

下面举例来说明。一座办公楼的施工过程，主要事件和对完成每项活动所需时间的估计如表 6-8 所示，计算建这座办公楼需要多长时间。

表 6-8　主要事件和对完成每项活动所需时间的估计表

事件	期望时间	紧前事件
A 审查设计和批准动工	10	—
B 挖地基	6	A
C 立屋架和砌墙	14	B
D 建造楼板	6	C
E 安装窗户	3	C
F 搭屋顶	3	C
G 室内布线	5	D、E、F
H 安装电梯	5	G
I 铺地板和嵌墙板	4	D
J 安装门和内部装饰	3	I、H
K 验收和交代	1	J

完成这栋办公楼将需要 50 周的时间，这个时间是通过追踪网络的关键路线计算出来的。该网络的关键路线为 A-B-C-D-G-H-J-K，沿此路线的任何事件完成时间的延迟，都将延迟整个项目的完成时间。

（3）PERT 网络技术的作用。它标识出项目的关键路径，以明确项目活动的重点，便于优化对项目活动的资源分配；如果计划缩短项目完成时间，节省成本，则要把考虑的重点放在关键路径上；在资源分配发生矛盾时，可适当调动非关键路径上活动的资源去支持关键路径上的活动，以便最有效地保证项目的完成进度。采用 PERT 网络分析法所获结果的质量很大程度上取决于事先对活动事件的预测，若能对各项活动的先后次序和完成时间都能有较为准确的预测，则通过 PERT 网络的分析法可大大缩短项目完成的时间。

3）各种网络图的选择

除以上方法外，后来还陆续提出了一些新的网络技术，如图示评审技术（graphical evaluation and review technique，GERT）、风险评审技术（venture evaluation and review technique，VERT）等。应该采用哪一种进度计划方法，主要应考虑下列因素：

（1）项目的规模大小。小项目应该采用简单的进度计划方法，大项目为了保证按期按质达到项目目标，就需考虑用较复杂的进度计划方法。

（2）项目的复杂程度。项目的规模并不一定总是与项目的复杂程度成正比。例如，修一条公路，规模虽然不小，但并不太复杂，可以用较简单的进度计划方法。而研制一个小型的电子仪器，需要很复杂的步骤和很多专业知识，可能就需要较复杂的进度计划方法。

（3）项目的紧急性。在项目急需进行，特别是在开始阶段，需要对各项工作发布指示，以便尽早开始工作，此时，如果用很长时间去编制进度计划就会延误时间。

（4）对项目细节掌握的程度。如果在开始阶段项目的细节无法明确，CPM和 PERT 就无法应用。

（5）总进度是否由一两项关键事项所决定。如果项目进行过程中有一两项活动需要花费很长时间，而这期间可把其他准备工作都安排好，那么对其他工作就不必编制详细复杂的进度计划了。

（6）有无相应的技术力量和设备。例如，没有计算机，CPM 和 PERT 进度计划方法有时就难以应用。而如果没有受过良好训练的合格的技术人员，也无法胜任用复杂的方法编制进度计划。

此外，根据情况不同，还需要考虑客户的要求，能够用在进度计划上的预算等因素。到底采用哪一种方法来编制进度计划，要全面考虑以上各个因素。

6.6.3 项目进度计划时间压缩法

1. 时间成本平衡法

（1）时间-成本平衡法应用的前提假设。时间与成本之间在一定的范围内有一定的替代性，如果任务在可压缩进度内，进度压缩与成本的增长成正比。时间-成本平衡法就是一种用最低的相关成本的增加来缩短项目工期的方法。该方法基于以下假设：①每项活动有两组工期和成本估计，正常和应急。②一项活动的工期可以通过从正常时间减至应急时间得到有效的缩减，这要靠投入更多资源来实现。③应急时间是确保活动按质量完成的时间下限。④当需要将活动的预计工期从正常时间缩短至应急时间时，必须有足够的资源作保证。⑤在活动的正常点和应急点之间，时间和成本的关系是线性的。⑥缩短工期的单位时间加急成本可用如下公式计算：

$$单位时间加急成本 = \frac{应急成本 - 正常成本}{正确时间 - 应急时间}$$

（2）时间-成本分析的过程。每次只对一个时期的项目进行赶工，对关键路径上成本最低的活动进行赶工。当有多个关键路径时，求出各关键路径上成本最低活动进行赶工的成本之和。如果两个或两个以上的关键路径有相同的活动，对关键路径共有活动进行赶工的成本与缩短各个关键路径的成本之和进行比较，取成本较低的活动。

举例如下。某项目活动划分和每项活动的完工时间如图 6-9 所示。每项活动的每周加急成本可根据上述公式分别计算出来。活动 A：6000 元/周；活动 B：10 000 元/周；活动 C：5000 元/周；活动 D：6000 元/周，则可能的进度压缩如表 6-9 所示。

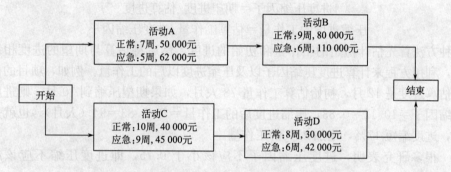

图 6-9　某项目活动划分和每项活动的完工时间

表 6-9　进度压缩列表

加速前后的 项目工期/周	加速前的 关键路径	被加速的 活动	增加的成本 /元	加速后的总 成本/元	备注
18	C-D			200 000	正常估计
18，17	C-D	C	5 000	205 000	C 已到应急时间
17，16	C-D	D	6 000	211 000	
16，15	A-B，C-D	A，D	12 000	223 000	D 已到应急时间
15，15	A-B，C-D	A，B	36 000	259 000	加速 A，B，只能增加 总成本，不能再缩减工期

2. 进度压缩因子方法

（1）进度压缩与费用的上涨不是总能呈现正比关系，当进度被压缩到"正常"范围之外，工作量就会急剧增加，费用也会迅速上涨。而且，在信息系统开发的软件项目中存在一个可能的最短进度，这个最短进度是不能突破的，如图 6-10 所示。

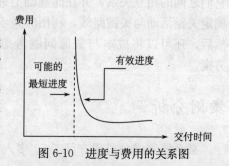

图 6-10　进度与费用的关系图

在某些时候，增加更多的软件开发人员会减慢开发速度而不是加快开发速度。例如，一个人 3 天能写 1000 行程序，3 个人一天不一定能写出 1000 行程序。增加人员会存在更多的交流和管理的时间。信息系统开发中存在这个最短的进度点，无论怎样努力工作，无论怎样寻求创造性的解决办法，都不能突破这个最短的进度点。

(2) 由著名的 Charles Symons 提出的一种估算进度压缩的费用方法，被认为是精确度比较高的一种方法。它的公式为

$$进度压缩因子＝期望进度/估算进度$$

$$压缩进度的工作量＝估算工作量/进度压缩因子$$

这种方法首先估计初始的工作量和初始的进度，然后将估算与期望的进度相结合，利用方程来计算进度压缩因子以及压缩进度以后的工作量。例如，项目的初始估算进度是 12 月，初始估算工作量 78 人月，如果期望压缩到 10 月，则进度压缩因子＝10/12＝0.83，压缩进度后的工作量＝78/0.83＝94（人月）。也就是说，进度缩短 17％，增加 21％的工作量。

很多研究表明，进度压缩因子不应该小于 0.75，即进度压缩不应该超过 25％。

本 章 小 结

本章讨论了项目进度计划的有关各方面问题，包括项目进度计划的种类、技术方法，特别是比较全面地介绍了各种网络计划方法，包括确定型网络计划方法，如 CPM，以及非确定型网络计划方法，如 PERT。

进度计划的制订方法很多，如甘特图、CPM 与 PETR 等，而应该采用哪一种进度计划方法，主要考虑下列因素：项目规模大小；项目的复杂程度；项目的紧急性；对项目细节掌握的程度；总进度是否由一两项关键事项所决定、有无相应的技术力量和设备等。

进度计划中网络计划方法的原理是用网络图来表达项目中各项活动的进度和它们之间的相互关系，并在此基础上进行网络分析，计算网络中各项时间参数，确定关键活动与关键路线，利用时差不断地调整与优化网络，以求得最短周期。然后，还可以将成本与资源问题考虑进去，以求得综合优化的项目进度计划方案。

案例分析

某系统集成公司现有员工 50 多人，业务部门分为销售部、软件开发部、系

统网络部等。经过近半年的酝酿后，在 1 月份，公司的销售部直接与某银行签订了一个银行前置机的软件系统的项目。合同规定，6 月 28 日之前系统必须投入试运行。在合同签订后，销售部将此合同移交给了软件开发部，进行项目的实施。项目经理小丁做过 5 年的系统分析和设计工作，但这是他第一次担任项目经理。小丁兼任系统分析工作，此外项目还有 2 名有 1 年工作经验的程序员、1 名测试人员、2 名负责组网和布线的系统工程师。项目组成的成员均全程参加项目。在承担项目之后，小丁组织大家制定了项目的 WBS，并依照以往的经历制订了本项目的进度计划，简单描述如下。

(1) 应用子系统。①1 月 5 日至 2 月 5 日，需求分析。②2 月 6 日至 3 月 26 日，系统设计和软件设计。③3 月 27 日至 5 月 10 日，编码。④5 月 11～30 日，系统内部测试。

(2) 综合布线：2 月 20 日至 4 月 20 日完成调研和布线。

(3) 网络子系统：4 月 21 日至 5 月 21 日设备安装、联调。

(4) 系统内部调试、验收。① 6 月 1～20 日试运行。②6 月 28 日系统验收春节后，在 2 月 17 日小丁发现系统设计刚刚开始，由此推测 3 月 26 日很可能完不成系统设计。请问问题发生的可能原因，小丁应该如何保证项目整体进度不拖延？

问题一：

(1) 小丁在进行项目进度计划安排时，可能没有考虑春节法定假日的情况，在工作安排上存在严重不合理。

(2) 小丁对项目的监控力度不够，如果真有进度延误的问题，那么这个问题应该在春节放假前（或更早）被发现。

问题二：小丁可以采用如下的措施来保证项目整体进度不被拖延：①在编码阶段和测试阶段适当增加资源或安排加班，将这两个阶段的工期适当缩短些（建议最好不要通过增加设计人员的办法来缩短设计工期）；②将试运行时间往后挪一点（因为从目前的计划来看，试运行的截止时间和系统验收时间中间有一周的可"活动"），因此，可以在这方面也做一点文章。

➤ 复习思考题

1. 项目时间管理的主要内容包括哪些?

2. 请简述 IT 项目进度计划的编制步骤。

3. 制订项目进度计划注意的问题是什么?

4. 项目活动定义的工具与技术有哪些?

5. 请介绍项目活动资源估算流程?

6. 影响实际的活动工期的主要因素有哪些?

7. 简述关键路径法。

8. 里程碑法工作流程有哪几个主要的阶段?

9. 简述 PERT 网络分析法的工作步骤和作用。

10. 项目各活动（任务）之间主要有 4 种关系，即结束-开始；开始-开始；结束—结束；开始—结束。请用你熟悉的软件活动为这 4 种情况分别举例。

11. 请根据表 6-10，绘制该项目的双代号网络图。选择关键路径计算总作业时间。

表 6-10　某项目活动及每项活动所需时间估计表

作业编号	作业代号	持续时间/天	后续作业
1	A	60	B, C, D, E
2	B	45	J
3	C	10	F
4	D	20	G, H
5	E	40	H
6	F	18	J
7	G	30	I
8	H	15	E, J
9	I	25	G, J
10	J	35	

12. 某项目进度网络图如图 6-11 所示。

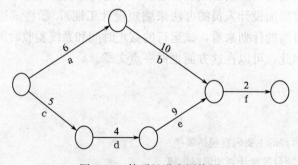

图 6-11　某项目进度网络图

要求：利用表 6-11 中的信息做出最佳时间-成本平衡选择，项目间接成本为 1000 美元/天。

表 6-11　项目活动时间与成本列表

活 动	正常时间/天	赶工时间/天	赶工的每天成本/美元
a	6	6	—
b	10	8	500
c	5	4	300
d	4	1	700
e	9	7	600
f	2	1	800

第7章

IT 项目成本计划

【本章学习目标】
➤ 认识 IT 项目资源需求的确定方法
➤ 掌握 IT 项目成本估算类型与方法
➤ 认识 IT 项目成本计划包括的主要步骤
➤ 掌握成本预算的编制方法与流程

项目成本是指为完成项目目标而付出的费用和耗费的资源。IT 项目成本是指完成 IT 项目所发生的全部资源耗费的货币表现，主要包括硬件成本、软件成本、项目集成成本、人力资源成本、场所成本、外包服务成本等。而软件项目成本可以分为开发生产成本和运行维护成本两大类，主要包括分析设计成本、系统实施成本、专业培训成本、系统运行成本、维护改进成本和行政管理成本等。

项目成本管理包括涉及成本计划、估算、预算、控制的过程，以便保证能在已批准的预算内完成项目。项目成本管理有三个过程，即成本估算、成本预算和成本控制。其中，成本估算是估计并编制完成项目活动所需资源的大致费用；成本预算是合计各个活动或工作包的估算成本，以建立成本基准；成本控制是发现影响或造成成本偏差的因素，控制项目预算的变更。

这些过程不仅彼此交互作用，而且还与其他知识领域的过程交互作用。根据项目的具体需要，每个过程都可能涉及一个或多个个人或集体所付出的努力。一般来说，每个过程在每个项目中至少出现一次。如果项目被分成几个阶段，则在一个或多个项目阶段出现。在实践中，它们可能交错重叠与相互作用。

7.1　IT 项目的资源需求

7.1.1　IT 项目的资源计划

项目资源计划是项目成本管理的首要工作，其实质是根据项目时间管理的项目活动工期估算中分析和确定的项目资源需求以及项目风险管理中确定的项目资源风险情况，通过分析和预测而确定出项目资源计划安排。项目资源计划的工作成果是开展项目成本估算和项目成本预算的基础和依据，所以它是整个项目成本管理工作的起点。

1. 项目资源计划的概念

项目资源计划是指根据项目的资源需求和项目风险情况以及其他一些项目资源的信息，通过计划和安排的方法得到项目各种活动所需资源的计划工作。任何项目都需要在项目成本估算和预算之前首先确定项目资源计划，尤其是通过承、发包合同实施的项目必须具有项目资源计划。尽管项目资源计划的名称会有所不同，例如，有的国家称为项目资源计划，而有的国家则称为项目工料清单等，但是项目资源计划的基本概念是一致的，都是指人们开展项目活动所需要的资源计划安排。

2. 项目资源计划的分类

项目资源计划可以根据作用的不同分为两类。

(1) 自主性的项目资源计划。这类计划用于自我开发项目，由于在自我开发项目中，项目业主和项目实施者是同一个经济实体，所以不存在任何的合同义务问题，因此，此时用的项目资源计划可以是自主性的，人们在项目情况发生变化时可以自主调整项目的资源计划。

(2) 合同性的项目资源计划。这类计划用于业务承包项目，由于项目业主和项目实施者不是同一个经济实体，所以存在严格的项目合同义务问题。此时的项目资源计划就是合同性的，此时的项目资源计划是合同核心内容之一。

通常自主性的项目资源计划相对比较粗略，而合同性的项目资源计划相对比较详细。

3. 项目资源计划的主要工作

(1) 项目资源需求和项目资源风险的分析，指对在项目时间估算中所制定的项目资源需求的科学性和合理性的分析，项目资源需求中，各种资源的需求供给风险分析是为了保证制订项目资源计划的依据（项目资源需求）科学可靠。

(2) 项目资源风险储备的确定，是为了保证项目资源计划安排能够科学地考虑资源风险所需要的管理储备。

(3) 项目资源计划的编制，可以包括几种不同项目资源计划备选方案，因为许多项目可能会有多种不同的项目设计方案或项目实施方案，这些不同的项目设计方案与实施方案会有不同的项目资源需求，在项目资源计划中人们必须努力给出不同项目设计方案与实施方案的项目资源需求计划。同时，人们也可以使用这些不同的项目资源计划方案去作优劣比较，以便选择最优的项目设计或实施方案和与之相对应的项目资源计划方案。

4. 项目资源计划的构成细节

(1) 资源种类，是指所有项目具体活动所需的人力资源、物力资源、设备资源、信息资源、财力资源等具体项目资源的种类。

(2) 资源数量，是指全部项目工作所需的各类项目资源的数量要求。

(3) 资源质量，是指各种项目工作所需的各类项目资源的品质要求。

(4) 投入时间，是指项目活动所需的各类项目资源何时投入使用。

5. 项目资源计划依据的主要来源

(1) 项目时间计划工作中所生成的项目资源需求信息。这是根据项目资源约束和项目资源假设做出的项目资源需求的预测和估算信息，是编制项目资源计划的根本依据。

(2) 项目资源需求与供给的不确定性和风险性信息。这是根据项目风险分析所得到的项目资源需求与供给方面的不确定性和风险信息，是确定项目资源计划的主要依据。

前者主要是项目在人力资源、物力资源、设备资源、信息资源、财力资源等方面的需求信息，后者主要是项目资源需求和供给的发展变化趋势信息。

7.1.2 项目资源计划的影响因素

项目资源计划的影响因素是指在开展项目资源计划的过程中都需要考虑哪些因素，从而能够制订出科学可靠的项目资源计划。通常影响项目资源计划的主要因素有如下几种。

(1) 项目资源的需求情况。项目资源的需求情况是指在项目的整个过程中人们开展各种项目活动所占用和消耗的各种资源的需求情况。这是项目资源计划的出发点和根本点，所以是影响项目资源计划的主要因素之一。项目资源需求情况是根据项目活动清单和项目进度要求，通过一系列的估算、预测以及综合平衡得到的。通常，如果项目的活动和进度比较确定，则项目资源需求的估算和预测就相对比较准确，所以，项目资源需求的情况就比较清楚。进而，项目资源需求的情况越清楚，则项目资源计划就会比较科学和可靠。

(2) 项目资源供给的情况。项目资源供给的情况包括两个方面：一是项目所需资源的供给能力情况；二是项目所需资源的供给时间情况。前者是指项目能否从各种渠道获得其必需的资源，后者事关项目能否在需要的时间获得其必需的资源。不管是项目所需的人力资源、物力资源、信息资源和财力资源，这两方面的供给情况都是直接影响项目资源计划制订的主要因素之一。通常如果项目所需资源的供给是常规的和市场性的，则项目资源供给的情况相对比较确定；如果项目所需资源的供给是独特和垄断性的，则项目资源供给的情况就比较复杂多变。

（3）项目活动的发展变化情况，这是指在项目过程中各项项目活动发生增加、减少和变更的情况，因为这些项目活动的变化会直接造成项目资源计划的变动，所以项目活动的发展变化情况也是影响项目资源计划的主要因素之一。实际上，正是因为开展项目活动才会占用和消耗资源，所以一旦项目活动的内容或规模发生变化，项目活动所占用和消耗的资源也就必然发生变化。另外，虽然项目活动的规模和内容不发生变化，但是如果项目活动的时间进度发生变化，项目的资源需求计划也会发生变化，所以项目活动时间进度的变化也是项目资源计划的影响因素。

（4）项目资源的市场变化情况。这是指项目所需各种资源的市场发生变化的情况，包括项目所需资源的市场价格变化、市场供给能力变化和供应商或承发包的变化等。这些项目资源市场的变化情况不但会影响项目资源的供给数量和价格，而且会影响项目资源供给的时间进度，所以这也是项目资源计划的主要影响因素之一。例如，项目所需进口设备或材料的市场价格、供给总量、供应商、运输商、保险商以及通关缴税等情况的发展变化，都会直接影响项目资源计划中这部分内容的计划安排。

7.1.3　项目资源计划编制流程

1. 项目资源计划编制的主要依据

虽然项目资源计划的依据很多，但是最主要的是三个方面：一是项目的资源需求数量和质量方面的依据；二是项目资源需求投入时间方面的依据；三是项目资源供给方面的依据。具体分述如下：

（1）WBS。通常，WBS 已经列出了项目各组成部分（各项工作）所需要的资源种类，因此是资源计划的基本依据。

（2）范围说明书。范围说明书阐述了项目的必要性以及项目的各项目标，因此，在资源计划中必须使用足够的资源达到这些目标。

（3）后备资源说明书。进行资源计划时，必须从后备资源说明书中了解有哪些资源可供使用。后备资源说明书内容多寡和详细程度因情况而异。

（4）组织方针。在资源计划的制订中，必须考虑项目实施组织的方针，如有关人员招聘、物资和设备租用或采购的方针等。不同的组织方针将会导致资源的获得与组织方式的不同。

在具体实行资源计划时，应当充分利用项目团队成员的技能和知识，以及过去类似项目的资源要求和使用情况的历史资料。

2. 项目资源计划的主要编制方法

（1）专家评判。专家评判法是编制资源计划最为常用的方法。专家可以是从任何具有专门知识或经过特殊培训的组织或个人中选择，其可能的来源主要包括职业或专业技术协会、专业咨询顾问、本行业的专家和学者、本行业的工业组织、组织内部的专业技术人员等。

（2）方案选定。通常，实施某个特定的项目可以有多种资源计划方案，这就需要从中选择出最符合要求的和最经济的方案。一般资源计划方案的选定由专家或技术人员来完成，最常用的方法是头脑风暴法。它通过激发项目团队全体成员自发地提出主张或想法，经过比较、筛选和综合论证，最终选择出最优的方案来。

（3）数学模型。对某些大型项目来说，有时必须通过一定的数学模型才能科学、准确地编制出资源计划，如基于网络计划技术的资源均衡模型、资源分配模型等。

3. 项目资源计划的输出

项目资源计划的输出主要是项目资源计划书，包括人员、设备和材料。除了为成本估算、预算和控制提供根据外，还为人力资源管理、项目采购管理提供关键信息。

（1）项目资源计划书。项目资源计划书是对完成项目所需资源的计划安排，它是项目成本管理文件中一个重要组成部分。项目资源计划书要对项目活动所需资源种类、资源数量、资源的使用方式（消耗还是占用）以及资源的投入时间进行必要的说明，这包括对项目所需人力资源、物料资源、设备和其他资源的计划的全面规定及说明。另外，这一文件还要全面说明、描述项目资源的不确定性和风险性等方面的内容。项目资源计划书中的主要指标是实物量指标（工时或工日）和劳动量指标（吨、公斤、米等），同时为了便于项目资源的投入也需要使用其他的一些指标对项目资源计划进行必要的描述。例如，它也需要使用价值量指标等指标，甚至，在某些情况下还需要使用多种度量指标进行描述，以便开展项目资源的计划管理。

（2）相关支持细节文件。这是对于项目资源计划文件的依据和细节进行说明的文件，一般这一文件作为项目资源计划书的附件使用。这一文件的主要内容包括项目资源计划的依据说明，因为项目资源计划的依据是直接影响项目资源计划编制的关键因素；项目资源计划的编制方法说明，因为不同的编制项目资源计划的方法其结果会不同；项目资源计划的各种假定条件说明，这包括在项目资源计划编制中使用的各种假定项目所需资源水平和项目资源定额等方面的说明；项目资源计划可能出现的变动范围的说明，这包括在各种项目资源计划假设条件、基础与依据发生变化后，项目资源计划可能会发生多大变化的说明。

7.2　IT 项目成本的估算

7.2.1　项目成本估算类型

成本估算是对完成项目所需费用的估计和计划，是 IT 项目计划中一个重要、关键的部分，是项目成本管理的一项核心工作。项目成本估算是项目决策、资金筹集和评标定标的依据，是承包商报价的基础，是项目进度计划编制、项目资源安排和绩效考评的依据。

IT 项目管理过程中的每个阶段都有成本管理任务，对于不同阶段，成本估算的作用和估算的精度都不同，针对不同阶段成本估算的条件和要求有三种类型的成本估算，即量级估算、预算估算和最终估算。这些估算的不同主要表现在估算什么时间进行、如何应用，以及精度如何。三种估算方法的对比如表 7-1 所示。

表 7-1　量级估算、预算、最终估算对比分析表

估算类型	估算时间	应用目的	估算精度
量级估算	提前 3～5 年	项目决策	$-25\%～75\%$
预算估算	提前 1～2 年	资金划拨计划	$-10\%～25\%$
最终估算	1 年之内	采购实际成本	$-5\%～10\%$

（1）量级估算，提供项目成本的粗略概念，用于项目完成之前 3～5 年，为项目决定提供成本估算。

（2）预算估算，用于技术设计之后针对各种项目任务的成本估算，将资金投入预算计划。

（3）最终估算，用于详细设计之后的成本估算，指导项目采购，估算实际成本。

7.2.2　项目估算过程

成本是确定合同价格的基础。以项目范围为基础，即合同中的工作范围要求，在合同订立之前，工作范围不断变化，成本估算也随之反复，直至双方达成一致。

1. 成本估算的依据

1）事业环境因素

（1）市场条件。在市场中、在何种条件和条款下，能够得到何种产品、服务和结果。

（2）商业数据库。商业数据库可跟踪反映技能和人力资源成本，提供材料和设备的标准成本。从商业数据库经常可获得资源费用率信息。公布的卖方价格清单是另外一种数据来源。

2）组织过程资产

在编制成本管理计划时，要考虑现存的正式和非正式的计划、方针、程序和

指导原则，选择使用的成本估算工具、监测和报告方法。

（1）成本估算方针。一些组织已预先定义了成本估算的方针。如果有这些方针，则项目就应该在这些方针确定的边界范围内操作。

（2）成本估算模板。一些组织已建立了供项目团队使用的模板（或格式标准）。根据模板的应用领域和在以前项目中的使用情况，组织能够持续改进模板。

（3）历史信息。从组织内部不同的地方获得的与项目产品和服务有关的信息将影响到项目成本。

（4）项目文档。参与项目的一个或多个组织将留存以前的项目实施记录，这些记录非常详细，能够对编制成本估算提供帮助。在一些应用领域，团队成员也可能会留存这种记录。

（5）项目团队知识。项目团队成员可能回忆起以前的实际成本或成本估算。虽然这种回忆是有用的，但总的来讲，它们远远没有文件记录的情况可靠。

（6）吸取的教训。吸取的教训包括从以前执行的类似项目中（范围和规模类似）获得的成本估算。

3）项目范围说明书

项目范围说明书描述项目的商业需求、依据、要求和当前的边界。项目范围说明书提供了在成本估算中需要考虑的关于项目要求的重要信息。项目范围说明书包括制约因素、假设和需求。

（1）制约因素是限制成本估算的特定因素。多数项目中，最常见的制约因素之一是有限的项目预算，其他制约因素涉及要求的交付成果、可用的技能资源和组织方针。

（2）假设是指假定认为是真实、现实、确定的因素。有些要求，如健康、安全、保护、绩效、环境、保险、知识产权、平等就业机会、许可等，会造成合同和法律影响。所有这些因素都需在编制成本估算时考虑。

（3）需求是指项目目标、项目合理性说明等，项目目标包括费用、时间进度和技术性能或质量标准，这些都会影响成本估算。

项目范围说明书也提供了可交付成果清单和项目及其产品、服务和结果的验收标准。在制定项目成本估算时，将考虑所有要素。项目范围说明书中的产品范围说明提供了产品和服务的描述，以及在成本估算中考虑的技术问题或制约条件等方面的重要信息。

4）WBS

项目的 WBS 说明了项目所有组成部分与项目交付成果之间的关系。

5）WBS 词汇表

WBS 词汇表和相关的详细工作说明书提供了可交付成果的标识和完成每个可交付成果所需的 WBS 组件的工作说明。

6）项目管理计划

项目管理计划提供了执行、监控项目的总体计划，其中包括为成本管理规划和控制提供指导的从属计划。如果有其他计划成果，也应在成本估算时考虑。

7）进度管理计划

决定项目成本的主要因素是资源的类型和数量，以及这些资源应用到完成项目工作的时间。计划活动资源及其各自的持续时间是这个过程的主要依据。活动资源估算涉及确定完成计划活动所需人员、设备、材料的数量和可用性。它和成本估算紧密联系。如果项目预算考虑了包括利息等的融资费用和在计划活动持续时间内按时间单位使用的资源，则活动持续时间估算将影响项目的成本估算。计划活动持续时间也能影响对时间敏感的活动成本的估算。例如，就参加工会组织的工人而言，是定期更新的集体谈判协议，随季节变化的材料费用，或是以时间为变量的成本估算，如在项目实施期间以时间为变量的现场管理费用。

8）人员配备管理计划

项目人员的属性和人工费率是编制进度计划成本估算的必要组成部分。

9）风险登记册

当编制成本估算时，成本估算师将考虑风险应对方面的信息。风险可能是威胁，也可能是机遇，一般对计划活动和项目成本产生影响。作为一般规律，当项目遭遇不利风险时，项目成本几乎总是增加，而项目进度将会延误。

2. 成本估算的工具和技术

1）类比估算

成本类比估算，指利用过去类似项目的实际成本作为当前项目成本估算的基础。当以前完成的项目与当前项目非常相似，当项目成本估算小组具有必需的专业技能而又对项目的详细情况了解甚少时（如在项目的初期阶段），往往采用这种方法估算项目的成本。类比估算是一种专家判断。

类比估算的成本通常低于其他方法，但其精确度通常也较差。此种方法要求现在项目与以往项目有实质上的相似，而不只是在表面上相似，并且进行估算的个人或集体具有所需的专业知识，只有在这种情况下的估算才最为可靠。类比估算中，上层根据其他类似项目经验估计出项目整体成本和构成项目的子项目的成本，自上而下，层层传递，直到最底层。

图 7-1 显示了以规模为类比对象进行费用估算的例子。横坐标代表项目规模，纵坐标代表项目费用因素，如材料成本、人工成本和运费等。图

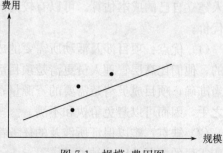

图 7-1　规模-费用图

中的点根据过去类似项目的资料绘制而成，然后用回归的方法求出这些点的回归线，它体现了规模和项目费用之间的基本关系。这里的回归线可以是直线也可以是曲线。为考虑图中各点数据的可比性，对于不同年份的项目成本数据应以"基准年度"来进行折算，目的是消除通货膨胀的影响。画在图上的点应该是经过调整的数字。例如，以 2000 年为基准年，其他年份的数字都以 2000 年为准进行调整，然后才能描点画线。项目规模确定后，从线上找出相应的点，但这个点是以 2000 年为基准的数字，还需要再调整到当年，才是估算出的项目成本数字。此外，如果项目周期较长，还应该考虑到今后几年可能发生的通货膨胀、材料涨价等因素。可见，类比估算法的前提是有过去类似的项目资料，而且这些资料应在同一基础上，具有可比性。

（1）优点：它是最简单的成本估算方法，整体估算基于实际经验和实际数据，比较准确；避免了过分重视一些任务而忽视另外一些任务。

（2）缺点：因为项目的独特性和一次性使得多数项目之间不具备可比性，可能出现下层人员认为分到的估算不足以完成任务，却保持沉默的现象。

2）确定资源费率

确定费率的个人或编制估算的集体必须知道每种资源的单位费率，如每小时的人工费和每立方米散装材料的成本，从而来估算计划活动成本。收集报价是获得费率的一种方法。对于在合同项下获得的产品、服务和成果，可在合同中规定考虑了通货膨胀因素的标准费率。从商业数据库和卖方印刷的价格清单中获得数据，是获得费率的另外一种方法。如果不知道实际费率，则必须对费率本身进行估算。

3）自下而上估算

这种技术是指估算个别工作包或细节最详细的计划活动的成本，然后将这些详细费用汇总到更高层级，以便用于报告和跟踪目的。自下而上估算方法的成本与准确性取决于个别计划活动或工作包的规模和复杂程度。一般来说，需要投入量较小的活动可提高计划活动成本估算的准确性。

基于 WBS 体系，自下而上各层根据资源需求估算成本，然后层层进行汇总，得到项目的整体成本。如果项目有详细的任务分解结构，可以由工作包的负责人建立自己的成本估算。可以有较高的精度，但也可能较复杂或者需要付出较高代价。

（1）优点：项目涉及活动所需要的成本是由直接参与项目建设的人员估算出来的，他们比高层管理人员更清楚项目活动所需要的资源，因而在子任务级别上相当准确，项目成员清楚需要的资源量；另外成本出自要参与项目实际工作的人员之手，因而可以避免争执和不满。

（2）缺点：难以保证所涉及的任务都被考虑到。下层人员可能会过分估计自己所需要的资源，以备被"削减"。

4）参数估算法

参数估算法是一种运用历史数据和其他变量（如施工中的平方米造价，软件编程中的编码行数，要求的人工小时数）之间的统计关系，来计算计划活动资源的成本估算的技术。这种技术估算的准确度取决于模型的复杂性及其涉及的资源数量和费用数据。与成本估算相关的例子是，将工作的计划数量与单位数量的历史成本相乘得到估算成本。

利用项目特性参数建立数学模型来估算项目成本。如建筑面积可以用每平方米价格为参数；生产能力可以用每单位生产能力价格作为参数；而软件则可以用源代码行数和功能点数等作为参数，而软件开发项目的编程语言、编程人员的专业知识水平、程序大小和设计数据的复杂性等都可以用于设计参数模型。除此之外，功能分数也可以用于设计参数模型。如输入和输出的个数、保存文件的个数和更新的数量都可以列入功能分数的计算范围。

（1）优点：快速并容易使用，它只需要小部分信息，即可据此得出整个项目的成本费用。

（2）缺点：参数模型如果不经过标准的验证，则参数模型估算可能不准确，估算出来的项目成本精度不高。

5）项目管理软件

项目管理软件，如成本估算软件、计算机工作表、模拟和统计工具，被广泛用来进行成本估算。这些工具可以简化一些成本估算技术，便于进行各种成本估算方案的快速计算。

6）供货商投标分析

其他的成本估算方法包括供货商投标分析和项目应开销成本分析。如果项目是通过竞价过程发包的，则项目团队要求进行额外的成本估算工作，检查每个可交付成果的价格，然后得出一个支持项目最终总成本的成本值。

7）准备金分析

很多成本估算师习惯于在计划活动成本估算中加入准备金或应急储备。但这存在一个内在问题，即有可能会夸大计划活动的估算成本。应急储备是由项目经理自由使用的估算成本，用来处理预期但不确定的事件。这些事件称为"已知的未知事件"，是项目范围和成本基准的一部分。

成本应急储备的一种管理方法是将相关的单个计划活动汇集成一组，并将这些计划活动的成本应急储备汇总起来，赋予到一项计划活动中。这个计划活动的持续时间可以为零，并贯穿这组计划活动的网络路径，用来储存成本应急储备。这种成本应急储备管理方法的一个示例是，在工作包水平，将应急储备赋予一个持续时间为零的活动，该活动跨越该工作包子网络的开始到结束。随着计划活动的绩效，根据持续时间不为零的计划活动的资源消耗测量应急储备，并进行调整。因此，对于由相关的计划活动组成组合活动成本偏差就精确得多，因为它们不是基于悲观的成本估算。

3. 成本估算的输出

1）活动成本估算

活动成本估算是指完成计划活动所需资源的可能成本的定量估计，其表述可详可略。所有应用到活动成本估算的资源均应列入估算范围，其中包括但不限于人工、材料、物资，以及诸如通货膨胀或成本应急储备等特殊范畴。其结果通常用劳动工时、工日、材料消耗量等表示。

2）活动成本估算支持细节

计划活动成本估算的支持性细节的数量和类型，随应用领域的不同而不同。无论支持细节详细程度如何，支持文件应提供清晰的、专业的、完整的资料，通过这些资料可以得出成本估算。活动成本估算的支持性细节应包括计划活动工作范围的描述、依据的文字记载（即如何编制的估算、所做假设的文字记载）、制约条件的文字记载、关于估算范围的记载等。例如，10 000 美元（－10％～15％）表明此项工作的成本预期为 9000～11 500 美元。

3）请求的变更

成本估算过程可以产生影响成本管理计划、活动资源要求和项目管理计划的其他组成部分的变更请求。请求的变更通过整体变更控制过程进行处理和审查。

4）成本管理计划（更新）

如果批准的变更请求是在成本估算过程中产生的，并且将影响成本的管理，则应更新项目管理计划中的成本管理计划。

5）大型项目中成本估算结果的报告形式

（1）对每个 WBS 要素的详细费用估算。还应该有一个各项分工作、分任务的费用汇总表，以及项目和整个计划的累积报表。

（2）每个部门的计划工时曲线。如果部门工时曲线含有"峰"和"谷"，应考虑对进度表作若干改变，以得到工时的均衡性。

（3）逐月的工时费用总结。以便项目费用必须削减时，项目负责人能够利用此表和工时曲线作权衡性研究。

（4）逐年费用分配表。此表以 WBS 要素来划分，表明每年（或每季度）所需费用。此表实质上是每项活动的项目现金流量的总结。

（5）原料及支出预测，它表明供货商的供货时间、支付方式、承担义务以及支付原料的现金流量等。

7.2.3　成本估算 COCOMO 模型

成本估算是对完成项目所需费用的估计和计划，是项目计划中的一个重要组成部分。要实行成本控制，首先要进行成本估算。理想的情况是，完成某项任务所需费用可根据历史标准估算。但对许多工业来说，由于项目和计划变化多端，把以前的活动与现实对比几乎是不可能的。费用的信息，不管是否根据历史标准，都只能将其作为一种估算。而且，在费时较长的大型项目中，还应考虑到今后几年的职工工资结构是否会发生变化、今后几年原材料费用的上涨如何、经营基础以及管理费用在整个项目寿命周期内会不会变化等问题。所以，成本估算显然是在一个无法以高度可靠性预计的环境下进行。在项目管理过程中，为了使时间、费用和工作范围内的资源得到最佳利用，人们开发出了不少成本估算方法，以尽量得到较好的估算。

1. COCOMO 模型简介

代码行分析方法作为一种度量估计方法，在 20 世纪八九十年代得到非常广泛的发展，又在业界开发了许多估算工作量和进度的参数模型，其中最著名的就 COCOMO（constructive cost model）模型，它的最新版本是 COCOMO II 模型。

COCOMO，即构造性成本模型。它是一种精确、易于使用的、基于模型的成本估算方法，最早由勃姆（Boehm）于 1981 年提出。从本质上说它是一种参数化的项目估算方法，参数建模是把某个项目的某些特征作为参数，通过建立一个数字模型预测项目成本（类似于居住面积作为参数计算的整体的住房成本）。

在 COCOMO 模型中，工作量调整因子（effort adjustment factor，EAF）代表多个参数的综合效果，这些参数使得项目可以特征化和根据 COCOMO 数据库中的项目规格化。每个参数可以定位很低、低、正常、高、很高和超高或极高共六级。每个参数都作为乘数，其值通常在 0.5～1.5，这些参数的乘积作为成本方程中的系数。

2. COCOMO 层次模型及开发模式

COCOMO 用 3 个不同层次的模型来反映不同程度的复杂性，分别为基本模型、中间模型和详细模型，而同时根据不同应用软件的不同应用领域，COCOMO 模型划分为如下 3 种软件应用开发模式。组织型（organic mode）。这种应用开发模式的主要特点是在一个熟悉稳定的环境中进行项目开发，该项目与最近开发的其他项目有很多相似点，项目相对较小，而且并不需要许多创新。嵌入式（embedded mode）。在这种应用开发模式中，项目受到接口要求的限制。接口对整个应用的开发要求非常高，而且要求项目有很大的创新，如开发一种全新的游戏。中间应用开发模式或半独立型（semidetached mode）。这是介于组织模式和嵌入式应用开发模式之间的类型。

（1）基本模型（basic model），是一个静态单变量模型，它用已估算出来的源代码行数（DSI）为自变量的函数来计算软件开发工作量和开发时间。公式如表 7-2 所示。

表 7-2　基本 COCOMO 模型的工作量和进度公式

总体类型	工作量	进度
组织型	MM＝2.4（KDSI）$^{1.05}$	TDEV＝2.5（MM）$^{0.38}$
半独立型	MM＝3.0（KDSI）$^{1.12}$	TDEV＝2.5（MM）$^{0.35}$
嵌入型	MM＝3.6（KDSI）$^{1.20}$	TDEV＝2.5（MM）$^{0.32}$

注：MM 表示开发工作量，DSI 为源指令条数，一般以千行为单位，TDEV 表示开发时间。

（2）中间模型（intermediate model），则在用 LSO 为自变量的函数计算软件开发工作量的基础上，再用涉及产品、硬件、人员、项目等方面属性的影响因素来调整工作量的估算。公式如表 7-3 所示。

表 7-3　中间 COCOMO 模型的名义工作量与进度公式

总体类型	工作量	进度
组织型	MM＝3.2（KDSI）$^{1.05}$	TDEV＝2.5（MM）$^{0.38}$
半独立型	MM＝3.0（KDSI）$^{1.12}$	TDEV＝2.5（MM）$^{0.35}$
嵌入型	MM＝2.8（KDSI）$^{1.20}$	TDEV＝2.5（MM）$^{0.32}$

对 15 种影响软件工作量的因素 f_i 按等级打分，Bochm 推荐的 f_i 值范围是（0.70，0.85，1.00，1.15，1.30，1.65）如表 7-4 所示。此时，工作量计算公式改成：

$$MM = r \times \prod_{i=1}^{15} f_i \times (KDSI)^e \quad (r = 3.2, 3.0, 0.8; e = 1.05, 1.12, 1.20)$$

表 7-4　15 种影响软件工作量的因素 f_i 的等级分类

工作量因素 f_i		非常低	低	正常	高	非常高	超高
产品因素	软件可靠性	0.75	0.88	1.00	1.15	1.40	
	数据库规模	0.94	1.00	1.08	1.16		
	产品复杂性	0.70	0.85	1.00	1.15	1.30	1.65
计算机因素	执行时间限制		1.00	1.11	1.30	1.66	
	存储限制		1.00	1.06	1.21	1.56	
	虚拟机易变性	0.87	1.00	1.15	1.30		
	环境周转时间	0.87	1.00	1.07	1.15		
人的因素	分析员能力		1.46	1.00	0.86	0.71	
	应用领域实际经验	1.29	1.13	1.00	0.91	0.82	
	程序员能力	1.42	1.17	1.00	086	0.70	
	计算机机使用经验	1.21	1.10	1.00	0.90		
	程序语言使用经验	1.41	1.07	1.00	0.95		
项目因素	现代程序设计技术	1.24	1.10	1.00	0.91	0.82	
	软件工具的使用	1.24	1.10	1.00	0.91	0.83	
	开发进度限制	1.23	1.08	1.00	1.04	1.10	

（3）详细模型（detailed model），包括中间 COCOMO 模型的所有特性，但用上述各种影响因素调整工作量估算时，还要考虑对软件工程过程中分析、设计等各步骤的影响。如关于软件可靠性（RELY）要求的工作量因素分级表（子系统层），如表 7-5 所示。使用这些表格，可以比中间 COCOMO 模型更方便、更准确地估算软件开发工作量。

表 7-5　软件可靠性工作量因素分级表（子系统层）

阶段 RELY 级别	需求和产品设计	详细设计	编码及单元测试	集成及测试	综合
非常低	0.80	0.80	0.80	0.60	0.75
低	0.90	0.90	0.90	0.80	0.88
正常	1.00	1.00	1.00	1.00	1.00
高	1.10	1.10	1.30	1.30	1.15
非常高	1.30	1.30	1.70	1.70	1.40

3. COCOMO 模型的特点

（1）优点。COCOMO 模型具有估算精确、易于使用的特点。在该模型中使用的基本量有以下几个：①DSI（源指令条数），定义为代码行数，包括除注释行以外的全部代码。若一行有两个语句，则算做一条指令；②MM（度量单位为人月）表示开发工作量；③TDEV（度量单位为月）表示开发进度，由工作量决定；④COCOMO 模型重点考虑 15 种影响软件工作量的因素，并通过定义乘法因子，从而准确、合理地估算软件的工作量。

（2）缺点。COCOMO 也存在一些很严重的缺陷，如分析时，按输入优先原则，不能处理意外的环境变换，得到的数据往往不能直接使用，需要校准，只能得到过去的情况总结，对于将来的情况无法进行校准等。

7.3　IT 项目成本的预算

项目成本预算是进行项目成本控制的基础，它负责为项目活动分配预算，确定成本定额和项目总预算，规定项目不可预见费用与使用规则等。项目费用预算的内容主要包括直接人工费用预算、咨询服务费用预算、资源采购费用预算和不可预见费用预算，项目成本预算的主要依据包括项目成本估算、WBS 和项目进度计划。

7.3.1　成本预算基础

1. 成本预算含义

成本预算指将单个计划活动或工作包的估算成本汇总，以确立衡量项目绩效情况的总体成本基准。项目范围说明书提供了汇总预算，计划活动或工作包的成本估算在详细的预算请求和工作授权之前编制。

2. IT 项目成本预算的构成

IT 项目成本构成如下：①完成项目每个阶段所用的满负荷工作量；②专业服务成本；③设备成本；④生产附加成本；⑤质量检测需求；⑥风险储备金；⑦人力资本；⑧其他项目相关费用。

3. 成本预算的特征

（1）计划性。在项目计划过程中，项目目标被逐步分解为各项可执行的、独立的工作或任务，然后对每项工作或任务进行费用估算，最后根据费用估算和进度计划要求对各项工作或任务的费用进行批准、确认就可以形成项目的费用预算，可以说，成本预算是另一种形式的计划。

（2）约束性。预算又可以看成一种分配资源的计划，预算分配的结果可能并不能完全满足所涉及的管理人员的利益要求，而表现为一种约束，所涉及人员只能在这种约束的范围内行动。因此，从某种程度上讲，预算既体现了组织的政策和倾向，又表达了对项目各项活动的重要性的认识和支持力度。合理的预算应该尽可能"正确"地为相关工作和活动确定必要的资源数量。

（3）控制性。预算可以作为一种比较标准来使用。预算的制定，一方面，应体现项目对效率和效益的追求，强调管理者必须有效地控制资源的使用；另一方面，由于进行预算时不可能完全预计到实际工作中所遇到的问题和环境的变化，所以对项目计划偏差的情况常常可能出现，这就需要依据项目预算所提供的基准对项目的执行进行监控，及时发现偏差，并采取有效的措施改正偏差，确保项目目标的实现。

7.3.2　成本预算编制流程

成本预算的编制工作包括确定项目的总预算、项目各项活动的预算、项目各项活动预算投入时间。

1. 成本预算的依据

（1）项目范围说明书：可以在项目章程或合同中正式规定项目资金开支的阶段性限制。这些资金的约束在项目范围说明书中反映，可能是由于买方组织和其他组织（如政府部门）需要对年度资金进行授权所致。

（2）其他依据：WBS、WBS 词汇表、活动成本估算、项目进度计划、成本管理计划、合同（将依据采购的产品、服务或成果及其成本等合同信息，编制预算）。

　　2. 成本预算的工具与技术

　　（1）成本汇总。计划活动成本估算根据 WBS 汇总到工作包，然后工作包的成本估算汇总到 WBS 中的更高一级（如控制账目），最终形成整个项目的预算。

　　（2）分析。通过准备金分析形成应急准备金，如管理应急准备金，该准备金用于应对还未计划但有可能需要的变更。风险登记册中确定的风险可能会导致这种变更。管理应急准备金是为应对未计划但有可能需要的项目范围和成本变更而预留的预算。它们是"未知的未知"，并且项目经理在动用或花费这笔准备金之前必须获得批准。管理应急准备金不是项目成本基准的一部分，但包含在项目的预算之内。因为它们不作为预算分配，所以也不是实现价值计算的一部分。

　　（3）参数估算。参数估算技术指在一个数学模型中使用项目特性（参数）来预测总体项目成本。模型可以是简单的（如居民房屋所花费的成本，按每平方米居住面积花费的成本计算），也可以是复杂的（如软件编制成本的参数估算模型，使用 15 个独立的调整系数，每个系数有 5～7 个点）。参数模型的成本和准确度起伏变化很大，它们在下列情况下最有可能是可靠的：用于建立模型的历史信息是准确的；在模型中使用的参数是很容易量化的；模型是可以扩展的，对于大项目和小项目都适用。

　　（4）资金限制平衡。对组织运行而言，不希望资金的阶段性花销经常发生大的起伏。因此，资金的花费在由用户或执行组织设定的项目资金支出的界限内进行平衡。需要对工作进度安排进行调整，以实现支出平衡，这可以通过在项目进度计划内为特定工作包、进度里程碑或工作分解结构组件规定时间限制条件来实现。进度计划的重新调整将影响资源的分配。如果在进度计划制定过程中以资金作为限制性资源，则可根据新规定的日期限制条件重新进行该过程。经过这种交叠的规划过程形成的最终结果是成本基准。

　　3. 成本预算的成果

　　（1）成本基准。成本基准是按时间分段的预算，用做度量和监控项目整体成本的基准。它按时段汇总估算的成本编制而成，通常以 S 曲线的形式表示，如图 7-2 所示。成本基准是项目管理计划的一个组成部分。许多项目，特别是大项目，可能有多个成本基准或资源基准和消耗品生产基准（如每天的混凝土立方码），来度量项目绩效的不同方面。例如，管理层可要求项目经理分别监控内部成本（人工）和外部成本（合同商和建筑材料）或总的人工小时数。

　　（2）项目费用预算表。项目费用预算表中列出项目所有工作任务的名称、资金需求、需要时间等。其中资金需求无论是总体需求还是阶段性需求（如每年或每季度），都是根据成本基准确定的，可设定包含一定容差，以应对提前完工或

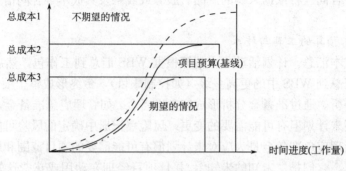

图 7-2　项目成本基线图

成本超支问题。出资一般不是连续性的出资，而是渐增性出资，呈现阶梯结构。所需的总体资金等于成本基准加管理应急准备金。管理应急准备金可在每个阶段的出资中加入，或在需要时才动用，这取决于组织的政策。在获得管理准备金开支授权并实际支出之后，成本基准和现金流曲线都将提高。项目结束时，已分配资金和成本基准、现金流金额之间的差值代表未被使用的管理准备金。项目费用预算表如表 7-6 所示。

表 7-6　某项目费用预算表

工作名称	预算值	进度日程预算（项目日历表）										
		1	2	3	4	5	6	7	8	9	10	11
A	400	100	200	100								
B	400		50	100	150	100						
C	550		50	100	250	150						
D	450			100	100	150	100					
E	1100					100	300	300	200	200		
F	600								100	100	200	200
月计	3500	100	300	400	500	500	400	300	300	300	200	200
累计		100	400	800	1300	1800	2200	2500	2800	3100	3300	3500

（3）成本管理计划（更新）。如果批准的变更请求是因为成本预算过程所致，并且将影响成本的管理，则应更新项目管理计划中的成本管理计划。

（4）请求的变更。成本预算过程可以产生影响成本管理计划，或项目管理计划的其他组成部分的变更请求。请求的变更通过整体变更控制过程进行处理和审查。

7.3.3　成本预算编制内容

项目的成本预算的结果包括两个因素：其一是项目成本预算额的多少；其二是项目预算的投入时间。需要特别注意的是，项目成本预算并不是越低越好，因为成本预算过低会造成预备金或管理储备不足从而无法应对项目实施过程中出现的各种突发事件，最终造成项目不必要的损失。例如，建设工程项目出现的烂尾工程，信息系统集成项目的半途而废等。所以，项目成本预算编制工作必须留有足够的计划余量，为此项目成本预算必须很好地完成如下工作。

（1）确定项目预算中的风险储备。根据项目风险的信息和项目估算结果，首先需要制定出项目的不可预见费以及项目的管理储备等各方面的比例额度。然后才能根据这些项目风险的成本储备，计划和确定出项目成本的总预算。

（2）确定项目成本的总预算。根据项目成本估算、项目不可预见费以及项目管理储备等方面的信息，根据更详细、更深入的设计方案和预算定额对整个项目成本作再次估算。总预算确定的目的是为了将资金拨入预算计划。这种项目的总预算是确定项目各项工作和活动预算的依据之一。

（3）确定项目各项活动的预算。根据项目总预算、项目不可预见费以及项目各项活动的不确定性情况，分析和确定出项目各项活动的成本预算。这实际上是一种自上而下确定项目活动预算的方法，也可以使用自下而上的方法去确定项目和项目活动的预算，即可以先根据每项活动的规模，套用相应的预算定额计算出活动的工作量，并进一步计算出所需资源的种类和数量，将每种资源的数量和单价相乘就可以得到活动成本。然后，再将活动成本逐级向上汇总为工作包的成本，各工作包的成本再向上汇总为整个项目的总成本。

（4）确定项目各项活动预算的投入时间。根据项目、项目具体活动的预算以及项目进度计划安排，就可以确定出项目各项具体活动预算的投入时间，从而给出项目具体活动预算的投入时间和累计的项目预算成本。

（5）确定给出项目成本预算的"S"曲线。根据项目各具体活动的预算额、投入时间以及项目进度计划和项目预算的累计数据，采用在两个坐标（项目成本和项目进度）找点连线的方法画出项目成本预算的"S"曲线。举例如下。某企业包装订机安装项目中包括项目设计、项目建造与安装调试三个阶段，所需要时间为 12 天，其中设计 4 天，建造 6 天，安装调试 2 天；预算总成本为 10 万美元，其中设计 2.4 万美元，建造成本为 6 万美元，安装调试为 1.6 万美元，其成本与进度计划如图 7-3 所示。包装机项目的每期预算成本如表 7-7 所示。

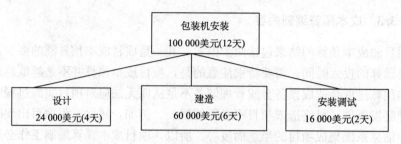

图 7-3　包装机项目分解结构

表 7-7　**包装机项目的每期预算成本**　　　　　（单位：千美元）

	BAC	1	2	3	4	5	6	7	8	9	10	11	12
设计	24	4	4	8	8								
建造	60					8	8	12	12	10	10		
安装	16											8	8
合计	100	4	4	8	8	8	8	12	12	10	10	8	8
累计		4	8	16	24	32	40	52	64	74	84	92	100

累积预算成本曲线（BCWS 或 PV，详见第 12 章）如图 7-4 所示。

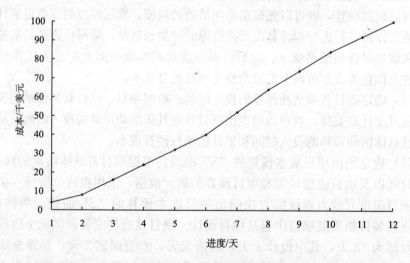

图 7-4　包装机项目的累积预算成本曲线

本 章 小 结

项目成本管理包括成本估算、成本预算以及成本控制三个过程，其中成本计划主要从成本估算和成本预算两个方面来进行。

成本估算是对完成 IT 项目所需费用的估计和计划，是项目成本管理的一项核心工作，其依据主要项目资源需求计划、项目范围说明书、WBS、项目进度计划、风险管理计划以及相关历史资料和经验教训。成本估算的方法主要有类比估算法、自上而下估算法、自下而上估算法和参数模型估算法。而针对信息系统开发项目的成本估算方法包括代码行估算和 COCOMO 模型方法等。成本估算过程最主要的输出是成本管理计划和详细依据。

成本预算为项目成本控制制订基准计划。成本预算具有计划性、约束性和控制性三个特征。项目成本预算计划的编制工作包括确定项目的总预算、项目各项活动的预算、项目各项活动预算投入的时间。

案例分析

佩顿公司决定参与一项政府招标项目，内容是一种研究与开发工作，要求项目在确定开始之后 90 天内完成，条件是固定的成本和相关费用。

这一工作主要由开发实验室完成，根据政府的规定，估算的成本应该基于整个部门的平均成本为每小时 19.00 美元。佩顿公司赢得了合同，总值 305 000 美元。项目开始一个星期以后，通过对星期工作报告的分析，发现开发实验室实际上每小时花费 28.50 美元。项目经理决定和开发实验室的管理人员讨论这一问题。

项目经理："显然你知道我为什么到这里来，以你花钱的速度，我们将超过预算，多花费 50%。"

实验室主管："这是你的问题，不是我的。在我估算这一工作的成本时，我提交的只是根据历史经验所需要花费的小时数，是定价部门将这些小时数基于部门平均的数据转化为所需要的资金数目。"

项目经理："那我们为什么要用最昂贵的人员呢？显然有薪水更低的人能够完成这一工作。"

实验室主管："是的，我是有薪水低的人员，但是没有一个人能够如合同要求的 2 个月内完成这一工作，我必须使用在学习曲线上地位高的人员，但使用他们不便宜。你应该告诉定价部门增加部门的平均成本。"

项目经理："我希望我能够，但政府规定不允许。如果受到检查或者和其他报告相比较，我们就会遇到大麻烦。唯一能够采用的合法手段是为在这个项目中工作的那些高薪水的雇员设立一个新的部门，这样部门平均薪水就正确了。不幸的是为仅仅 2 个月的工作而建立一个临时单位的管理费用太高了，对长期项目这种方法可以被采用。你为什么不增加工作时数以补偿所增加的经费呢？"

实验室主管："我必须提交我所估算的所有小时数的证据，如果我那样做被检查的话，我的工作就保不住了。你应该知道，我们必须为所有工作提交证据以作为申请的一部分。下一次管理人员在投标一个短期项目时可能应该多想一想。你应该向顾客说明一下我们的处境。"

项目经理："他的反应可能还是一样，看来我的奖金是难保了。"

问题：

（1）这一案例中的基本问题是什么？

（2）是谁的错误？

（3）如何应付这一困难？

（4）能否采用某种方法以避免这种错误的再次发生？

➤ **复习思考题**

1. 项目资源计划的定义是什么？

2. 项目资源计划可以根据作用的不同分为两种，请分别介绍。

3. 影响项目资源计划的主要因素有哪些？

4. 请简述项目资源计划的主要方法。

5. IT 项目成本估算的类型主要有哪几类？

6. 项目成本估算过程是什么？

7. 简述 IT 项目成本预算的构成。

8. 项目成本预算的方法有哪些？

9. 请分析 IT 项目成本估算的难点是什么？

10. 请对你要开发的校园旧物交易网站项目进行项目成本预算。

第8章

IT 项目质量计划

8.1　IT 项目质量计划基础

8.1.1　质量

1. 质量含义

ISO 对质量定义如下："质量是反映实体满足明确和隐含需要的能力的特性总和。"

美国质量管理协会（American Society of Quality Control，ASQC）对质量定义如下："质量是过程，产品或服务满足明确或隐含的需求能力的特性。"

我国国家标准 GB/T1900—2000 对质量定义如下："质量是一组固有特性满足要求的程度。"

这些定义表明，质量是通过实体来体现的，质量的实体可以是产品，也可以是某项活动或过程的工作质量，还可以是质量管理体系运行的质量。

2. 产品质量的内涵

对于质量的含义，产品与服务具有不同的内涵。Garvin 提出，产品质量包括八个层面。①性能：产品的主要特性。②特色：产品的辅助功能。③可靠性：

产品不发生故障的可能性。④合格性：产品符合标准和规范的程度。⑤经济性：产品寿命的度量。⑥可服务性：可维修性，指产品方便维修的程度。⑦美感：产品的视觉、感觉、味觉等。⑧可感知质量：顾客可感知、可察觉的质量，如广告、品牌、声誉等。

3. 服务质量的内涵

Parasuraman 等人对服务质量提出五个层面。①实体：包括员工、设施、设备。②可靠：准确执行承诺的服务的程度。③响应：及时服务的程度。④保证：包括服务能力、礼貌、可信、安全等。⑤同情：有效沟通、了解顾客的程度。

8.1.2 项目质量

1. 项目质量管理

项目质量的主体是项目，项目的结果可能是有形产品，也可能是无形产品，更多的是二者的结合。而项目质量管理是指围绕项目质量进行的指挥、协调和控制等活动。项目质量管理是为了保障项目的产出物，能够满足客户以及项目各方面相关利益者的需要所开展的对于项目产出物的质量和项目工作质量的全面管理工作。

（1）项目质量管理的思想。现代质量管理以改进工作质量为重要的管理内容，不仅可以保证产品质量，而且可以节约消耗、降低成本、及时供货、服务周到、满足用户多方面要求。一般情况下，项目质量管理采用全面质量管理的思想，包括项目质量方针的确定、质量目标和质量责任的制定、质量体系的建设、项目质量计划、项目质量保证以及项目质量控制等。

（2）现代质量管理考虑的属性。在项目和产品的质量计划编制过程中，必须考虑的属性有可生产（可构造）性、可用性、可靠性、可维护性、有效性、可操作性、可伸缩性、社会可接受性以及可支付性。

2. 项目质量目标的作用

项目质量管理中，主要包括质量计划、质量保证和质量控制三个过程。设立项目质量目标是质量计划的前提，而在 IT 项目中，如信息系统项目中为实现信息系统项目的质量特征要求，需要制定相应的质量目标，它并不是简单地指系统交付使用时在测试阶段发现问题的解决情况，而更多关注的是用户开始使用后的系统表现。用户在使用时系统产生的各种质量问题，在项目完成时无法马上得到数据和进行验证，所以一般是通过间接控制的方式，即根据以往项目经验估计各个质量指标的取值作为目标值，如表 8-1 的前两列所示，而实际值与目标值的差异是进行质量评价和控制的基础。由于实际值不可能完全与目标值相等，所以需要设定控制范围，实际值的变动在控制范围以内，即可认为达到了质量目标要求。可见，在表 8-1 的例子中，质量指标总缺陷数的实际值超过了控制范围，没有达到目标要求。

表 8-1　某信息系统项目的质量目标

质量指标	目标值	实际值	控制范围
系统交付后缺陷密度/(个/千行)	0.8	0.81	±0.02
总允许缺陷数/个	590	693	±10
质量成本比重/%	35	40	±5

质量目标在项目的各个阶段都有重要作用，主要包括：

（1）质量目标在确定后将直接影响到估算的工作量分布，因此，在制订信息系统项目计划时一定是先制定出项目的质量目标，然后再根据质量目标去指导和约束进度、成本的估算过程。

（2）质量目标预计出来的数据在项目执行和跟踪过程中也有作用，当出现较大偏差时要及时分析原因和采用相关的应对措施。这是进行质量控制的基础。例如，当预计的需求缺陷是 160 个时，如果需求阶段实际完成缺陷只有 50 个或更少，这时就要进行分析是否该发现的缺陷没有发现出来，是否需要重新组织评审或增加预审时间，只有这样才能够真正保证上游缺陷不遗留到后续工作中。

（3）项目质量指标体系一定要具备完整性、科学性与合理性，项目实施各相关主体应该事先进行讨论与沟通，以保证其完整、无漏洞，又具备较强的可实施性。

8.2　IT 项目质量管理方法与体系

8.2.1　戴明改进循环

质量问题往往是在项目进展过程中不断暴露的，质量改进的过程实际上就是在按照计划执行与跟踪的过程中进行问题的发现、纠正和预防的过程。通过问题发现（管理者、项目经理、软件工程师等将自己工作中所发现的错误随时记录下来）、收集和整理问题（按照质量指标进行分类统计整理）、分析问题（问题原因、责任分析）、排列问题重要性。提出解决措施（纠正措施或预防措施）、在部分区域演练、全面推广，这样一个自反馈系统就成为质量过程改进的一个系统化的方法。

1. 戴明环

基于持续过程改进思想，世界著名的统计管理学专家和质量管理专家威廉·爱德华·戴明（W. Edward Deming）博士提出了戴明环，即 PDCA（planning，do，check，action）环，通过计划、执行、检查、改进四个主要阶段的活动实现

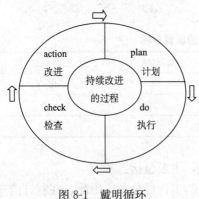

图 8-1　戴明循环

质量规划。PDCA 循环具体可分为八个步骤，如图 8-1 所示。

（1）分析现状，找出所有存在的质量问题和主要质量问题。尽可能用数据说明存在的质量问题，要注意克服"没有问题"、"质量尚可"等自满情绪。

（2）诊断分析产生质量缺陷的各种影响因素。逐个问题、逐个因素地分析，把所有"差错"都摆出来，切忌主观、笼统、粗枝大叶。

（3）找出影响质量的主要因素。影响质量的因素是多方面的，要解决质量问题，就必须找出影响质量的主要因素，以便从主要矛盾入手，使问题得到根本解决。

（4）针对影响质量的主要因素，制定措施，提出改善计划，并预计其效果。制订的措施和改善计划要具体、明确，采用"5W1H"的方法，即 what，when，where，who，why，how。

（5）执行既定的计划和措施是实施阶段要完成的工作。

（6）根据改善计划的要求，检查、验证执行效果。计划安排的措施是否落实，是否达到了预期的效果是检查阶段主要工作。

（7）根据检查结果进行总结，将成功的经验和失败的教训都纳入到有关的标准、制度和规定之中，巩固已经取得的成绩，防止"差错"重现。

（8）找出这一循环尚未解决的问题，把它们转入下一个 PDCA 循环中去。

其中，前四个步骤是对计划阶段的具体化，而最后两个步骤是改进阶段的具体化。

2. IDEAL 模型

以戴明环为基础，SEI（美国卡耐基梅隆大学的软件工程研究所）提出了 IDEAL（initiating，diagnosing，establishing，acting，leveraging）模型，即启动、诊断、建立、行动、推进，也是软件过程改进方法的体现。

8.2.2　软件能力成熟度模型

1. 软件能力成熟度模型含义

"软件能力成熟度"的模型，它是提高信息系统软件产品质量的一种重要的框架，该模型又称为能力成熟度模型（capability maturity model，CMM）。

CMM 提供了一个系统过程改进框架，该框架与软件生命周期无关，与所采用的开发技术也无关。根据这个框架制定企业内部具体的系统开发过程，可以极大提高按计划的时间和成本提交有质量保证的系统产品的能力。

CMM 认为保证系统质量的根本途径就是提升企业的系统开发生产能力，而企业的系统开发生产能力又取决于企业的系统开发过程能力，特别是在系统开发和生产中的成熟度。企业的系统开发过程能力越成熟，其系统生产能力就越有保证。

所谓系统开发过程能力是指企业从事系统产品开发和生产过程本身透明化、规范化和运行强制化。企业在执行系统开发过程中可能会反映出原定过程的某些缺陷，这时可以根据反映的问题来改善这个过程，周而复始这个过程逐渐完善、成熟。这样一来，项目的执行不再是一个黑盒，企业可以清楚地知道项目是按照规定的过程进行的。系统开发及生产过程中成功和失败的经验教训也就能够成为今后可以借鉴和吸取的营养，从而可以大大促进信息系统生产的成熟度的提高。

2. 软件能力成熟度模型内容

CMM 模型描述和分析了系统开发过程能力的发展程度，确立了一个系统开发过程能力成熟度的分级标准，共分为初始级、可重复级、已定义级、可管理级和优化级。如图 8-2 所示。随着能力成熟度逐步提高，企业的竞争力也在不断地提高，系统开发的风险则逐步下降，系统产品的质量稳步上升。

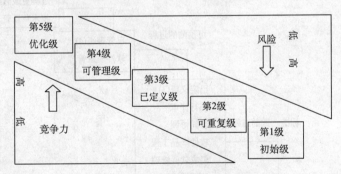

图 8-2　能力成熟程度的分级标准

1）在 CMM 中等级的特征

（1）初始级：系统开发过程的特点是无序的，有时甚至是混乱的。系统开发过程定义处于几乎毫无章法和步骤可循的状态，系统产品所取得的成功往往依赖于极个别人的努力和机会。

（2）可重复级：已经建立了基本的项目管理过程，这些过程可以用于对成本、进度和功能特性进行跟踪。对于类似的工程项目，有章可循并能重复以取得成功的经验。

（3）已定义级：用于管理的和工程的系统开发过程均已文档化、标准化，并形成了整个系统开发组织的标准系统开发过程，即全部项目均采用与实际情况相吻合的、适当修改后的标准系统的开发过程来进行操作。

(4) 可管理级：系统开发过程和产品质量有详细的度量标准。系统开发过程和产品质量得到了定量的认识和控制。

(5) 优化级：通过对来自系统开发过程、新概念和新技术等方面的各种有用信息的定量分析，能够不断地、持续性地对系统过程进行改造。

CMM 指出，软件质量保证是多数软件工程过程和管理过程不可缺少的部分。软件质量保证作为 CMM 二级的一个关键过程域，其目的是给管理者提供对于软件项目正在采用的过程和正在构造的产品的恰当的可视性。

2) CMM 明确了软件质量保证应该达到的四个目标

这四个目标是：①对软件质量保证活动做到有计划；②客观地验证软件产品及其活动是否遵守应用的标准、规程和需求；③将软件质量保证活动及其结果及时通知相关小组和个人；④由上级管理部门及时处理软件项目内部解决不了的不一致性问题。为了达到以上目标，CMM 定义了软件质量保证应该进行的关键活动，如图 8-3 所示。

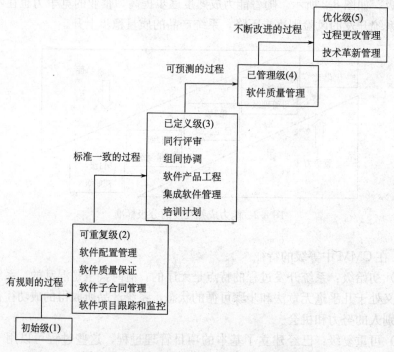

图 8-3   CMM 的细化阶段模型及关键过程域

3. 软件能力成熟度模型意义

(1) CMM 以具体实践为基础，是一个系统开发实践的纲要，以逐步演进的框架形态不断地完善系统开发和维护过程，成为软件企业变革的内在原动力，与静态的质量管理标准，如 ISO 9001 等，形成了鲜明的对比。ISO 9001 标准在提供一个良好的体系结构与实施基础方面能够很有效，而 CMM 是一个演进的、有动态尺度的标准，可以驱使企业在当前的系统开发实践中不断地改进和完善。

（2）CMM 作为一个指南能够帮助企业选择、采纳和合理使用一些先进的管理方法，并在实践活动中不断提高和完善系统开发成熟度的能力。围绕这些实践活动逐步形成了一套制度，即在指定的成本和时间内，交付提高质量的软件产品所需要的、有纪律的、精确定义的并能有效度量的软件工程过程。

（3）CMM 是目前国际上最流行、最实用的一种软件生产过程标准，已经得到了众多国家以及国际软件产业界的认可，成为当今企业从事规模软件生产不可缺少的一项内容。

但是也应该看到，实施了 CMM，软件项目的质量也存在一定风险，因为 CMM 提供的是一个概念性结构，它不能保证一定能成功地生成软件产品，也不能保证一定能很好地解决软件工程的所有问题。它的成功与否，与一个组织内部有关人员的积极参与和创造性活动是密不可分的，而且 CMM 并未提供实现有关子过程域所需要的具体知识和技能。它也没有涉及其他非过程因素，如技术、人力资源等。

8.2.3　统计方法在质量计划中的应用

体现统计和度量理论的一些基本方法包括头脑风暴法、帕累托分析、因果图等。

在团队中使用头脑风暴法，集思广益，找到尽可能多的质量问题和影响问题的原因，然后利用因果图对原因进行系统整理、归类，将因果关系用箭头连接起来，用来表示质量波动特性与其潜在原因的关系。

帕累托分析则用来识别消耗了最多成本的少部分质量因素的统计分析方法。以下是一些在信息系统项目中总结出来的遵守帕累托分布的典型质量问题：20％的模块消耗 80％的资源；20％的模块包含 80％的错误；20％的错误消耗 80％的修改成本；20％的模块占用了 80％的执行时间等。

8.3　IT 项目质量计划编制

8.3.1　IT 项目质量计划概念

1. 项目质量计划的一般描述

项目质量目标确认后，还要进一步地确认项目的质量计划，质量计划就是为了达到一定的质量目标，分析应该采用怎样的方法或手段，并最终形成质量计划的过程。例如，在某信息系统的质量目标中，设定在系统评审阶段需要发现 100 个缺陷，而项目组的实际能力决定了采用单人评审可能根本做不到发现这么多缺陷，这时就需确定要采用哪些其他的审查方式及相应比例。

作为质量计划的一部分，项目质量计划是在项目定义与决策、设计与计划阶段中所制订的项目计划之一，它是整个项目计划的一部分，每过一段时间，它都需要重新修订并设法与其他项目专项计划进行配置和集成，以便于项目实施。

项目质量计划是指识别哪些质量标准适用于本项目，并确定如何满足这些标准的要求。通过计划确定项目质量目标，这样才能够使后续的保证、控制和改进措施得以实施。计划的正确与否直接影响到后续工作的实施，并将影响到项目最终可交付物的质量。

2. 国际标准 ISO 9000：2000 对质量计划的描述

质量规划（quality planning，QP）的定义是"质量规划是质量管理的一部分，致力于制定质量目标并规定必要的允许过程和相关资源，以实现质量目标"。可见，质量规划是围绕项目质量目标所进行的各种活动，包括为达到质量目标应采取的措施，必要的作业活动，应提供的必要条件，如人员、设备等资源条件，应设定的项目参与部门、岗位的质量职责等。

项目的质量管理是通过一系列的活动实现的，质量规划需要：

(1) 对质量活动、环节加以识别和明确，建立项目质量活动流程；

(2) 明确项目不同阶段的质量管理内容和重点；

(3) 建立项目质量管理技术措施、组织措施；

(4) 明确项目质量控制方法、质量评价方法；

(5) 建立相应的组织机构，配备人力、材料、硬件、软件平台资源等。

在进行质量规划时，需要将项目质量总目标展开为各种具体的目标，分配至具体负责质量活动的部门及负责人，由他们对每项质量目标编制实施计划或实施方案。在计划书中，列出实现该项质量目标存在的问题、当前的状况、必须采取的措施、将要达到的目标、什么时间完成、谁负责执行等。通过质量规划，将质量目标分解落实到各职能部门和各级人员，使质量目标更具有操作性，从而使质量目标的实现步骤一目了然，以确保其完成。

8.3.2　项目质量计划的编制过程

1. 质量计划输入

1）事业环境因素

这是指与项目质量相关的各种组织环境因素与制度，最主要的是企业环境因素、企业采用的各种质量标准和规定。人们在制订项目质量计划时必须充分考虑所有与项目质量相关领域的国家、地方、行业等标准、规范以及政府规定等，以及项目所属专业领域的相关标准和规范、项目组织根据项目目标而制定的项目标准和规范。

2）质量原则

与应用领域具体相关的组织质量方针、程序和指导原则、历史数据和经验教训可能会对项目造成影响。

质量原则是"由最高层管理部门正式阐明的，组织关于质量的总的打算与努力方向"。实施组织的质量原则往往可以原封不动地采纳并使用于项目之中。但是，如果实施组织没有正式的质量原则，或者项目牵扯到多个实施组织（如合资项目），则项目管理团队就需要为项目制定一个质量原则。不管质量原则来源如何，项目管理团队必须保证项目的所有利害关系者全部知晓此项原则。

3）项目范围说明书

项目范围说明书记载了项目的主要可交付成果，以及用于确定利害关系者主要要求（来源于利害关系者的需求、希望和期望）的项目目标、限值和验收标准。

限值是指用做参数指标的费用、时间或资源限值，可作为项目范围说明书的组成部分列入其中。如果超过这些限值，则需要项目管理团队采取措施。

验收标准包括在接受项目可交付成果之前必须满足的性能要求和基本条件。验收标准的界定可大大降低或增加项目质量成本。如果可交付成果满足所有验收标准，则意味着客户需求得以满足。正式验收旨在确认验收标准已经得以满足。产品描述的一些内容已体现在范围说明书之中，其内容往往包括可能影响质量计划的一些技术问题，以及其他问题的细节。

4）成果说明书

（1）质量方针与范围描述。质量方针是由最高管理者正式颁布的项目组织在质量方面的全部宗旨和目标，而范围描述是指建立质量计划的基础，包括功能性和特色、系统输出、性能、可靠性和可维护性。

（2）标准和规则。标准是一份经认证组织认证过的文件，它为产品、过程或服务，确定了准则、指导方针或特征；规则是一份对产品、过程或服务特征的文件，包括了适当的行政管理条例，要按规定行事，这是强制性的。

（3）产品说明。这包含影响项目质量计划的技术要点和其他注意事项的详细内容。

2. 质量计划工具与技术

1）成本效益分析

（1）质量成本。质量成本（COQ）是指为避免评估产品或服务是否符合要求及产品或服务不符合要求（返工）发生的所有费用。失败成本亦被称为质量低劣成本，通常分为内部和外部成本。质量成本是指与质量相关的所有投入的总费用。项目决策会因产品退货、保修和召回等因素而影响质量的运行成本。然而，项目的临时性意味着在改进产品的质量上，特别是缺陷的防止与评估上，所需的投资往往是由实施组织承担，而不是项目本身。因为在取得回报之前，项目可能早就结束了。

（2）成本-效益分析。这种方法也叫经济质量法，它要求在制订项目质量计划时必须考虑项目质量的成本和收益问题。其中，项目质量成本是指开展项目质量管理活动的开支，项目质量收益是指开展项目质量活动的好处。项目质量成本-收益分析法的实质是通过运用质量成本与收益的比较分析方法编制出能够确保项目质量收益超过项目质量成本的项目质量管理计划。任何项目的质量成本都包括项目质量保障成本和项目质量失败成本两种，因为项目质量管理需要开展项目质量保障工作（防止有缺陷项目产出物出现和形成的管理工作）和项目质量检验与质量恢复工作（发现质量问题并设法恢复项目质量的工作）。两种项目质量成本的关系和经济质量法的原理如图 8-4 所示。由图 8-4 可见，如果项目质量保障成本越高，则项目质量失败成本就会越低；而如果项目质量保障成本越低，则项目质量失败成本就会越高。所以项目经济质量应该是这两者之和最小时的质量水平，因为此时的项目质量成本最低而质量收益最高。因此，这是一种合理安排项目的质量保障成本和质量失败成本的方法，是一种使项目质量总成本得以降低的项目质量计划的方法。

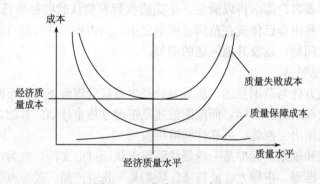

图 8-4　经济质量法示意图

2）基准对照

基准对照指通过将项目的实际做法或计划做法与其他项目的做法进行对照，通过对照比较这种方法制订出新项目质量计划，这也是项目质量计划中常用的有效方法。通常，项目质量标杆法的主要做法是以标杆项目的质量方针、质量标准与规范、质量管理计划、质量核检清单、质量工作说明文件、质量改进记录和原始质量凭证等文件为蓝本，结合新项目的特点制订出新项目的质量计划文件。使用这一方法时应充分注意"标杆项目"质量计划和管理中实际发生的各种问题及教训，在制订新项目质量计划时要考虑采取相应的防范和应急措施，尽可能避免类似项目质量事故的发生。其他用以进行对照的项目既可在实施组织内部，也可在其外部；既可在同一应用领域，也可在其他领域。

3）实验设计

实验设计（DOE）是帮助确定在产品开发和生产中，哪些因素会影响产品或过程特定变量的一种统计方法，而且在产品或过程优化中也起到一定作用。例如，组织可以通过实验设计降低产品性能对环境或制造变动因素的灵敏度。该项技术最重要的特征是，它提供了一个统计框架，可以系统地改变所有重要因素，而不是每次只改变一个重要因素。通过对实验数据的分析，可以得出产品或过程的最优状态、着重指明结果的影响因素并揭示各要素之间的交互作用和协同作用关系。例如，汽车设计人员可能希望确定悬架减震弹簧与轮胎如何搭配，才能以合理的成本取得最平稳的行驶性能。

4）知识管理工具和方法

在质量规划的过程中，项目团队会产生大量的有关质量问题的历史数据，可以称为质量知识库。这些知识库可以引导员工自我培训，从而实现质量知识的高效积累和复用，学习公司以前的经验知识，让错误不再重犯。

3. 质量计划输出

1）质量管理计划

质量管理计划应当说明项目管理团队将如何执行实施组织的质量方针。质量管理计划是项目管理计划的组成部分或从属计划。质量管理计划为整体项目计划提供依据，并且必须考虑项目质量控制（QC）、质量保证（QA）和过程持续改进等问题。

质量管理计划可以是正式的，也可以是非正式的；可以非常详细，也可以十分概括，因项目的要求而异。质量管理计划应涵盖项目前期的质量工作，以确保先期决策（如概念、设计和试验）正确无误。这些质量工作应通过同事独立审查方式进行，具体工作实施人不得参加。这种审查可降低成本，并减少因为返工造成的进度延迟。

质量计划是对特定的项目，规定由谁、何时、完成哪些活动、使用哪些资源的一系列文件。其内容包括：①项目总质量目标和具体目标；②质量管理工作流程；③在项目的各个阶段，职责、权限和资源的具体分配；④项目实施中需采用的评审、测试大纲；⑤随项目进展计划更改的程序等。

2）质量测量指标

质量测量指标指一项工作定义，具体描述一件东西是什么，以及如何以质量控制过程对其进行度量。测量值是指实际值。例如，只按计划进度规定日期完成情况来衡量项目管理质量的标准是不够的。项目管理团队还必须交代清楚各项活动是要求按时开始，还是只要求按时完成；是要求测量每个单项活动，还是只要求测量某些可交付成果。如果是后者，是哪些可交付成果。质量保证和质量控制过程都将用到质量测量指标。举例来说，质量测量指标可以是缺陷密度、故障率、可用性、可靠性和试验范围等。

3）质量核对表

质量核对表是一种结构性工具，通常因事项而异，用于核实所要求进行的各个步骤是否已经完成。核对表可简可繁。核对表所用措辞通常是祈使句（"做某件事"）或者疑问句（"某件事完成了吗?"）。许多组织都有标准的核对表，以保证经常性任务格式保持一致。在某些应用领域，核对表可从专业协会或商业性服务机构索取。质量控制过程将用到质量核对表。

4）过程改进计划

过程改进计划是项目管理计划的从属内容。过程改进计划将详细说明过程分析的具体步骤，以便于确定增值和非增值活动，进而提高客户价值。例如，过程边界，描述过程目的、起始和终结，其依据和成果、所需信息（如需要）以及本过程的负责人和利害关系方。过程配置：过程流程图，以便接口和界面分析。过程测量指标：对过程状态进行控制。绩效改进目标：指导过程改进活动。

5）质量基准

质量基准记录了项目的质量目标，是绩效衡量基准的组成部分，可据此衡量和汇报质量绩效。

6）项目管理计划（更新）

项目管理计划更新是指在项目管理计划中纳入从属的质量管理计划和过程改进计划。通过整体变更控制过程，对项目管理计划的变更需求及从属计划变更（修改、增添或删除）进行审查和处理。

本 章 小 结

提高产品和服务质量是企业一项永久性的工作。质量是反映实体满足明确和隐含需要的能力的特性总和。质量规划的主要目的是确定适合于项目的质量标准并决定如何满足这些标准。

改进项目质量，必须选用项目管理具体的规范、标准、模型。IT 项目管理中常涉及的质量管理理论有 PDCA、ISO 9000、CMM 等。PDCA 反映了质量工作过程的四个阶段（计划、执行、检查、改进），这四个阶段不停地循环下去，不断地改善质量。ISO 9000 是涉及质量保证与质量管理活动的一簇标准的统称，提供了一个组织满足其质量认证标准的最低要求。CMM 是对一个组织的软件开发能力进行评价的标准，共分为五级：初始级、可重复级、已定义级、已管理级、优化级。

项目质量计划的制订过程中可以使用成本-效益分析、基准对照、实验设计等方法，主要的输出是质量管理计划、质量测量指标、质量核对表以及质量基准等。

案例分析

以下是对某软件开发公司进行的信息系统开发项目的质量计划。

信息系统的质量比较难管理的重要原因之一是信息系统的质量指标难以定义，即使能够定义也较难度量。由于信息系统的核心是其中运行的应用软件，而软件质量的指标及其度量有较多的研究成果。这里从管理角度对软件质量进行度量，列出了软件质量因素的简明定义。信息系统作为一个产品，也可以参照这三种倾向来定义。

（1）实行工程化的开发方法。信息系统开发方法一词的广义理解是"探索复杂系统开发过程的秩序"；狭义理解是"一组微信息系统开发起工具作用的规程"，按这些规程工作，可以较合理地达到目标。规程由一系列的活动组成，形成方法体系。

（2）实行阶段性冻结与改动控制。信息系统具有生命周期，这就为我们划分项目的阶段提供了参考。一个大的项目可分成若干阶段，每个阶段有自己的任务和成果。这样一方面便于管理和控制工程进度，另一方面可以增强开发人员和用户的信心。在每个阶段末要"冻结"部分成果，作为下个阶段开发的基础。冻结之后不是不能修改，而是其修改要经过一定的审批程序，并且涉及项目计划的调整。

（3）实行里程碑式审查与版本控制。里程碑式审查就是在信息系统生命期的每个阶段介绍之前，都正式使用结束标准对该阶段的冻结成果进行严格的技术审查。版本控制是保证项目小组顺利工作的重要技术。版本控制的含义是通过给文档和程序文件编上版本号，记录每次的修改信息，使项目组的所有成员都了解文档和程序的修改过程。

（4）实行面向用户参与的原型演化。每个阶段的后期，快速建立反映该阶段成果的原型系统，利用原型系统与用户交互及时得到反馈信息，验证该阶段的成果并及时纠正错误，这一技术称为"原型演化"。原型演化技术要有先进的计算机辅助软件工程（computer aided software engineering，CASE）工具的支持。

（5）强化项目管理，引入外部监理与审计。要重视信息系统的项目管理，特别是项目人力资源的管理，因为项目成员的素质和能力以及积极性是项目成败、好坏的关键。同时，还有重视第三方的监理和审计的引入，通过第三方的审查和监督来确保项目的质量。

（6）尽量采用面向对象和基于构件的方法进行系统开发。面向对象的方法强调类、封装和继承，能提高软件的可重用性，能将错误和缺憾局部化，同时还有利于用户的参与，这些对提高信息系统的质量都大有好处。

（7）进行全面测试。要采用适当的手段，对系统调查、系统分析、系统设计、实现和文档进行全面测试。软件质量因素的定义如表 8-2 所示。

表 8-2　软件质量因素的定义

质量因素	定义
正确性	系统满足规格说明和用户目标的程度，即在预定环境下能正确地完成预期功能的程度
稳健性	在硬件发生故障、输入的数据无效或操作错误等意外环境下，系统能做出适当响应的程度
效率	为完成预定的功能，系统需要的计算机资源的多少
完整性（安全性）	对未经授权的人使用软件或数据的企图，系统能够控制（禁止）的程度
可用性	系统在完成预定应该完成的功能时令人满意的程度
风险性	按预定的成本和进度把系统开发出来，并且为用户所满意的概率
可理解性	理解和使用该系统的容易程度
可维修性	诊断和改正在运行现场发现的错误所需要的工作量的大小
灵活性（适应性）	修改或改进正在运行的系统需要的工作量的大小
可测试性	软件容易测试的程度
可移植性	把程序从一种硬件配置和软件系统环境转移到另一种配置和环境时，需要工作量的大小
可重用性	在其他应用中该程序可以被再次使用的程度（或范围）
互运行性	把该系统和另一个系统结合起来需要的工作量的多少

➤ 复习思考题

1. 什么叫项目质量？请阐述它的重要性。
2. 对于 IT 项目，请举例说明易出现的质量问题，讨论如何才能避免这些质量问题。
3. 项目质量规划的概念是什么？
4. 项目质量规划的过程是什么？
5. 项目质量规划的工具与技术有哪些？
6. 项目质量规划的内容是什么？
7. 请确定你将要开发的校园旧物交易网站项目的质量目标。

第9章

IT 项目人力资源及沟通计划

【本章学习目标】
➢了解人力资源计划的基础与编制过程
➢识别项目人力资源中的利益相关者
➢了解项目沟通计划的概念
➢掌握项目沟通过程与类别
➢掌握项目沟通计划的编制过程

■ 9.1 IT 项目人力资源计划

人力资源管理是指运用现代化的科学方法，对与一定物力相结合的人力进行合理的培训、组织和调配，使人力、物力经常保持最佳比例，同时对人的思想、心理和行为进行恰当的诱导、控制和协调，充分发挥人的主观能动性，使人尽其才、事得其人、人事相宜，以实现组织的目标。

9.1.1 项目人力资源计划基础

1. 人力资源特征

（1）生物性。人力资源存在于人体之中，与人的生命力有着密不可分的联系，是具有生命性的"活"的资源。

（2）社会性。人力资源总是处于一定的社会范围中，其形成依赖于社会，受到各种社会条件制约。人力资源的利用要纳入社会的分工体系之中，所从事的劳动总是在一定的社会生产方式下进行的。

（3）时效性。人力资源的培养、储备和使用与人的年龄有直接关系。不同的年龄阶段，人力资源发挥的程度不尽相同。青少年阶段是进行培养教育的阶段；中青年阶段是资源运用与发挥的最佳时期；老年阶段是剩余资源价值的发掘阶段。人力资源应得到及时、有效地利用，否则将会随着时间的流逝而降低，甚至失去其作用。

（4）能动性。在社会的发展过程中，人是最积极、最活跃的生产要素，因此，相对于现代社会可以利用的物力资源、财力资源、信息资源、文化资源来说，人是具有主导作用的能动性资源。

（5）个体独立性。人力资源以个体为单位，独立存在于每个不同的个体，而且受到各自的生理状况、思想与价值观的影响。

2. 项目人力资源管理过程

（1）人力资源规划：确定、记录并分派项目角色、职责，请示汇报关系，制订人员配备管理计划。

（2）项目团队组建：招募项目工作所需的人力资源。

（3）项目团队建设：培养团队成员的能力以及提高成员之间的交互作用，从而提高项目绩效。

（4）项目团队管理：跟踪团队成员的绩效，提供反馈，解决问题，协调变更事宜以提高项目绩效。

上述过程不仅彼此交互作用，而且还与其他知识领域的过程交互作用。根据项目需要，每个过程可能涉及一人、多人或集体的努力。每个过程在每个项目中至少出现一次，并可在项目一个或多个阶段（如果项目划分为阶段）中出现。虽然过程被描述成独立组成部分，但在实践中，它们却可能交错重叠和交互作用。项目人力资源管理与项目其他过程之间具有交互作用。有些交互关系要求进行额外计划，包括：①在最初的团队成员制定 WBS 之后，可能需要招募额外的项目团队成员。②随着项目团队成员的招募，其经验水平会提高或降低项目风险，因此需要进行额外的风险计划。③如果在项目团队成员全部确定之前就估算了活动持续时间，则所招募的团队成员的实际能力水平可能会导致活动持续时间和进度计划的改变。

3. 人力资源计划的目的

项目人力资源计划主要是确定项目的角色、职责、报告关系，并制订人员配备管理计划。确定的角色、职责和报告关系可以分配到个人或团队，这些个人和团队可能是项目组织的某一部分，也可能是项目组织外部的机构和人员，如硬件提供商、客户代表等。

（1）准确评估项目所需人员专业与技能水平，保证人员的质量，从而保证项目的质量。

（2）保证人员到位。让职能部门和相关的项目单位及早准备人员，预订这些人员的时间，以保障项目进度的正常实现。

（3）保证项目预算。对于那些按照工时收取费用的工作，既需要对所需工时进行精确估算，也需要对所需人员技能有准确描述。

9.1.2　人力资源计划的制订

1. 制订人力资源计划的依据

1）事业环境因素

应基于对现有组织参与项目的各种实施方式的理解，以及对各技术专业和技术人员之间的交互作用方式的理解，来界定项目角色和职责。以下是一些涉及组织文化和结构的事业环境因素。

（1）组织性的：哪些组织或部门将参与项目？它们之间目前的工作安排如何？它们之间存在何种正式或非正式的关系？

（2）技术性的：完成项目将需要什么专业和专门技术参与？是否有不同类型的软件语言、工程方法或设备需要协调？从项目周期的一个过程过渡到另外一个过程是否存在独特的困难？

（3）人际性的：项目团队候选人之间的正式与非正式的报告关系？团队候选人的岗位描述？主管和下属之间的关系如何？供应商与客户之间的关系如何？团队成员之间的工作关系将受哪些文化或语言差异的影响？现有的信任水平和尊敬水平如何？

（4）后勤保障性的：项目参与人员或单位之间的距离如何？人员是否处于不同的时区？是否在不同的国家或办公楼工作？

（5）政治性的：项目潜在的各利害关系方的各自目标或意图是什么？哪些组织和人员在项目的某些重要领域内有非正式的权力？存在哪些非正式的联盟？

除上述各项因素之外，制约条件也可能限制项目团队的选择余地。对人力资源规划过程起到限制作用的一些制约条件包括：①组织结构。组织结构为弱矩阵型，项目经理角色和地位相对较弱。②集体谈判协议。与工会或其他雇员团体的合约协议可能要求有某些角色或通报关系。③经济条件。一些经济条件，如暂停招工、培训基金削减、差旅预算不足等，都将限制人员配备方案的选择。

2）组织过程资产

随着组织内项目管理方法逐渐趋于成熟，组织可以依据以前人力资源规划过程的经验教训，即组织过程资产，协助制订当前项目的计划。模板文件和核对表格可以减少项目初期的规划时间，并降低遗漏重要职责的概率。①模板文件。在人力资源规划中比较有用的几种模板包括项目组织图、岗位描述、项目绩效评估和标准冲突解决方法。②核对表格。人力资源规划中可借用的核对表格栏目包括常见的角色和职责、常见的能力要求、应考虑的培训方案、团队规则、安全事项、合规性问题和奖赏。

3）项目管理计划

项目管理计划包括活动资源需求和项目管理活动的描述。例如，质量保证、风险管理和采购，这将有助于项目管理团队识别所有所需的角色和职责。

4）活动资源需求

人力资源计划借助活动资源的需求确定项目的人力资源需求。作为人力资源规划过程的一部分，对项目团队成员所需的人选及能力的初步要求将得到完善。

2. 制订人力资源计划的工具与技术

1）组织机构图和岗位描述

可使用各种格式，记录团队成员的角色和职责。多数格式都可归结为三大类，即层级结构、矩阵结构和文字叙述结构。另外，有些项目任务被列入到从属计划（如风险计划、质量计划或沟通计划）中。无论应用哪些方法的组合，其目的都是一样的，即确保每个工作包都由一名明确界定的负责人负责，并且所有团队成员都对他们的角色和职责有明确的了解。组织机构图和岗位描述的工具和方法有：

（1）层级结构图。传统的组织结构图是用自上而下的方式展示职位和工作内容。资源分解结构有助于跟踪项目成本，并可与组织的其他系统协调一致。资源分解结构内除了人力资源外还可包含其他类型的资源。

（2）矩阵结构图（RAM）。通过职责分配矩阵反映工作与项目团队成员之间的联系。在大型项目中，矩阵结构图可以划分出多个层级。例如，高层级的职责分配矩阵可界定哪些项目小组或单位分别负责 WBS 的哪一部分工作；而低层级职责矩阵则可在小组内，为具体活动分配角色、职责和授权水平。矩阵结构形式，有时也被称做表格，可反映与每个人相关的所有活动或与每项活动相关的所有人员。

（3）文字叙述形式。需要详细界定的职责可用以文字叙述为主的形式表述。此类文件通常是描述形式，文件内可包含诸如职责、授权、能力和资格等方面的信息。这种文件有多种称谓，包括岗位描述、角色-职责-授权表格等。这些描述和表格对于未来的项目具有参考价值。

2）交际

与组织或行业中的其他人进行非正式沟通交往，有助于了解那些对影响各种人员配备方案效力的政治和人际关系要素。人力资源人际交往活动的形式包括积极沟通、午餐会、非正式交谈和行业会议。频繁的沟通交往是项目初期的一项有用的技术，项目开始前的定期沟通交往也很有效。

3）组织理论

组织理论是人员、团队和组织单位的行为方式。应用经过验证的原理可以缩短获得人力资源计划结果所需的时间，并可提高计划有效性的概率。

3. 制订人力资源计划过程的成果

1）角色与职责

在列出完成项目所需的角色和职责如表 9-1 所示时，还需考虑下述各项内容。

表 9-1　人员配备计划（责任矩阵）

	赵伊	王耳	张山	李斯	邓武	崔柳	陈琪	高跛
系统分析	P	S			S			S
数据库设计				S		P		S
编程实现	S	S	P	S	S			S
设备采购			S			S	P	
系统测试		S	S	P	S			

P——主要负责人　S——参与人员

（1）角色，指某人负责的项目的某部分工作的标识，如土建工程师、法院联络人、商务分析师和测试协调人。角色的明确性（包括职权、责任和边界）对于项目的成功至关重要。

（2）职权，指使用项目资源及做出决策和批准的权力。需要有明确的职权来做决定的例子包括实施方法的选择、质量验收以及如何应对项目偏差。在项目团队成员的职权水平与其职责水平一致时，其工作最富成效。

（3）职责，为完成项目要求项目团队成员实施的工作。

（4）能力，完成项目活动所需的技能和能力。如果项目团队成员不具备所需要的技能，绩效将受到影响。如果发现了这种不匹配的现象，则应采取提前的应对措施。例如，培训、招募、进度计划变更或范围变更等。

2）项目组织结构图

组织结构图（OBS）简称"项目组织图"，是对一个项目的组织结构进行分解，并用图的方式表示，就形成 OBS（反映一个组织系统中各个系统之间的组织关系）。高层管理人员和项目经理应该根据 IT 项目的特点和实际项目的需求以及已识别的项目角色、职责、报告关系，构建项目的 OBS。项目组织图以图形方式展示项目团队成员及其通信关系。根据项目的需要，项目组织图可以是正式的、非正式的、详尽的或宽泛的。例如，一个 3000 人的抢险救灾团队的项目组织图应该比仅为 20 人的内部项目的组织图更为详尽。一个大型 IT 项目的组织结构和相关角色如图 9-1 所示。

项目成员包括项目副经理、小组负责人、子项目经理和项目组，这个结构在大型的项目中十分普遍。较小的项目不需要项目副经理或子项目经理，项目经理只需要让项目小组的负责人直接对其负责。

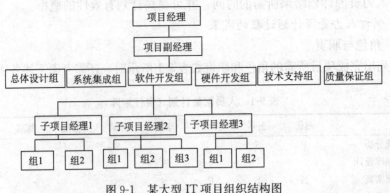

图 9-1　某大型 IT 项目组织结构图

3）人员配备管理计划

人员配备管理计划是项目管理计划的一个从属部分，描述何时及以何种方式满足项目人力资源需求。根据项目的需要，人员配备计划可以是正式的或非正式的、详尽的或宽泛的。在项目期间，将不断对其进行更新以指导团队成员的招募和团队建设活动。人员配备计划内的信息因应用领域和项目规模的不同而异，但应考虑的内容包括如下五方面。

（1）项目团队组建，项目团队包括为完成项目而分派有角色和职责的人员。虽然常说分配角色和职责，但团队成员应该参与到更多的项目规划和决策的过程中。团队成员的早期参与将为项目规划过程提供所需的专业技能，同时可以增强他们对项目的承诺。团队成员的组成和人数经常会随着项目的绩效而变化。项目团队成员也被称为项目的员工。

项目管理团队是项目团队的子集，负责项目管理活动，如规划、控制和收尾。该子集也可被称做核心团队或领导团队。对于小型项目，项目管理职责可由整个项目团队承担，也可由项目经理单独承担。项目发起人通常协助项目管理团队解决项目筹资和澄清范围问题，并为项目利益而对他人施加影响。

（2）时间表，人员配备管理计划说明了项目对各个或各组团队成员的时间安排要求，以及招募活动何时开始。一种制定人力资源图表的工具是资源直方图。该直方图可反映一个人、一个部门或整个项目团队在整个项目期间每周或每月需要工作的小时数。图中可加入一条水平线，代表特定资源的最多可用工作小时数。超过最多可用工作小时数的竖道表明需要采用资源平衡策略，例如，增加更多的资源或延长进度。

（3）成员遣散安排，当成员不再为项目所需要时，确定团队成员的遣散方法和时间，对项目、团队成员都有益。在最佳时间，将团队成员撤离项目，可消除工作职责已经完成人员的费用支出，并降低成本。如果已经为员工做好了平滑过渡到新项目中去的安排，则可以提高士气。

（4）培训需求，如果预期分派的员工不具有所要求的技能和能力，则可作为项目的组成部分制订一份培训计划。计划也可以包括如何协助团队成员获取对项目有益的证书等各种方法。

（5）表彰和奖励，用明确的奖赏标准和有计划的奖赏系统来促进并加强期望的行为。要想有效，奖赏应基于受奖者控制范围内的工作和绩效。例如，如果某团队成员因实现了费用目标而被奖赏，则该团队成员应对影响费用的决策有适当的控制权。制订奖赏计划，确定奖赏时间安排，将确保奖赏兑现不被遗忘。奖赏的实施属于项目团队建设过程的部分内容。

■ 9.2　识别项目利益相关者

IT 项目的目的就是实现项目利益相关者的需求和愿望。项目利益相关者是指积极参与项目或其利益在项目执行中或成功后受到积极或消极影响的组织和个人，换句话说，是指受项目影响的人或能影响项目的人。

项目利益相关者的识别标准有时很难确定，即分辨哪些人员或组织与项目存在干系、有多大的影响程度，是比较困难的。例如，在为了新车间而研发的信息系统项目中，未来将被雇用到新车间使用系统的工人也应该是该项目的利益相关者，但如何识别出来呢？而未能识别的项目利益相关者可能会在项目进行中带来项目额外的风险和成本等问题。

另外，项目利益相关者在参与项目的过程中，对于项目的影响会发生变化，即同一类项目利益相关者，在项目的生命期进程中会在项目的不同阶段产生不同的影响。仅辨别确定项目利益相关者，忽略其对项目影响作用的不断变化，可能也会给项目目标的实现带来不确定的因素。例如，信息系统项目的用户在项目开展初期，是项目能否启动的关键利益相关者，需要引起项目经理的绝对重视，用户的资金注入能保证项目运行，用户的需求沟通是系统分析设计的基础；而在项目的进行过程中，用户需要收到项目经理的定期汇报，以起到监督的作用；系统开发项目结束后，用户的试用体验是系统维护的重要依据。

还有，项目利益相关者对项目的影响有积极或消极之分。积极的项目利益相关者往往是那些会从项目成功中获益的利害相关人，显然他们会对项目提供各种可能的支持，也很容易辨析；而消极的项目利益相关者是指在项目成功中利益受损的利害相关人，会通过各种渠道妨碍项目进行，同时，他们对自己的消极意图通常比较隐蔽，很难辨析。因此，需要项目管理者的特别关注，以避免项目失败的风险。例如，信息系统项目的用户中，有一部分可以通过系统实施改善劳动条件和强度，提高工作效率和绩效，他们对于该项目是积极利益相关者；而系统的应用也会分担甚至替代一部分人的工作，导致这部分人的减薪甚至裁员，这部分用户对项目的开展可能会有消极阻碍作用。

项目利益相关者因为各自利益不同，通常具有不同甚至冲突的目标。例如，用户对一个新的信息系统的要求是低成本、易用好用，系统架构师则强调技术出众，分包商可能对利润的最大化更感兴趣。因此，项目团队必须对项目利益相关者不同的目标进行识别和管理。

项目的利益相关者名单会很长，重要的是不能遗漏任何利益相关者，因为这些人需要获得充足的项目信息，当然他们需要的信息种类是不同的，因为所有的利益相关者需要的信息深度不同，且他们的关注程度也不同。

1. 列出项目的利益相关者

项目内部参与者包括项目经理、团队成员和项目雇员。这部分人之间的沟通常要进行大量细节性的沟通，并在整个项目沟通工作中占据最大比例。他们的利益要求容易确认，对他们的要求要给予足够的重视。

项目外部参与者包括与项目直接相关的政府部门、担保人、发起人、银行家或承包商。这部分人或机构与项目有直接联系但其利益更具选择性。在有些情况下，项目经理较难认清这部分人的利益性质和范围。

次要项目活动的参与者有时很难确认。因此，项目开始就要认清这部分人显得尤为重要，如果忽略这部分人的要求可能会给项目带来不良影响。

(1) 项目经理。负责全面管理项目并对项目负责的人，是项目的关键人物，对项目组内部来说是领导者，承担着项目成败的主要责任；对项目组外部来说是外交官，起着重要的协调作用。

(2) 用户。使用系统的组织或个人，用户会有若干层次。例如，一个信息系统项目，它的用户包括决定购买行为的决策者、软件系统的操作使用者，以及系统维护人员等。通过对用户需要、使用感受进行分析，可以改进意向等。

(3) 执行组织。其雇员会直接参与并为项目工作的组织。例如，信息系统分析、设计、开发等职能部门。

(4) 项目团队成员。执行项目工作的一组人，如为完成一个信息系统项目而组成的项目组，项目的成功很大程度上取决于项目团队的能力。

(5) 影响者。并不直接采购或使用项目产品，但是因为自身与用户或项目团队的关系，可以对项目进程施加积极或消极影响的个人或组织，如信息系统开发组织的财务部门。

(6) 高层管理人员。项目经理能否成功地领导项目的一个非常重要的因素就是他们从高层管理人员处获得支持的程度。

高层管理人员的作用往往被项目经理和项目团队所忽视，特别是用户方的高层管理人员，有的项目经理直到项目结束还不曾与他们谋面，更不用说主动获得其支持，因为有的项目经理只对如何做好项目中的工作感兴趣，有问题就应如何解决，然而，没有高层管理层的参与和支持，许多项目都不会成功。项目只是更大范围的组织环境中的一部分，其许多影响因素是不为项目经理所控制的。

除了以上这些主要的项目利益相关者外，还有许多内部和外部的利益相关者，如公司所有人、投资人、债权人，信息系统项目的供应商和分包商，项目成员家属，政府机构和媒体渠道等。再如，政府的某项税率政策会影响项目成本、家庭关系是否和睦会影响员工工作效率等。

2. 项目利益相关者的分类

对项目利益相关者进行确认和分类有益于项目经理确定重要沟通工作的性质、何时以何种方式向个人或群体传递信息，并通过反应或反馈评定信息传递的影响。

（1）项目内部的利益相关者，主要包括项目经理、上层领导、顾问咨询公司专家、运营商和其他成员、管理成员与支持成员、全职承包商。

（2）外部人员与参与者，包括决定购买行为的决策者、软件系统的操作使用者，以及系统维护人员、担保人、供应商、银行等。

（3）外部次要人员，包括相关政府机构、企业职工、学者等。

这些信息需求者和所需信息深度也各有不同，首先项目内部的利益相关者人数最少，所需的信息深度最深；其次是外部参与者，他们所需信息深度次之；最后是外部次要人员，人数最多，所需信息深度最浅，项目团队可以依据这个特点来制订沟通计划。

3. 了解项目利益相关者

在设计沟通计划过程中，项目经理不仅必须要知道利益相关者是谁，他们所在的部门、责任和关系，还要了解他们会给项目带来的贡献、支持或反对情况。

在理解各个层面的利益相关者和文化差异时，部分贫富贵贱尤为重要。人们常常按照心理学家的理论来评定和考虑项目利益相关者的需求，为有效的沟通奠定基础。

4. 与利益相关者的冲突和利益相关者之间的冲突

有效的沟通不仅对项目的实施和控制至关重要，而且也是克服冲突的利器。在对项目利益相关者进行分析并归档后，应找出冲突易发领域以便进行事先防范。在某些情况下，利益相关者与项目团队之间的冲突会对项目产生不良影响，但是，如果事先关注这方面，设计一个良好的沟通计划能将不良的影响降到最低，应及早开展信息收集和谨慎坦诚的讨论，防止误解的产生。

因为项目管理的最终目的是要使项目满足或超过利益相关者的需求和期望，因此，在项目人力资源计划中纳入项目利益相关者的分析是非常重要的。在项目开始和进行过程中，需要认真考虑到底有哪些人是项目利益相关者中的重要角色，项目进行中有哪些变化，把握住这些重要的角色，项目的人脉也就畅通了。

9.3　IT 项目沟通计划

9.3.1　项目沟通概念

1. 沟通含义

对于沟通的定义比较多，如沟通（communication）是通过说话、信号、书写或行为来交换思想、消息或信息；沟通是指信息通过预先设定好的符号系统在个人间传递的过程；沟通是为了设定的目标，把信息、思想和感情在个人或群体间传递的过程。

常用的沟通含义是指信息通过一套公共的符号、标记或行为体系，在个体之间互相交换并获取理解的过程，沟通是项目团队的活力源泉。缺乏有效的沟通，团队就不可能成功。要使沟通成功，沟通接收者就必须理解沟通发送者想要传达的消息，发送者和接收者必须都认定发送者已经理解了消息。消息发送后，发送者会通过反馈（feedback）积极寻找来自接收者的信息，以确保消息被正确传达和理解。

2. 项目沟通目的

项目沟通是为了实现项目管理目标，项目团队与其他组织、项目团队成员之间信息、思想、情感的传递和理解的过程。项目沟通贯穿于项目生命周期的各个阶段，在项目的定义阶段识别客户需求、明确项目目标需要沟通；在项目的开发阶段制订进度计划、质量计划需要沟通；在项目的实施阶段检查、协调需要沟通；在项目的收尾阶段评审、验收也需要沟通。有效的沟通可以确保在适当的时间以低代价的方式使正确的信息被合适的人所获得。项目沟通的目的具体包括：①保持项目进展；②识别潜在问题；③征求建议以改进项目绩效；④满足客户需求；⑤避免意外。

在项目早期，高度的面对面沟通对促进团队建设，发展良好的工作关系和建立共同愿望是特别重要的。

3. 项目沟通计划的内容

沟通计划（communication planning）涉及项目全过程的沟通工作、沟通方法、沟通渠道等各个方面的计划与安排。

为了让项目顺利地运作，所有的项目利益相关者都会在整个项目生命周期中需要各种类型的信息。沟通计划是要制订一套综合计划的过程，及时通知利益相关者所有的相关信息。简言之，这个过程关注的是确定利益相关者需要哪些信息、何时需要，以及信息要以何种格式提供。这项活动的目标是要总结在外部管理者、项目成员、客户以及其他利益相关者之间的沟通过程。沟通计划包括：①团队要于何时以及如何提供书面报告和口头报告；②团队成员要怎样协调工作；③要发布哪些消息来宣布项目里程碑；④项目中的供应商和外部承包商要共享哪些种类的信息。

当谈论到客户的私有信息和机密信息时，各参与方之间自由而开放的沟通也是很重要的。正是因为有效的沟通对于项目的成功来讲十分必要，因此，沟通计划应该在项目生命周期的前期就执行。在制订沟通计划时，要回答许多问题，以确保计划的综合性和完整性。对于每位利益相关者，应该制订出全面的沟通计划。这套计划将会概括总结沟通文档、工作安排、进度和发布方法。

9.3.2　项目沟通过程

1. 项目沟通模型

项目沟通过程，简单地说，就是传递信息的过程，这一过程中至少存在一个发送者和一个接收者。沟通的一般过程就是发出信息的一方通过传递渠道使信息到达接收的一方，接收信息的一方在对信息进行理解或处理后，形成确认或更新的结果，信息通过传递渠道反馈给另一方。项目沟通过程模型如图 9-2 所示。

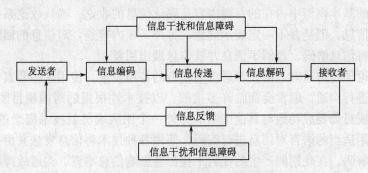

图 9-2　项目沟通的一般过程模型

沟通的基本模型表明了发送方和接收方之间信息的发送和接收。该沟通模型的关键组件包括：①编码，指将思想或概念转化为人们可以理解的语言；②信息，指编码过程的成果；③媒介，指传达信息的方法；④干扰和影响，指干扰信息传输和理解的任何东西（如距离因素）；⑤解码，指将信息再次转化为有意义的思想或概念。

2. 项目沟通过程

（1）发送者与信息编码。发送者是信源，是产生某种运动状态和方式的源事物，沟通主体发送方需要向接收方发送信息，并对要发送的信息进行必要的处理，即编码或翻译。处理后的信息被编成接收者能够理解的一系列符号，这些符号必须符合后面信息传递的需要。

（2）信息传递过程。传递过程包括信息传递的方式、渠道、时机等内容，不同的信息传递过程会对项目沟通的效果产生不同的影响。

（3）接收方和信息解码。接收方是信宿，根据传递符号、媒体和传递方式的不同，选择对应的接收方式，通过解码或翻译，将这些符号译成具有特定意义的信息，还需要通过汇总、整理和推理等主观努力加以理解，再将通过理解后的信息进行总结、补充或加工，形成新的信息内容，并确定反馈信息，传递给接收者。

（4）信息反馈。反馈过程是一个逆向的沟通过程，主要用来检查沟通双方对传输信息的理解。在这一过程中，原来的信息接收方变为信息的发送方，原来的信息发送方变为信息的接收方，构成了信息双向循环流动。

（5）信息干扰和信息障碍

在任何一个项目沟通过程中，由于客观沟通环境的存在，信息干扰和信息障碍是不可避免的，通常这些因素被称为"噪声"。噪声主要来源于发送与接收方的相关专业知识或业务素质等方面的欠缺。显然，信息干扰和信息障碍的存在会扭曲、延迟甚至阻止项目信息的传递。所以，要保证高效率的项目沟通，就必须有效地屏蔽和消除信息干扰和信息障碍。

沟通的基本模型中内在的一项内容是确认信息的收讫。确认收讫系指接收方表示收到信息，但是并不一定表示同意。另外一项内容是，对信息的回应，即接收方已经将信息解码、理解了信息并就信息做出回复。

在讨论项目沟通时，需要考虑沟通模型的各项要素。使用这些要素与项目利害关系者进行沟通，通常会面临许多挑战。以技术性很强的跨国项目团队为例，一个团队成员如要成功地与其他国家的另外一个团队成员就技术概念进行沟通，需要涉及用适当的语言对信息进行编码，使用各种技术将信息发送并由接收方对信息进行解码。在此期间产生的任何干扰都会影响信息本意。沟通故障将对项目造成不利影响。

项目沟通计划的过程是确定利害关系者的信息与沟通需求，包括谁需要何种信息、何时需要以及如何进行传递。虽然所有项目都有交流项目信息的需要，但信息的需求及其传播方式却彼此大相径庭。认清利害关系者的信息需求，确定满足这些需求的恰当手段，是项目成功的重要因素。

9.3.3　项目沟通类别

项目团队的沟通方式多种多样，根据不同的标准，可以有不同的分类，常见的分类有如下几种。

1. 书面、口头与非语言沟通

（1）书面沟通（written communication），即使用标准符号来交流备忘录、报告、信件、电子邮件和即时通信等内容，它提供了沟通记录，对于正式和复杂的沟通会特别有效。当然，书面沟通会相对耗时一些。

（2）口头沟通（oral communication），即口语交流，速度会很快，需要付出的努力也比较小，但没有书面沟通那样正式。口头沟通的一个主要缺点是消息在传达给他人时，很容易被曲解。但是，口头沟通，特别是在做文稿演示的时候，如果使用视觉辅助功能（如高射幻灯片、活动挂图、讲义或计算机辅助幻灯）会增强效果。

（3）非语言沟通（nonverbal communication），即通过的姿势、手势、面部表情、眼神接触以及个人空间等肢体语言来传递信息，它可以在传达和解译口语交流信息的时候起到重要的作用。研究发现，人与人之间有 70% 的信息是通过非语言的方式进行交流的。

表 9-2 总结了不同类型的项目沟通的优缺点。

表 9-2　口头、书面沟通方法比较表

沟通方式	优点	缺点
口头沟通	传递、反馈速度快	信息量大，沟通效果受人为因素影响大；传递层越多，信息失真越严重；可追溯性差
书面沟通	持久，可追溯；电子形式快速高效	纸质的效率低、缺乏反馈，借助网络的电子形式可反馈，但没有表情，不亲近
非语言沟通	信息意义明确，内容丰富含义隐含灵活	传递距离有限，界限含糊；有的只可意会，不可言传

2. 正式沟通与非正式沟通

沟通是组织内部常规的沟通方法，照组织系统划分，沟通可以分为非正式沟通（informal communication）和正式沟通（formal communication）。

（1）正式沟通往往需要遵守信息的权威性、等级和类型等习惯与标准。正式沟通一般都要写东西，都要遵循标准的格式，这样形式化文档才可以很容易地确认和存储。正式沟通的优点是沟通效果好，比较严肃，约束力强，易于保密，并能使信息保持权威性，组织中重要消息、文件以及决策的传达一般都采用这种方式；缺点是沟通速度慢，比较由于信息依靠组织系统层层传递，有可能造成信息失真或扭曲。

（2）非正式沟通是正式沟通的补充，源于人们的社会交流，往往会受到风俗、习惯和文化的约束。每一个项目团队都会有一种或多种非正式的沟通方法，不管是在大厅里交谈，还是通过互联网发布即时消息。不同的人会有不同的关系，交流非正式信息的方式也会有所不同。与正式沟通相比，非正式沟通具有传播速度快、信息比较准确、沟通效率较高、可以满足员工的各种需要的优点；缺点是信息内容常常被夸大、曲解，具有一定的片面性。

3. 垂直沟通与水平沟通

根据方向划分，沟通可分为以下两种：

（1）垂直沟通（vertical communication），指的是组织内部在较高层与较低层之间流动的沟通信息。向上沟通信息一般会流向某位上级领导，而向下沟通信息则会流向某一个人或者多个人。当然也有例外，但垂直沟通往往会比较正式一些。

（2）水平沟通（horizontal communication），指的是在团队成员之间或者在组织同一级别的职能领域内的沟通。在团队内部，即便是跨越了功能领域，沟通通常会被看做是水平沟通，一般都不太正式。团队外部的沟通通常会被看做是垂直的，会更加正式一些。

4. 单向沟通和双向沟通

根据沟通中是否进行反馈，沟通可分为单向沟通和双向沟通。

（1）单向沟通，是指在沟通过程中发送方只发送信息，接收方只接收信息，没有信息反馈，单向沟通如作报告、演讲等。

（2）双向沟通，是指在沟通过程中发送方以协商和讲座的姿态向接收方发送信息，接收方接收到信息后要及时反馈意见，这样在整个沟通过程中发送方和接收方的角色不断变化，直到双方共同满意为止。双向沟通如协商、会谈等。

一般来说，单向沟通的信息传递速度快，但准确性差，有时还容易使接收者产生抗拒心理。双向沟通的信息传递准确性高，而且接收者可以反馈意见，使用权接收者产生参与感及平等感，有助于增强接收者的责任心，但双向沟通的信息传递速度较慢。

总而言之，对于子项目团队而言，信息发布是高效沟通的一个重要组成部分。伴随着互联网以及其他数字技术的出现，选择的范围会越来越广。然而，交流不同类型的信息，每一种沟通方法都有自己的优势和劣势。在过去，沟通的一般准则是正式沟通、是书面的，非正式沟通则是口头的。然而现在有了高效的团队存储空间等需求，并且有意愿要更加有效地利用互联网所提供的复杂的网络环境，越来越多的信息正在通过数字媒体进行发布。

9.3.4　项目沟通计划制订步骤

1. 制订项目沟通计划的依据

（1）组织过程资产。组织过程资产中的因素作为本过程的信息依据，其中，经验教训和历史信息是最重要的依据信息。经验教训和历史信息可基于先前的类似项目，提供相关沟通问题的决策和结果。

（2）项目范围说明书。项目范围说明书为未来的项目决策提供了文档化的基础，并在项目利害关系者之间就项目范围达成共识。利害关系者分析是作为范围定义过程的一部分完成的。

（3）项目管理计划。项目管理计划为项目提供背景信息，包括与沟通规划相关的日期和制约因素：①制约因素，指限制项目管理团队权衡选择的因素，例如，团队成员工作地点分散，沟通软件版本不兼容，沟通技术能力有限等。②假设，影响沟通规划的特定假设取决于具体项目的特定性。

2. 制订项目沟通计划的工具与技术

1）沟通需求分析

通过沟通需求分析可得出项目各利害关系者信息需求的总和。信息需求的界定是通过所需信息的类型与格式以及该信息价值的分析这两者结合来完成的。项目资源只应该用于沟通有利于成功的信息，或者缺乏沟通会造成失败的信息。这并不是说不用发布坏消息，而是说，沟通需求分析的本旨在于防止项目利害关系者因过多的细节内容而应接不暇。

项目经理应考虑到，潜在沟通渠道或沟通路径的数量可反映项目沟通的复杂程度。

沟通渠道总量为 $n(n-1)/2$，其中，n 为利害关系者人数。因此，如果项目的利害关系者为 10 人，则项目具有 45 条潜在沟通渠道。

在项目沟通规划中，一项极为关键的内容是确定并限制谁与谁沟通，以及谁是信息接收人。确定项目沟通要求通常需要的信息包括：①组织机构图及项目组织和利害关系者职责关系、利害关系者信息；②项目中涉及的学科、部门和专业；③多少人参与项目、在何地参与项目等后勤物流因素；④内部信息需求（如跨越组织的沟通）和外部信息需求（如与媒体或承包商的沟通）。

2）沟通技术

项目利害关系者之间来回传递信息的技术和方法有可能大相径庭。从简短的谈话到长时间的会议，从简单的书面文件到即时在线所查询的资料（如进度表和数据库），可以影响项目的沟通技术因素包括：①对信息需求的紧迫性。项目的成败取决于能否立即调出不断更新的信息，还是只要有定期发布的书面报告就可以。②技术是否到位。已有的系统能否满足要求，还是项目需求足以证明有改进必要。③预期的项目人员配备。所建议的沟通系统是否适合项目参与者的经验与特长，还是需要大量的培训与学习。④项目时间的长短。现有技术在项目结束前是否有变化的可能。⑤项目环境。项目团队是以面对面的方式进行工作和交流，还是在虚拟的环境下进行工作和交流。

3）制订项目沟通计划过程的成果

项目沟通管理计划包含在项目管理计划内或作为项目管理计划的从属计划，可提供以下内容。

（1）利益相关者沟通需求分类、确定沟通方式、沟通渠道等。保证项目人员能够及时获取所需的项目信息。例如，描述什么信息发送给谁，什么时候发送，如何发送等。例如，所有的状态报告都是书面的还是有些是口头的，确定每一份更新的主进度表是否要发送给每一个项目利益相关者。项目沟通利益相关者实例分析如表 9-3 所示。

表 9-3　项目沟通利益相关者分析实例

利益相关者	文件名称	文件格式	联系人	交付期限
客户管理人员	月度状态报告	硬拷贝	张兰兰	每月月初
客户业务人员	月度状态报告	硬拷贝	王汉一	每月月初
客户技术人员	月度状态报告	电子邮件	刘丁	每月月初
内部管理人员	月度状态报告	硬拷贝	安杰、刘天	每月月初
内部业务和人员	月度状态报告	企业内部互联网	王永民	每月月初
培训转包商	培训计划	硬拷贝	李莉	本年年末
软件转包商	软件实施计划	电子邮件	乔纳森	次年 6 月 1 日

（2）信息收集和存储渠道的结构，用于收集和保存不同类型的信息，如会议信息、供应商品信息、项目或主管单位各部门间信息等。这包括传达信息所需的技术或方法，如备忘录、电子邮件和新闻发布等。为了将这些与项目有关的重要信息收集、归类并保存，有必要制定和遵循一个信息管理制度，以确定不同的信息以何种介质出现、对于新旧版本如何管理、编号规则、如何设定密级、无用信息如何处理等。

（3）对要发布的信息的描述，包括格式、内容、详尽程度。制定项目组成员在准备书面的和口头的状态报告时格式，对所有的缩写词和定义编写一个列表进行说明，规定所有报告的专用模板，定义项目中所有出现的项目术语和词组，建立统一的词汇表。

（4）沟通频率和进度安排。沟通频率主要是设定单位时间内的沟通次数，如每周沟通等；而进度安排主要是指创建信息日程表，分配资源去创建信息和发送关键项目信息，明确项目关系者在规定的时间获得其所期望的信息，通知项目关系人在何时参加何种会议，对项目的各种文档何时评审和批准。

（5）随项目的绩效对沟通管理计划更新与细化的方法。随着项目的不断推进，原有的项目沟通管理计划会发生变化，因此，必须要确定沟通管理计划变更的执行人和变更后沟通管理计划的发送方式。

项目沟通中可以用一张简明的表格列出一些重要内容以防止出现遗漏。格式如表 9-4 所示。

表 9-4　项目沟通计划表

文件名称	频率	接收人	格式/媒介	交付时间	负责人	签收方式	备注
月进度报告	每月	主管经理	电子邮件	每月 1 日	信息发送人：项目经理	邮件回执	
		项目组全体成员	内部数据库共享	每月 1 日		标记确认	
		客户代表	书面	每月 1 日		书面签字	
月例会	每月	项目组全体成员	会议	每月第二周	主持人：项目经理	会议签到会议纪要签收	
		客户代表					
		主管经理					

沟通管理计划也可包括项目状态会议、项目团队会议、网络会议和电子邮件等各方面的指导原则。根据项目需要，沟通管理计划可以是正式的、非正式的、极其详细的或者十分简括的。沟通管理计划通常会形成额外的可交付成果，因此，相应地需要额外的时间和精力。

本 章 小 结

项目人力资源管理指对人力资源的获取、培训、保持和利用等方面进行的计划、组织、指挥和控制活动。项目人力资源管理的四个过程是人力资源规划、项目团队组建、项目团队建设、项目团队管理等。

人力资源管理规划的主要任务是识别利益相关者、确定项目的角色、职责、报告关系，并制定人员配备管理计划。人力资源管理规划的主要输出是人员配备管理计划，用以描述何时、以何种方式满足项目人力资源的需求。

项目沟通是传递信息的过程，沟通可以有不同的分类，常见的有工具式沟通和感情式沟通、正式沟通和非正式沟通、纵向沟通和横向沟通、单向沟通和双向沟通，以及口头沟通、书面沟通及非言语沟通等。

项目沟通的目标是及时而适当地创建、收集、发送、储存和处理项目的信息。项目沟通规划的过程中主要输出是项目沟通管理计划，其主要内容包括利益相关者沟通需求分类、信息收集和存储渠道的结构、对要发布的信息的描述、沟通频率和进度安排等。

案例分析

微软公司无疑是世界上聪明人云集的地方，比尔·盖茨靠什么对这些员工进行有效的管理呢？答案很简单，即人格化管理。

建立电子邮件系统。这种系统的使用使员工体验到和睦的民主气氛。电子邮件系统是一最迅速、最方便、最直接、最尊重人性的沟通工作方式。除了员工间的相互沟通、传递信息、布置任务可以通过它外，最重要的是员工对公司最高层提出意见和建议时也可以方便地使用它。电子邮件系统为微软公司内部员工和上下级的交流提供了最大的方便，确保了相互间意向的及时沟通，有利于消除相互间的隔阂，统一步调，这是微软公司在人员管理上的一大特色。

无等级的安排。等级隔阂是人与人之间关系难以融洽的一大原因，这种在不同等级间形成的思想隔阂是很难消除的，它的存在妨碍了人们间的相互沟通，不利于企业员工形成一个坚固的整体，为共同的事业齐心协力。因此，在管理工作中，应尽可能消除它的影响。微软公司的公司内部人员关系的处理上正是这样做的。

平等的办公室。只要是微软公司的职工，都有自己的办公室或房间，每个办公室都是独立隔开的，有自己的门和可以眺望外面的窗户。每个办公室的面积大小都差不多，即使董事长的办公室也比别人的大不了多少。对自己的办公室，每个人享有绝对的自主权，可以自己装饰和布置，任何人都无权干涉。至于办公室的位置也不是上面硬性安排的，而是由员工自己挑选的，如果某一间办公室有多个人选择，则通过抽签决定。另外，如果你对第一次选择不满意，还可以下次再选，直到满意为止。

每个办公室都有可随手关闭的门，公司充分尊重每个人的隐私权。微软公司的这点与其他公司不同，它使员工们感到很有意思，而且心情舒畅。

无等级划分的停车场。在微软公司，各办公楼门前都有停车场，这些停车场是没什么等级划分的，不管是盖茨，还是一般员工，谁先来谁就先选择地方停，只有先来后到，没有职位高低。但是，即使如此，盖茨也从来没有因找不到停车的地方而苦恼过，这是因为每天他比别人来得都早。

轻松的工作氛围。让员工尽可能放松，减少不必要的干扰，是微软公司处心积虑地为员工设想的又一个方面。

没有时钟的办公大楼。微软公司的办公大楼是用简易的方法建造的，主要的材料是钢筋。办公大楼的地面上铺着地毯，房顶上闪着柔和的灯光，但让人奇怪的是整座办公大楼内看不到一座钟表，大家凭良心上下班，加班多少也是自愿的。

适应天气的工作方式。微软公司总部位于西雅图市，该市的天气是经常阴天，晴天较少，只要一出太阳，只要是风和日丽，员工们均可自由自在地在外面散散心。

到处可见的高脚凳。微软公司除了为员工免费提供各种饮料之外，在公司内部，用于办公的高脚凳到处可见，其目的在于方便公司员工不拘形式地在任何地点进行办公。当然，这种考虑也离不开软件产品开发行业的生产特点。

快乐的周末。每周星期五的晚上举行狂欢舞会是微软公司的传统。盖茨一直想把这个舞会办得更正式一点，以缓解经过拼搏形成的压力和紧张，增强企业员工的凝聚力和向心力，达到相互沟通、增进理解和友谊的目的。

微软公司就是靠别出心裁的人格化管理，吸引了一大批富有创造力的人才到微软公司工作，并且微软公司独特的文化氛围也使这些人才留在了公司。

问题：请你选择某一内容型激励理论，并阐述微软公司是如何运用该理论的观念以激励其员工的。你愿意为这家公司工作吗？为什么？

➤ 复习思考题

1. 项目人力资源管理内容是什么？
2. 请介绍项目人力资源管理的过程。
3. 什么是人力资源计划？请说明其目的和内容。
4. 人力资源计划编制步骤如何？
5. 请说说你将要开发的校园旧物交易网站项目的主要项目利益相关者有哪些，详细说明他们之间的关系。
6. 项目沟通有什么样的重要意义？
7. 管理项目沟通时，会涉及哪些主要的过程？
8. 请详细说明在项目团队环境下的书面、口头与非语言沟通，非正式与正式沟通以及垂直与水平沟通。
9. 描述并比较 3 种不同类型的绩效报告。
10. 请创建一份沟通计划，这份文档要指导项目生命周期当中的沟通。

第10章

IT 项目风险管理计划

【本章学习目标】

➤ 了解 IT 项目风险管理计划的概念、特点与分类
➤ 掌握 IT 项目风险管理计划的编制流程
➤ 掌握 IT 项目风险识别的方法与技术
➤ 掌握 IT 项目风险分析的定性与定量方法
➤ 掌握 IT 项目风险应对计划的编制步骤

10.1 IT 项目风险管理计划基础

项目风险管理是指为了最好地达到项目目标，识别、分配、应对项目周期内风险的科学与艺术。风险管理对选择项目、确定项目范围和编制现实的进度计划和成本估算有积极的影响。风险管理有助于利益相关者了解项目的本质。

风险管理计划是计划和设计如何进行项目风险管理的过程，记录了管理整个项目过程中所出现风险的程序。该过程应该包括定义项目组织及成员风险管理的行动方案及方式，选择合适的风险管理方法，为风险管理活动提供充足的资源和时间，并确立风险评估的基础等。

10.1.1 风险与项目风险

1. 风险

风险是指对无法达到预定目标的可能性和结果的一种测评，是可能给项目的成功带来威胁或损害的可能性。"风险"包含着"不确定性"。当事件、活动或项目有损失或收益与之相联系，涉及各种偶然性或不确定性，涉及某种选择时，才称为有风险。对于某个既定事件而言，风险包含两个要素：一是某事件发生的可能性；二是该事件发生所带来的影响。

风险具有一定的特征，认识到这一点对项目经理正确把握风险、采取科学措施来防范和规避风险非常必要。风险的一般特征如下。

（1）风险的客观性。风险的客观性是指风险的存在不以人的意志为转移，不管风险主体是否能意识到风险的存在，风险在一定情况下都会发生。

（2）风险的不确定性。风险具有不确定性，它的发生不是必然的。风险何时、何地发生以及风险对项目的影响程度都是不确定的。

（3）风险的相对性。风险是相对于不同的风险管理主体而言的，风险管理主体承受风险的能力、项目的期望收益、投入资源的大小等因素都会对风险的大小和后果产生影响。

（4）风险的可变性。在不同的情况下，风险是可以变化的。项目本身和环境发生变化，项目的风险也会随之发生变化。

（5）风险的阶段性。风险是分阶段发展的，而且各个阶段都有明确的界限。风险的阶段性主要包括风险潜在阶段、风险发生阶段以及造成后果阶段。

（6）风险事件的随机性。风险事件的发生及其后果都具有偶然性。人们通过长期的观察发现，风险事件的发生具有随机性。

2. 项目风险

项目风险是指项目所处环境和条件的不确定性，导致项目的最终结果与项目利害关系人的期望产生背离，并给项目利益相关者带来损失的可能性。项目风险涉及项目中可能发生的潜在问题以及它们如何妨碍项目的成功。

项目风险的产生主要是由项目的不确定性所造成的，而不确定性是由项目团队无法充分认识项目未来的发展和变化所造成的，这种不确定性不能通过主观努力来消除，而只能通过主观努力来降低。

项目的一次性使其不确定性要比其他一些经济活动大许多，因而项目风险的可预测性也就差得多。重复性的生产和业务活动出了问题，常常可以在以后找到机会补偿，而项目一旦出现了问题则很难补救。项目多种多样，每一个项目都有各自的具体问题，但有些问题却是很多项目所共有的。

项目风险贯穿整个项目的生命周期，并且项目的不同阶段会有不同的风险。风险随着项目的进展而变化，其不确定性一般会逐渐减少。最大的不确定性存在于项目的早期，早期阶段做出决策对以后阶段和项目目标的实现影响最大。

3. IT 项目风险的特点

（1）在 IT 项目的整个生命周期中，由变更及其产生的不确定性是最常见的潜在问题。

（2）IT 项目具有比普通项目更高的不确定性。项目目标一般不像工程或其他项目那样有比较清楚的定义，甚至在项目启动时还没有完全定义好。

（3）IT 项目需求不断变化，范围常常延伸，界限很难划清；系统的衔接、过程的嵌入相对复杂。

（4）IT 项目常常试用新技术或仅有有限经验的技术，增大了项目的风险程度。

（5）IT 项目积累影响明显，当前的项目往往依赖于过去或现在正在进行的项目的结果，如果前面的项目出了问题，当前项目必受影响。

4. IT 项目风险管理的目的

目前 IT 项目大多数需要多种技术的整合，这就需要更深刻、更透彻地了解技术。

IT 项目需要风险管理，这就要求 IT 项目经理能够掌握项目风险，从而减少项目损失或化解风险，达到以下目的：①尽早识别潜在问题，为项目实施创造安全环境；②促进项目团队合作，更有效地利用资源；③项目按计划开始，有节奏地进行，实施始终处于良好的受控状态；④应付特殊变故，增加项目成功的机会；⑤使竣工的项目效益稳定。

10.1.2   IT 项目风险分类

IT 项目风险，一般有以下几种。

（1）人力资源风险。①人员的时间和精力不足；②人员拒绝参加到项目组；③项目成员发生变动；④项目组人员不稳定；⑤没有合适的培训人员。

（2）硬件资源和环境风险。①缺少必要的软件；②硬件设备不具备；③办公环境不完善；④测试所需的资源和安排不能满足；⑤测试环境的准备不充分。

（3）客户需求风险。①客户需求不明确；②客户需求发生变更；③客户需求发生重大变化。

（4）技术风险。①项目经理、项目人员的能力不足；②项目组未正确理解客户需求；③项目组设计的方案不能完全满足客户需求；④无法正确标识本项目的风险；⑤不能正确评价项目风险；⑥选择的风险对策不能有效地化解或减轻风险；⑦没有合适的需求分析方法和建模工具；⑧无法发现风险管理计划中风险识别、风险评价、风险策略的问题；⑨项目计划任务不明确，进度安排及资源配置不合理；⑩测试范围不合理，无法明确定义测试项；⑪测试用例的选择缺乏代表性、不完备；⑫测试人员的培训不充分。

（5）质量风险。①需求报告发生质量问题；②概要设计发生质量问题；③详细设计发生质量问题；④用户操作手册发生质量问题；⑤代码质量不符合项目编码规范的要求；⑥单元测试问题报告数量过多；⑦各单元模块集成后，整个系统出现重大问题；⑧系统的某些性能指标不能达到客户需求明确定义的验收指标；⑨软件产品出现功能性错误；⑩软件产品出现性能问题；⑪软件产品未通过公司内部评审；⑫软件复制过程中产生质量问题；⑬不能完成软件产品安装；⑭对已安装的软件产品的测试产生新的问题；⑮试运行阶段发现软件产品存在错误。

（6）变更风险。①客户需求发生变更；②需求分析报告发生变更；③概要设计发生变更；④详细设计发生变更；⑤代码模块发生变更。

（7）进度风险。软件产品生命周期各个阶段发生进度延迟。

（8）成本风险。项目费用超标。

（9）客户关系风险。①无法与用户对交付形式、交付时间和交付内容达成共识；②用户对软件产品不认可，不在交付清单和试运行报告上签字。

（10）其他风险。①客户承诺；②合同风险；③收款风险。

10.1.3　IT 项目风险管理计划的流程

第一，IT 项目风险识别：识别可能影响项目的风险并记录每个风险的属性。

第二，IT 项目风险评估：评估风险以及风险之间的相互关系，以评定风险可能产生的后果极其影响范围。

第三，IT 项目风险应对：制订增加成功机会和应对威胁的计划。

10.2　IT 项目风险识别

10.2.1　项目风险识别基础

1. 含义

风险识别指采用系统化的方法，识别出项目中已知的和可预测到的风险，并将其特性记载成文。参加风险识别的人员通常可包括项目经理、项目团队成员、风险管理团队（如有），以及项目团队之外的相关领域专家、顾客、最终用户、其他项目经理、利害关系者和风险管理专家。虽然上述人员是风险识别过程的关键参与者，但应鼓励所有项目人员参与风险的识别。

2. 特点

风险识别是一项反复过程。随着项目生命期的进展，新风险可能会出现。反复的频率以及谁参与每一个迭加过程都会因项目而异。项目团队应参与该过程，以便针对风险制定与风险相关的应对措施，并保持一种责任感。项目团队之外的利害关系者也可为项目提供客观的信息。风险识别过程通常会直接引入下一个过程，即定性风险分析过程。有时，如果风险识别过程是由经验丰富的风险经理完成的，则可直接进入定量分析过程。有些情况下，仅通过风险识别过程即可确定风险应对措施，并且对这些措施进行记录，以便在风险应对规划过程中进一步分析和实施。

10.2.2 风险识别过程

风险识别过程如图 10-1 所示。

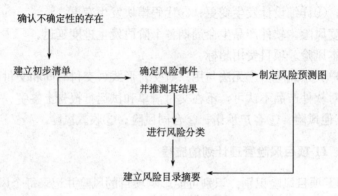

图 10-1 风险识别过程图

1. 风险识别的依据

（1）事业环境因素。在风险识别过程中，公布的信息如商业数据库、学术研究、基准参照或其他行业研究对风险识别都有用。

（2）组织过程资产。可从先前项目的项目档案中获得相关信息，包括实际数据和经验教训。

（3）项目范围说明书。通过项目范围说明书可查到项目假设条件信息。有关项目假设条件的不确定性，应作为项目风险的潜在成因进行评估。

（4）风险管理计划。风险识别过程中提供的主要依据信息包括角色和职责的分配，预算和项目进度计划中所纳入的风险管理活动因素，以及风险类别。风险类别有时可用风险分解结构形式表示。

（5）项目管理计划。风险识别过程也要求对项目管理计划中的进度、费用和质量管理计划有所了解。应对其他知识领域过程的成果进行审查，以确定跨越整个项目的可能风险。

2. 风险识别的工具与技术

1）文件审查

文件审查指对项目文件（包括计划、假设、先前的项目文档和其他信息）进行系统和结构性的审查。项目计划质量，所有计划之间的一致性及其与项目需求和假设条件的符合程度，均可表现为项目中的风险指示器。

2）信息搜集技术

（1）头脑风暴法。头脑风暴法的目的是取得一份综合的风险清单。头脑风暴法通常由项目团队主持，也可邀请不同学科专家来实施此项技术。在一位主持人的推动下，与会人员就项目的风险集思广益。可以以风险类别（如风险分解结构）作为基础框架，然后再对风险进行分类，并进一步对其定义加以明确。

（2）德尔菲技术。德尔菲技术是专家就某一专题达成一致意见的一种方法。如表 10-1 所示。项目风险管理专家以匿名方式参与此项活动。主持人用问卷征询有关重要项目风险的见解。问卷的答案交回并汇总后，随即在专家中传阅，请他们进一步发表意见。此过程进行若干轮之后，就不难得出关于主要项目风险的一致看法。德尔菲技术有助于减少数据中的偏差，并防止任何个人不适当地评估对结果产生过大的影响。

表 10-1　德尔菲法中的风险调查表

可能发生的风险因素	权数（W）	风险因素发生的可能性（C）					W×C
		很大 1.0	比较大 0.8	中等 0.6	不大 0.4	较小 0.2	
政局不稳	0.05			√			0.03
物价上涨	0.15		√				0.12
业主支付能力	0.10			√			0.06
技术难度	0.20				√		0.04
工期紧迫	0.15			√			0.09
材料供应	0.15		√				0.12
汇率浮动	0.10			√			0.06
无后续项目	0.10				√		0.04

$\sum W \times C = 0.56$

（3）访谈法。访谈法指通过访问有经验的项目参与者、利害关系者或某项问题的专家来识别风险，有助于识别在常规方法中未被识别的风险。

（4）根本原因识别。根本原因识别指对项目风险的根本原因进行调查。通过识别根本原因来完善风险定义并按照成因对风险进行分类。通过考虑风险的根本原因，制定有效的风险应对措施。

（5）SWOT 分析法，即优势、弱点、机会与威胁分析或是态势分析。它保证从态势分析的每个角度对项目进行审议，以扩大风险考虑的广度。

3）核对表分析

风险识别所用的核对表可根据历史资料，以往类似项目所积累的知识，以及其他信息来源着手制定。风险分解结构的最底层可用作风险核对表。使用核对表的优点之一是风险识别过程迅速简便，其缺点之一就是所制定的核对表不可能包罗万象。应该注意探讨标准核对表上未列出的事项。在项目收尾过程中，应对风险核对表进行审查、改进，以供将来项目使用。

4）假设分析

每个项目都是根据一套假定、设想或者假设进行构思与制定的。假设分析是检验假设有效性（即假设是否成立）的一种技术。它辨认不精确、不一致、不完整的假设对项目所造成的风险。

5）图解技术

（1）因果图，又称石川图或鱼骨图，用于识别风险的成因。

（2）系统或过程流程图，显示系统各要素之间如何相互联系，以及因果传导机制。

（3）影响图，显示因果影响，按时间顺序排列的事件，以及变量与结果之间的其他关系的图解表示法。

3. 风险识别的成果

风险识别过程的主要成果形成项目管理计划中风险登记册的最初记录。最终，风险登记册也将包括其他风险管理过程的成果。风险登记册的编制始于风险识别过程，主要依据下列信息编制而成，然后可供其他项目管理过程和项目风险管理过程使用。

（1）已识别风险清单，指在清单上对已识别风险进行描述，包括其根本原因、不确定的项目假设等。风险可涉及任何主题和方面，如关键路线上的几项重大活动具有很长的超前时间；港口的劳资争议将延迟交货，并将拖延施工期；一项项目管理计划中假设由 10 人参与项目，但实际仅有六项资源可用。资源匮乏将影响完成工作所需的时间，同时相关活动将被拖延。

（2）潜在应对措施清单，指在风险识别过程中，可识别出风险的潜在应对措施。如此确定的风险应对措施可作为风险应对规划过程的依据。

（3）风险根本原因，指可导致已识别风险的根本状态或事件。

（4）风险类别更新，指在识别风险的过程中，可能识别出新的风险类别，进而将新风险类别纳入风险类别清单中。基于风险识别过程的成果，可对风险管理规划过程中形成的风险分解结构进行修改或完善。

10.3　IT 项目风险分析

10.3.1　定性风险分析方法

定性风险分析是指对已识别风险的影响和可能性大小的评估过程，该过程按风险对项目目标潜在影响的轻重缓急进行排序，并为定量风险分析奠定基础。定性风险分析过程需要使用风险管理计划过程和风险识别过程的成果。

1. 定性风险分析的目的

（1）确认项目风险的来源。如果通过定性分析不能准确地辨明项目面临的风险有哪些、来源于何处，就有可能造成项目实施中对风险认识与防范的不周全，造成项目失败，带来多方面的损失。

（2）确认项目风险的性质。不同的风险对项目的影响程度不同，所以需要确认项目风险的性质，以便进行有针对性的管理。

（3）估计项目风险的影响程度。在分析了风险的来源和性质之后，还需要对风险的可能性进行分析，以明确风险的影响范围和程度，即对与风险相关联的项目的各个部分进行损失估计。

（4）为项目风险的定量分析提供条件。为了使项目管理者更加深刻地认识项目风险，必然要求项目风险分析方法实现定性分析与定量分析的结合，即通过定性分析把握项目风险的概况，再通过定量分析深化、扩展定性分析的结果，然后在定性分析基础上进行更深层次的定量分析，这样可以更加深刻地认识项目风险的本质。因此，对项目风险的定性分析是进行定量分析的基础。

2. 定性风险分析的方法

（1）风险概率与影响评估。风险概率与某项风险发生的可能性有关，可以用从非常低到非常高的尺度来度量。当风险事件发生时，风险影响（或某项风险的发生所造成的后果）与项目成果有关。风险的这两个要素针对的是具体风险事件，而不是整个项目。用概率与后果分析风险有助于识别需要优先进行管理的风险，多个具体风险事件的组合是建立概率/影响风险评级矩阵的基础。

（2）概率/影响风险评级矩阵。此即风险评级矩阵（probability impact risk rating matrix），依据风险发生的概率及其对项目结果的影响，提供了一种非常有价值的项目风险分析技术。概率尺度一般在 0～1，0 表示无可能性，1 表示概率 100%，事件肯定会发生。概率分值大多数是通过专家判断而得，因此，容易出现人为误差。评分可以使用序数。例如，从根本不可能到非常有可能，也可以赋予特定的值，如 0.1、0.2、0.3 等。影响尺度表示风险如果发生，对于项目目标影响的广度。影响得分可以是序数，譬如概率尺度，用基数表示，给潜在影响赋予特定取值。重要的是，这两种度量方式及其相关尺度都可以由组织独立开发，反映自己的风险分析偏好。表 10-2 显示了概率/影响风险矩阵的一个例子。这种矩阵可以用在某个特殊的项目上（它可以帮助评估一个项目相对于其他项目的整体风险），或者特殊的组件或某个项目的任务上（它可以帮助项目团队为项目风险做好准备）。

表 10-2　概率/影响风险评级矩阵

影响/概率	非常高	高	中	低	非常低
灾难性的	高	高	中	中	低
关键的	高	高	中	低	无
边际的	中	中	低	无	无
可忽略的	中	低	低	无	无

例如，表 10-3 给出了各个项目目标发生的概率及产生的影响。

表 10-3　概率/影响风险评级矩阵实例

项目目标	非常低 0.05	低 0.1	中 0.2	高 0.4	非常高 0.8
成本	不明显的成本增加	成本增加小于 5%	成本增加介于 5%～10%	成本增加介于 10%～20%	成本增加大于 20%
进度	不明显的进度拖延	进度拖延小于 5%	项目整体进度拖延 5%～10%	项目整体进度拖延 10%～20%	项目整体进度拖延大于 20%
范围	范围减少几乎察觉不到	范围的次要部分受到影响	范围的主要部分受到影响	范围的减少不被业主接受	项目最终产品实际上没用
质量	质量等级降低几乎察觉不到	只有某些非常苛求的工作受到影响	质量的降低需要得到业主批准	质量降低不被业主接受	项目最终产品实际上不能使用

项目分析的结果是列出如表 10-4 所示的项目风险样本清单。

表 10-4　项目风险样本清单

序号	WBS#	风险事件	概率	影响	严重度	评级
1	1.1	用户界面粗糙	0.7	客户不满意	中	3
2	2.1.2	需求不够明确	0.5	功能不满足要求	高	2
3	3.2	测试不完全	0.8	程序死循环	高	1
4	4.2.1	文档没有写作	0.4	维护困难	中	4

（3）风险数据质量评估。风险数据质量评估只是对评估风险的数据质量的一种评估方法。其中可能会包含项目假设测试（project assumption resting），这项工具可以进一步测试风险识别中内置的假设条件。数据准确性评级也可以用于风险数据质量评估。它包括检查人们对风险理解的程度、可用风险数据，以及数据质量、完整性和可靠性。

（4）风险分类。风险分类是按照风险来源、受影响的项目区域或者其他分类标准对项目风险进行分类，以确定项目的哪部分内容是最容易受到风险影响的。

根据共同的根本原因对风险进行分类可有利于制定有效的风险应对措施。

（5）风险紧迫性评估。风险紧迫性评估需要将近期采取应对措施的风险视为亟待解决的风险，实施风险措施所需要的时间、风险征兆、警告和风险等级来帮助确定哪些风险需要优先解决。

10.3.2　定量风险分析方法

与定性风险分析类似，定量风险分析（quantitative risk analysis）可以用来分析风险发生的概率，以及风险对项目目标的影响。但是，在定量风险分析过程中，需要执行更多的量化数值分析。

定量风险分析可以独立执行，也可以结合定性分析一起来执行。是使用定量风险分析，还是使用定性风险分析，再或是结合两者同时使用，做出这种决定要取决于具体的项目。而定量风险分析方法可以根据风险的分类而分为确定性风险估计、不确定性风险估计和随机型风险估计。

其中确定性风险估计方法的典型代表是盈亏平衡分析；不确定性风险估计可以有小中取大原则、大中取小原则、遗憾原则、最大数学期望原则、最大可能原则、概率分析、敏感性分析等。随机型风险估计方法有最大可能原则、最大数学期望原则、最大效用数学期望原则、贝叶斯后验概率法等。下面介绍几种常用方法。

1. 访谈法

面谈技术是最基本的技术，因为与项目专家和其他利益相关者面谈可以帮助量化风险概率与后果，可以应用概率分布或其他数据收集技术来表示面谈过程中收集到的数据。概率分布可以描述某件事发生的概率，或者在某些情形下，可以描述更加一般性的结果，如乐观、最有可能和悲观的情况。而其他分布，则要求搜集平均与标准差的资料。

2. 概率分析

概率分析是指用概率来分析、研究不确定因素对指标效果影响的一种不确定性分析方法。具体而言，是指通过分析各种不确定性因素在一定范围内随机变动的概率分布及其对指标的影响，从而对风险情况做出比较准确的判断，为决策者提供更准确的依据。一般来说，连续概率分布代表数值的不确定性，如进度活动的持续时间和项目组件的费用等；而不连续分布可用于表示不确定事件，如测试的结果或决策树的某种可能选项等。影响项目的风险因素大多是不确定的，是随机变量。对于这些变量，只能根据其未来可能的取值范围及其概率分布进行估计，而不能肯定地预知它们的确切值。

3. 敏感性分析

敏感性分析可以用来确定哪些风险可能会对项目产生最大的影响，是一种在进行项目评价和制定企业其他经营管理决策时常用的一种分析方法。影响项目目标的诸多因素处于不确定性的变化中，出于决策的需要，测定并分析其中一个或多个因素的变化对目标的影响程度，以判断各个因素的变化对目标的重要性，具体说是指在确定性的基础上，重复分析假定某些因素发生变化时，将对项目产生的影响程度。敏感性分析的目的是研究影响因素的变动将引起目标变动的范围，找出影响项目的关键因素，并进一步分析与之相关的可能产生不确定性的根源。通过敏感性大小对比和可能出现的最有利的范围分析，用寻找替代方案或对原方案采取某些控制措施的方法来确定项目风险的大小。敏感性分析最常用的显示方式是龙卷风图，它有助于比较具有较高不确定性的变量与相对稳定的变量之间的相对重要程度。龙卷风分析（tornado analysis），又称飓风分析，它以图形化的方式降序显示了哪些风险会引起某项结果最大的变数。顶部的风险会引起最大变数，而底部的风险引起的变数则最小。图 10-2 绘制了飓风分析，它显示的是各种不同的风险会给信息系统的基准值带来怎样的变数。

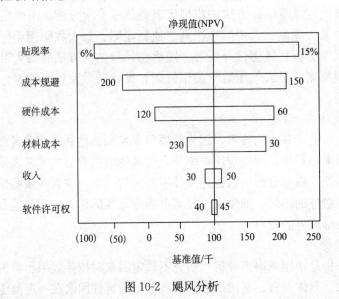

图 10-2 飓风分析

在这里，贴现率变更、规避成本的能力以及硬件成本的变化是前 3 项风险要素，它们会对系统的基准值产生很大的影响。相反，系统最终升值能力的不确定性以及与软件许可权相关的成本的不确定性可能会对基准值产生非常小的影响。

4. 决策树分析法

决策树是一种形象化的图表分析方法，它把项目所有可供选择的方案、方案之间的关系、方案的后果及发生的概率用树状的图形表示出来，为决策者提供选择最佳方案的依据。

　　决策树中的每一个分支代表一个决策或者一个偶然的事件，从出发点开始不断产生分支以表示所分析问题的各种发展的可能性。

　　每一个分支都采用预期损益值（expected monetary value，EMV）作为其度量指标。决策者可根据各分支的预期损益值中最大者（如求最小，则为最小者）作为选择的依据。预期损益值等于损益值与事件发生的概率的乘积，即 EMV＝损益值×发生概率。例如，某行动方案成功的概率是 50％，收益是 10 万元，则 EMV＝10×50％＝5（万元）。

　　例如，某企业风险分析决策树如图 10-3 所示。

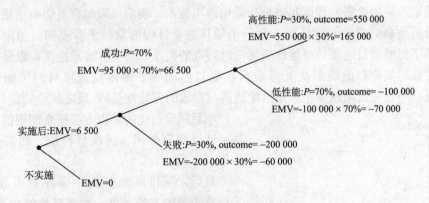

图 10-3　某企业风险分析决策树

　　该决策树是对某实施方案进行风险分析。方案实施成功的概率为 70％，失败的概率为 30％。如果方案实施成功，获得高性能的可能性为 30％，而低性能的可能性为 70％。

　　如果获得高性能，项目的收益为 550 000 元，则 EMV＝550 000×30％＝165 000（元）；如果获得低性能，项目亏损 100 000 元，则 EMV＝－100 000×70％＝－70 000（元），方案实施成功后的收益为 165 000－70 000＝95 000（元），EMV＝95 000×70％＝66 500（元）。

　　如果实施方案失败，亏损 200 000 元，则 EMV＝－200 000×30％＝－60 000（元）。实施方案的 EMV＝66 500－60 000＝6500（元），而不实施该方案的损益和 EMV 显然都为 0，所以应选择实施该方案。

5. 蒙特卡罗分析法

　　Monte Carlo 分析又称统计实验法，是运用概率论及数理统计的方法来预测和研究各种不确定性因素对项目的影响，分析系统的预期行为和绩效的一种定量分析方法。它是一种常用的模拟分析方法。它是随机地从每个不确定性因素中抽取样本，对整个项目进行一次计算，重复进行数次，模拟各式各样的不确定性组合，获得各种组合下的多个结果。通过统计和处理这些结果数据，找出项目变化的规律。例如，把这些结果值从大到小排列，统计各个值出现的次数，用这些次数值形成频数分布曲线，就能够知道每种结果出现的可能性。然后，依据统计学原理，将这些结果数据进行分析，确定最大值、最小值、平均值、标准差、方差及偏度等，通常这些信息就可以更深入地、定量地分析项目，为决策者提供依据。在 Monte Carlo 分析中，为了达到项目潜在结果的某种分布，不确定输入变量的取值（例如，完成某项任务所需资源或时间可供应性的变化）是一遍一遍随机生成的。Monte Carlo 模拟法的工作步骤可以归纳为编制风险清单、采用专家法确定风险因素影响程度和概率、采用模拟技术、确定风险组合及影响结果和统计分析与总结四步。如图 10-4 是一个项目进度日程的蒙特卡罗模拟。图中曲线显示了完成项目的累计可能性与某一时间点的关系，横坐标表示进度，纵坐标表示完成的概率，虚线的交叉点表示在项目启动后 2 周内完成项目的可能性是 50%，项目完成期越靠左，则风险越高（完成的可能性低）；反之风险越低。

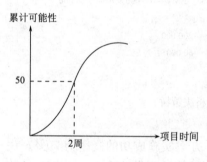

图 10-4　蒙特卡罗模拟

项目风险量化的分析方法还有期望值优化法、计划评审技术、层次分析法、列表排序法等。

最后，项目风险分析中要注意五要素：①没有完美的方法。每一种都有长处和不足。②有些工具与方法比另一些容易使用。有些需要精确计算，而另一些依赖于大量的研究，如判断就是以特性为依据，而有些则需要把两者结合起来。③更深入地分析不一定意味着精确与可靠，分析风险就是在移动的靶子上做最好的射击，预测到可能会发生的某些事。数据会很快变为"过去的数据"或者因情况不断变化而不精确。④消除分析者的影响是不可能的。分析者头脑中会存在某种程度的主观性，所以，人们必须意识到潜在的偏见并试图避免或消除其影响。⑤风险是变化的。任何时候风险的概率和影响程度都会变化，那是因为环境会因为很多原因而改变。

10.3.3　IT 项目风险评估

在 IT 项目风险分析过程中，首先需要对识别出的风险进行分类，分析风险发生的原因，确定风险后果的影响程度，然后按照风险分析的结果确定出项目风险的度量和项目风险控制的优先序列。具体来说，IT 项目风险评估分为以下三个过程。

1. 风险分类

根据已识别出的项目风险，使用既定的项目风险分类标志，即可对识别出的 IT 项目风险进行分类，以便全面认识项目风险的各种属性。IT 项目风险分类并不是一次完成的，它是通过反复不断地分析完善才完成的。通过对所有已识别的项目风险进行概率分布和大小分析，可为确定项目风险控制优先排序打下基础。这一分析需要借助现有信息、历史数据和经验等，特别是以前做过的类似项目或相近项目所发生的风险情况记录是这一步分析工作的重要信息之一。

常见的分类方法是由若干个目录组成的框架形式，每个目录中列出不同种类的风险，并针对各个风险进行全面检查。这样可以避免仅重视某一项风险而忽视其他风险。

2. 风险分析

（1）项目风险原因的分析与确定。运用现有的项目风险信息与经验进行分析，找出引发风险事件的主要原因。

（2）项目风险后果的分析与确定。分析风险可能造成的后果，还要分析这些具体后果的价值大小。

（3）项目风险发展时间进程的分析与确定。找出风险事件何时发生及引发它的原因何时出现，诱发原因出现后项目风险会如何发展等。

3. 风险排序

完成项目风险分析与判断之后，还要综合各方面的分析结论，确定出项目风险的度量和项目风险控制的优先序列。项目风险控制优先序列安排的基本原则是项目风险后果严重、发生概率最高、发生时间最早的优先控制。对于已经识别出的项目全部风险都应该按照这种原则确定出其优先序列。

通过量化分析，可以得到量化的、明确的、需要关注的风险管理清单，其格式如表 10-5 所示。

表 10-5　某项目风险管理清单

风险名称	类别	概率/%	影响	排序
用户变更需求	产品规模	80	5	1
项目范围变小	产品规模	60	5	2
人员流动	人员数目及其经验	60	4	3
客户抵制该计划	商业影响	50	4	4
支付期限被紧缩	商业影响	50	3	5
用户数量超过计划	产品规模	30	4	6
技术达不到预期效果	技术情况	30	2	7
缺少对工具的了解	开发环境	40	1	8

10.4　IT 项目风险应对规划

10.4.1　风险应对原则

1. 风险应对的定义

经过项目风险识别和度量而确定出的项目风险一般会有两种情况：一是项

目风险超出了项目组织或项目业主和顾客能够接受的水平；二是项目风险未超出项目组织或项目业主和顾客可接受的水平。这两种不同的情况各自有一系列不同的项目风险应对措施。对于第一种情况，项目组织或项目业主和顾客基本的应对措施是停止项目或取消项目，从而规避项目带来的风险。对于第二种情况，项目组织或项目业主和顾客要积极主动地努力采取各种措施去避免或消减项目风险的损失。所有用于规避和避免项目风险损失的措施都属于项目风险应对措施的范畴。

风险应对措施必须适合风险的重要性水平，能经济有效地迎接挑战，必须在项目背景下及时可行。而且，风险应对措施应由所有相关方商定并由一名负责人负责。通常，需要从几个备选方案中选择一项最佳的风险应对措施。

2. 风险应对规划

风险应对规划指为项目目标增加实现机会，减少失败威胁而制订方案，决定应采取对策的过程。风险应对规划过程在定性风险分析和定量风险分析之后进行，包括确认与指派相关个人或多人（简称"风险应对负责人"），对已得到认可并有资金支持的风险应对措施担负起职责。风险应对规划过程根据风险的优先级水平处理风险，在需要时，将在预算、进度计划和项目管理计划中加入资源和活动。

风险应对规划介绍的是最常用的风险应对规划方法。风险包括对项目成功造成影响的威胁和机会。

3. 风险应对计划的原则

（1）可行、适用、有效性原则。风险应对方案首先应针对已识别的风险源制定具有可操作的管理措施，适用且有效的应对措施能在很大程度上提高管理的效率和效果。

（2）经济、合理、先进性原则。风险应对方案涉及的多项工作和措施应当能节约管理成本，管理信息流畅，方式简捷、手段先进才能显示出高超的风险管理水平。

（3）主动、及时、全过程原则。对于项目建设全过程中的风险管理应当遵循主动控制、事先控制的管理思想，根据不断发展变化的环境条件和不断出现的新情况、新问题、及时采取应对措施，调整管理方案，并将这一原则贯彻项目全过程，这样才能充分体现风险管理的特点和优势。

（4）综合、系统、全方位原则。风险管理是一项系统性、综合性极强的工作，不仅其产生的原因复杂，而且后果影响面广，所需要处理的措施综合性强。因此，要全面彻底地降低乃至消除风险因素的影响，必须采取综合治理的原则，动员各方力量，科学分配风险责任，建立风险利益的共同体和项目全方位风险管理体系，才能将风险管理的工作落到实处。

10.4.2　风险应对规划步骤

1. 风险应对规划的依据

1）风险管理计划

风险应对规划的重要内容包括：角色和职责，风险分析定义，低风险、中等风险和高风险的风险限界值，进行项目风险管理所需的费用和时间。风险管理计划的某些要素是风险应对规划的依据，这些要素包括低、中、高风险的风险限度，这些风险限度能够帮助我们很好地了解那些需要采取应对措施的风险，还包括风险应对规划中的人员分配、进度安排和预算制定等。

2）风险登记册

风险登记册最初是在风险识别过程中形成的，在风险定性和定量分析过程中更新。风险应对规划过程中，在制定风险应对策略时，可能需要重新参考和考虑已识别的风险、风险的根本原因、潜在应对措施清单、风险负责人、征兆和警示。

就风险应对规划过程而言，风险登记册提供的主要依据包括项目风险的相对等级或优先级清单、近期需要采取应对措施的风险清单、需要进一步分析和应对的风险清单、定性风险结果显示的趋势及根本原因、按照类别分类的风险，以及较低优先级风险的观察清单。在定量风险分析过程中，将对风险登记册进行进一步更新。

2. 风险应对规划的工具与技术

有若干种风险应对策略可供采用。应该为每项风险选择最有可能产生效果的策略或策略组合。可通过风险分析工具如决策树分析方法，选择最适当的应对方法。然后，应制定具体行动去实施该项策略，可以选择主要策略以及备用策略。制定备用策略是在被选策略被证明无效或接受的风险发生时实施。通常，要为时间或费用分配应急储备金。最后，可制订应急计划并识别应急计划实施的触发条件。

1）消极风险或威胁的应对策略

通常，使用三种策略应对可能对项目目标存在消极影响的风险或威胁。这些策略分别是回避、转嫁与减轻。

（1）回避。回避风险指改变项目计划，以排除风险或条件，或者保护项目目标，使其不受影响，或对受到威胁的一些目标放松要求。例如，延长进度或减少范围等。出现于项目早期的某些风险事件可以通过澄清要求、取得信息、改善沟通或获取技术专长而获得解决。

（2）转嫁。转嫁风险指设法将风险的后果连同应对的责任转移到第三方身上。转嫁风险实际只是把风险管理责任推给另一方，而并非将其排除。对于金融风险而言，风险转嫁策略最有效。风险转嫁策略几乎总需要向风险承担者支付风险费用。转嫁工具丰富多样，包括但不限于利用保险、履约保证证书、担保书和保证书。可以利用合同将具体风险的责任转嫁给另一方。在多数情况下，使用成本加成合同可将费用风险转嫁给买方，如果项目的设计是稳定的，可以用固定总价合同把风险转嫁给卖方。

（3）减轻。减轻风险指设法把不利的风险事件的概率或后果降低到一个可接受的临界值。提前采取行动减少风险发生的概率或者减少其对项目所造成的影响，比在风险发生后亡羊补牢进行补救要有效得多。例如，采用不太复杂的工艺，实施更多的测试，或者选用比较稳定可靠的卖方，都可减轻风险。它可能需要制作原型或者样机，以减少从实验室工作台模型放大到实际产品中所包含的风险。如果不可能降低风险的概率，则减轻风险的应对措施应设法减轻风险的影响，其着眼于决定影响的严重程度的连接点上。例如，设计时在子系统中设置冗余组件有可能减轻原有组件故障所造成的影响。

2）积极风险或机会的应对策略

通常，使用三种策略应对可能对项目目标存在积极影响的风险。这些策略分别是开拓、分享或提高。

（1）开拓。如果组织希望确保机会得以实现，可就具有积极影响的风险采取该策略。该项策略的目标在于通过确保机会肯定实现而消除与特定积极风险相关的不确定性。直接开拓措施包括为项目分配更多的有能力的资源，以便缩短完成时间或实现超过最初预期的质量。

（2）分享。分享积极风险指将风险的责任分配给最能为项目利益获取机会的第三方，包括建立风险分享合作关系，或专门为机会管理目的形成团队、特殊目的项目公司或合作合资企业。

（3）提高。该策略旨在通过提高积极风险的概率或其积极影响，识别并最大限度发挥这些积极风险的驱动因素，致力于改变机会的"大小"，通过促进或增强机会的成因，积极强化其触发条件，提高机会发生的概率，也可着重针对影响驱动因素以提高项目机会。

3）威胁和机会的应对策略

一般采用接受策略，采取该策略的原因在于很少可以消除项目的所有风险。采取此项技术表明，项目团队已经决定不打算为处置某项风险而改变项目计划，或者表明他们无法找到任何其他应对良策。针对机会或威胁，均可采取该项策略。该策略可分为主动或被动方式。被动地接受风险则不要求采取任何行动，将其留给项目团队，待风险发生时相应地进行处理。最常见的主动接受风险的方式是制定应急储备金，包括一定的时间、资金或资源处理已知或潜在的未知威胁或机会。

4）应急应对策略

有些应对措施仅在发生特定事件时才使用。对于有些风险，如果认为可提供充足的预警，则项目团队可制订一项应对计划，旨在特定预定的条件下才实施。应确定并跟踪风险触发因素，如缺失的中间里程碑或获得供应商更高的重视。

3. 风险应对规划的成果

1）风险登记册（更新）

风险登记册在风险识别过程中形成，在定性风险分析和定量分析过程中进一步更新。在风险应对规划过程中，将选择并商定适当的应对策略，以纳入风险登记册中。风险登记册的详细程度应与优先级和计划的应对策略相适应，通常应详细说明高风险和中等程度的风险。如果判定风险优先级较低，则可将分析列入观察清单中，以便进行定期监测。此时，风险登记册将包括下述内容：

（1）已识别的风险、风险的描述、所影响的项目领域（如工作分解结构组成要素）、其原因（如风险分解结构元素），以及它们如何影响项目的目标。

（2）风险负责人及分派给他们的职责。

（3）风险发生的征兆和警示，风险定性与定量分析过程的结果，包括项目风险优先级清单以及项目概率分析。

（4）商定的应对措施及实施选定的应对策略所需的具体行动。实施选定的应对策略所需的预算和进度活动。

（5）在考虑利害关系者风险承受能力水平的情况下，预留的时间和费用应急储备金。根据项目定量分析以及组织风险限界值计算的应急储备金。

（6）对已经发生的风险或首要应对措施被证明不利的情况下，使用备用计划；或是应急计划以及应急计划实施的触动因素。实施风险应对措施直接造成的二次风险。对策实施之后预计仍将残留的风险，以及主动接受的风险。

2）项目管理计划（更新）

在通过整体变更控制过程审查和处理后，根据增加的应对活动对项目管理计划进行更新。在"指导和管理项自实施过程"中，通过整体变更控制，确保商定的行动作为项目组成部分得以实施和监测。风险应对策略一旦商定，就必须输入到其他知识领域的相关过程中，包括项目预算和进度计划。

3）与风险相关的合同协议

可准备相关的合同协议，如保险协议、服务协议或其他项目，以规定各方在特定风险发生时其承担的责任。

本 章 小 结

项目风险是指由于项目所处环境和条件的不确定性，项目的最终结果与项目利害关系人的期望产生背离，并给项目利益相关者带来损失的可能性。

项目风险管理规划是规划和设计如何进行项目风险管理的过程，记录了管理整个项目过程中所出现风险的程序，包括风险识别、风险分析与风险应对规划。

风险识别是考察形势，对潜在风险领域的确定和分类；主要成果是形成项目管理计划中风险登记册的最初记录；风险分析包括定性分析与定量分析，定性分析方法包括风险概率与影响评估、概率/影响风险评级矩阵、风险数据质量评估和风险紧迫性评估等。定量分析方法包括概率分析法、敏感性分析、决策树分析、蒙特卡罗分析等。分析和确定事件发生的概率和后果后，可以进行风险的处理，即制订风险应对规划，风险应对规划是针对风险定性、定量分析结果，为降低项目风险的副作用而制定的风险应对措施。

项目风险管理规划的最终成果是给出一份项目风险管理计划书。

案例分析

Codeword 公司是一家为战斗机设计电子设备的中型公司，通过与其他公司竞争来获得提供这种系统的合同，其主要客户是政府。Codeword 公司获得合同后，就成立项目，完成工作。大多数项目的成本是 1000 万～5000 万美元，期限是 1～3 年，Codeword 公司能同时开展 6～12 个项目工作，并处于不同阶段，有些刚开始，有些则接近尾声。Codeword 公司拥有众多项目经理，他们向总经理负责，其他人员向他们的职能经理负责。例如，电气工程师全都向电气工程经理负责，电气工程经理又向总经理负责。职能经理把具体人员分配到每个项目中去。有些人完全为了一个项目工作，有些则分时间在两三个项目中工作。尽管人员在具体项目中指定为该项目经理工作，他们仍然受职能经理的领导和管理。

科瓦尔斯基·杰克（Kowalski Jack）已经为公司工作了 8 年。他在大学获得电气工程的理学学士学位，毕业后，一直做到高级电气工程师，向电气工程经理负责。他从事过各种项目工作，在公司里深受尊重，有希望成为项目经理。不久，Codeword 公司获得一个 1500 万美元的合同，为一种新型飞机设计制造先进电子系统。这时，总经理将杰克提升为项目经理，并让他负责这一项目。

杰克与职能经理一起为这一项目配备了现有最好的人员，他们大多数是亲密的伙伴，以前曾与杰克一起在项目中工作过。然而杰克被提升为项目经理后，高级电气工程师这一职位空缺，电气工程经理无法为杰克的项目分配合适的人员，于是总经理招聘了一位新员工阿尔弗雷德·布赖森（Alfreda Bryson），她是从公司的竞争对手那里挖过来的。她是电气工程的博士，有 20 年的工作经验，她的薪水标准很高，要比杰克高。她被委派到杰克的项目中，专任高级电气工程师。

杰克对布赖森的工作给予特别的关注，并提出与她会谈，讨论她的设计方法。然而这些会谈几乎全由杰克一个人说，他建议怎样设计，完全不理会她的说法。

最后布赖森质问，为什么他检查她工作的时间要比检查项目中其他工程师的时间多得多。他回答说："我不必去检查他们的工作，我了解他们的工作方法，我和他们在其他项目上一起工作过。你是新来的，我想让你理解我们这里的工作方法，这也许会与你以前雇主的工作方法不大一样。"

另一次，布赖森向杰克表示，她有一个创新设计方案，可以使系统成本降低。杰克告诉她："尽管我没有博士头衔，我也知道这个方案没有意义，不要这样故作高深，要踏实地做好基本的工程设计工作。"

丹尼斯·弗曼（Dennis Freeman）是另一位分配到项目中工作的工程师，他认识杰克已经 6 年了。在与丹尼斯·弗曼的一次出差旅行中，布赖森说，她为杰克对待她的方式感到苦恼："杰克在项目中的作用，与其说是项目经理，倒不如说是电气工程师。另外，对于电子设计，我忘记得比他知道得还多，他的电子设计方法早已过时。"她还说，她打算向电气工程经理反映这一情况，她要早知道这个样子，绝不来 Codeword 公司工作。

　　问题：

　　（1）你认为杰克能够胜任项目经理吗？说明原因。

　　（2）杰克为这一新岗位做了哪些准备工作？

　　（3）杰克与布赖森交往过程中的主要问题是什么？

　　（4）为什么布赖森没有与杰克开诚布公地交谈他对待她的方法？

　　（5）如果布赖森与杰克直截了当地讨论，杰克会怎么反应？

　　（6）电气工程经理对这情况的反应将会是什么？他会怎样处理解决？

➢ 复习思考题

　1. 什么是风险？

　2. 什么是项目风险？

　3. 请举出在信息系统开发项目过程中两个风险的例子。

　4. 项目风险管理的主要过程是什么？

　5. 项目风险管理使用的主要技术是什么？

　6. 什么是风险应对？

　7. 风险应对规划步骤是什么？

　8. 请识别信息技术基础上风险的公共来源，并试着提供管理风险的建议。

　9. 就你最近参与的一个项目，你面临的风险有哪些？分析这些风险会对项目开发产生哪些影响。

第 *11* 章

IT 项目采购计划

【本章学习目标】
➢ 了解采购的几种主要方式
➢ 掌握采购计划编制的方法和步骤
➢ 掌握合同制定中的主要条款

采购消耗大量的时间和金钱，采购货物和服务的成本几乎占到总成本的一半以上。有效的采购能避免项目严重超支或由于短缺或购买不当货物而导致的项目延迟。信息系统项目的采购处于项目的计划和设计阶段。这类项目的采购对象一般分为工程、货物和服务三大类。工程主要包括各类房屋和土建工程建设、设备安装以及附带的服务；货物主要包括工程原材料、设备、燃料、动力等；服务主要包括项目设计、研发、系统集成、监理以及咨询等。每一次采购都涉及一个供销合同，合同一般分为两类：项目业主与主要承包商之间的合同；项目期间所涉及的购买商品与服务的合同。

11.1 采购的基本要求和采购方式

11.1.1 采购的基本要求

采购必须满足以下两个基本要求：①符合技术与质量要求。采购的产品与服务要符合项目的技术与质量要求，要适用、可靠、安全，但不一定是最优的质量，不一定是最新的工艺技术。对既有项目的改扩建采购要特别注意与原有系统设备的连接、兼容。②经济性。在符合技术与质量要求的前提下，尽可能选择成本较低的产品与服务。

11.1.2　采购方式

采购方式有许多种，各自都有自己的适用范围。

1. 按采购的竞争程度分类

按此方式采购方式主要分为公开招标、邀请招标、竞争性谈判、询价、唯一供应商等。其中，公开招标与邀请招标是《招投标法》规定的招标方式。其余几种采购方式为非法定的招标方式，但在实际采购中也经常使用。

（1）公开招标。公开招标也称竞争性招标，是指招标人以招标公告的方式邀请非特定法人或其他组织投标。公开招标最大限度地引入了竞争机制，相对其他方式，更有利于促进供应商提高质量、降低成本与报价，操作更阳光透明，因此，具有较强的优势。除存在垄断、采购项目价值低以及扩容扩建等情况外，公开招标适用于大多数项目。但该方式程序复杂、时间较长、费用也较高。

（2）邀请招标。邀请招标也称选择性招标、有限竞争性招标，是指招标人根据供应商的资信与业绩，以投标邀请书的形式，只邀请特定的几家法人或组织参加投标。一般情况下，招标人对供应商的情况比较熟悉，较公开招标而言，可以大大减少投标时间与费用。但如果过度限制投标人数量，可能会存在竞争不够、新供应商没有参与机会等缺点。邀请招标方式适用于对市场供给比较了解、对供应商情况比较熟悉、技术复杂或专业性强以致只有有限供应商可选择，以及采购项目价值较低等情况。

（3）竞争性谈判。竞争性谈判也称谈判性招标、议标，是通过与几家供应商直接谈判达成交易的采购形式。它一般适用于招标失败、技术复杂或性质特殊、采购招标的规格无法确定、不可能拟定工程或货物的规格或特点以及时间紧急等情况。

（4）询价。询价是采购单位向有关供应商发出询价单，而后供应商提供一次报价，采购单位比较后确定中标人。它一般适用于货物规格与标准统一，货源充足而且价格变化范围不大的情况。

（5）唯一供应商。唯一供应商也称直接采购、单一来源采购，是采购单位向某一供应商直接购买的方式。这是一种没有竞争的采购方式，一般适用于为保证统一制式、系统扩容、某供应商独享某种技术、行业垄断、紧急采购或小额零星采购等情况。

2. 按公司或政府内部是否统一组织采购

按此标准采购方式可分为集中采购和分散采购。采购需求都集中由公司或政府的职能部门统一提供采购服务的一种采购组织实施形式称为集中采购；而由各部门自行组织采购的为分散采购。

（1）集中采购。集中采购具有众多优势，由于集中采购的量比较大，能获得最好的折扣；执行统一的采购策略和技术标准，保证设备技术标准的一致性；有效地调配剩余物资，实物库存、虚拟库存的建立及有效的管理能够保证业务急需物资和在建工程物资的供应；减少库存物资的积压，提高资金使用效率；具有统一的信息平台，公开的采购信息平台，采购方法，合理的价格共享平台，共同的商务指导及模板化的合同文本，进行定期的审查等。

（2）分散采购。分散采购是指由各部门自行组织采购的采购方式。

11.1.3 必须进行招标的采购

1. 必须进行招标的建设项目范围

按照现行规定，我国境内进行下列工程建设项目，包括项目的勘察、设计、施工、监理，以及与工程建设有关的重要设备、材料等的采购必须招标。具体包括：①大型基础设施、公共事业等，关系社会公共利益、公众安全的项目；②全部或者部分使用国有资金投资或者国家融资的项目；③使用国际组织或者外国政府贷款、援助资金的项目。

2. 必须进行招标的建设项目规模标准

对属于以上项目范围内的项目，包括项目的勘察、设计、施工、监理，以及与工程建设有关的重要设备、材料等的采购，达到下列标准之一的，必须进行招标。具体要求如下：①施工单项合同估算价在 200 万元人民币以上的；②重要设备、材料等货物的采购，单项合同估价在 100 万元人民币以上的；③勘察、设计、监理等服务的采购，单项合同估价在 50 万元人民币以上的；④单项合同估价低于第①、②、③项规定的标准，但项目总投资额在 3000 万元人民币以上的；⑤国家重点建设项目以及全部使用国有资金投资或者国有资金投资占控股或者主导地位的工程建设项目，应当公开招标。

有下列情形之一的，经批准可以进行邀请招标：①项目技术复杂或有特殊要求，只有少数几家潜在的投标人可供选择的；②受自然地域环境限制的；③涉及国家安全、国家秘密或者抢险救灾，适宜招标但不宜公开招标的；④拟公开招标的费用与项目的价值相比，不值得的；⑤法律、法规规定不宜公开招标的。

■ 11.2 货物招标采购

货物招标的对象主要包括工程原材料、设备、燃料、动力等。因为 IT 项目中工程招标相对较少，因此，以下着重介绍货物招标和服务招标。

11.2.1 货物招标采购流程

货物招标流程如下：①招标准备。组建招标小组，选定招标代理机构，制订招标方案与计划等前期准备；②初选合格供应商或资格预审；③编制招标文件；④发售招标文件；⑤投标人提出疑问；⑥招标人文件答疑、修改；⑦投标人编制投标文件；⑧投标人递送投标文件；⑨组建专家库；⑩开标；⑪评标；⑫厂检；⑬定标；⑭发出中标通知书；⑮签订合同。

11.2.2　招标文件

招标文件的内容一般包括：①投标邀请书；②投标人须知；③投标文件格式。主要包括投标书、投标报价表、对招标文件相应的说明、技术规格与商务条款偏离表、投标保函、资格证明、履约保函、法人授权书等格式要求；④技术规格、参数、图纸，以及备件、督导服务、培训、保修等其他要求；⑤采购货物的名称、数量、交货地点一览表，以及包装、运输、检验等要求；⑥评标标准和方法；⑦合同主要条款。

11.2.3　评标

货物的评标分为初步评审与详细评审两个阶段。

1. 初步评审

（1）主要对投标人的合格性、资格证明、资质等级、经营范围、投标保证金等进行符合性检查，重点审查多招标文件的实质性要求的响应情况，并逐项列出投标文件的重大与细微偏差。

（2）实质性要求与条件。招标人对实质性要求与条件要做以下工作：①招标人应当在招标文件中规定实质性要求和条件，说明不满足其中任何一项实质性要求和条件的投标将被拒绝，并用醒目的方式标明；没有标明的要求和条件在评标时不得作为实质性要求和条件；②对于非实质性要求和条件，应规定允许偏差的最大范围、最高项数，以及对这些偏差进行调整的方法；③国家对招标货物的技术、标准、质量等有特殊要求的，招标人应当在招标文件中提出相应的特殊要求，并将其作为实质性要求和条件。

（3）为了防止投标人之间相互串通投标报价，法定代表人为同一个人的两个或两个以上的法人，母公司、全资子公司及其控股公司，都不得在同一货物招标中同时招标；一个制造商对同一品牌、同一型号的货物，仅能委托一个代理商参加投标，否则应作废标处理。

2. 详细评审

详细评审分为商务部分和技术部分。

（1）商务部分。详细评审投标人的资质文件、生产质量保证体系、供应商支持体系、设备安装及支持能力、投标产品在国内的维修中心、备品备件库的详细情况、投标产品入网检测报告及入网许可证、投标产品用户报告、财务报表、资信等级、价格及付款条件、交货期、培训等。

（2）技术部分。详细评审投标人是否符合招标文件中技术标准要求。要求按照招标文件要求点对点应答。技术部分不满足招标技术规范，有多数明显缺陷或者存在履约风险隐患的投标应作废标处理。

　　3. 评标方法

评标方法如下：①技术简单或技术规格、性能、制作工艺要求统一的货物，一般采用经评审的最低投标价法进行评标。②技术复杂或技术规格、性能、制作工艺要求难以统一的货物，一般采用综合评估法进行评标，分别计算出技术与商务的得分，根据权重汇总。③价格、成本因素应包括本次采购的支付（包括运杂费、交货期、付款进度和供应商融资的考虑）及未来预期支出（产品寿命期未来扩容时高于目前价格的额外支出，升级的费用，维护保修期外设备的维修费用、寿命期、保养费用、相应的运营成本等）。对于这些影响因素应尽可能量化，并在投标价的基础上，或增加或扣减，换算成评标价格。④评标小组应比较各个投标商的历史履约记录。这种记录能够通过投标上的过去和当前执行的相似合同的履约情况预测本标的履约质量。履约记录也可以和厂检配合使用，以便收到更好的效果。

11.2.4　厂检

厂检的主要目的是到企业实地考察，检查企业的资质、质量保证体系、管理、生产过程、测试、包装及其他特殊要求等环节是否与投标文件的描述一致。对重要的环节存在弄虚作假行为的，要取消中标候选人的资格。

11.2.5　两阶段招标

对无法精确拟定其技术规格的货物，招标人可以采用两阶段招标程序。在第一阶段，招标人可以首先要求潜在投标人提交技术建议，详细阐述货物的技术规格、质量和其他特性。招标人可以与投标人就其建议的内容进行协商和讨论，达成一个统一的技术规格后编制招标文件。在第二阶段，招标人应当向第一阶段提交技术建议的投标人提供包含统一技术规格的正式招标文件，投标人根据正式招标文件的要求提交包括价格在内的最后投标文件。

11.3　服务招标采购

服务采购的对象主要包括项目勘察、设计、研发、系统集成、监理以及咨询等。它与工程招标、货物招标相比，具有以下特点：①通常涉及无形商品的提供，质量与内容难以像工程与货物那样进行定量描述；②重视投标人的能力与质量，而不是价格。越是对专业技术水平要求高，价格在评审中的权重就越低。

在服务采购的各种方式中，公开招标与邀请招标适用于对服务与需求可以拟定详细条件的招标。由于服务项目可能涉及某些特定技术、服务相当复杂或不能拟定详细条件的情况，因此，在采购中，竞争性谈判、直接谈判采购、两阶段招标等采购方式使用得也很广泛。

11.3.1　服务招标流程

服务招标的流程如下：①招标准备。组建招标小组、选定招标代理机构、制订招标方案与计划等前期准备；②编制招标文件与工作大纲；③准备短名单；④发出投标邀请；⑤编制、递送建议书；⑥开标；⑦评价建议书；⑧定标、谈判、签约；⑨存档备案。

11.3.2　招标文件

招标文件（有时采用工作大纲的形式）主要内容包括投标邀请、投标人须知、项目概述、工作任务目标、范围、时间、成果要求、服务与培训要求等内容。

由于服务招标属于无形产品，因此，要特别注意尽可能全面、定量地描述工作任务与招标人的真实需求，以避免投标人理解歧义以及合同执行中的纠纷。

11.3.3　评标

1. 评标的方法

评标的方法如下：①基于质量和费用的方法。一般同时打开技术建议书与商务建议书，综合评审技术、技术建议书和商务建议书，根据权重汇总得分。②基于质量的方法。一般将技术建议书与商务建议书分别包装密封，先打开技术建议书并评审，得出名次，之后，邀请技术建议书的第一名进行合同谈判，商务建议书在合同谈判时打开。这种方法适用于复杂、专业性强的任务。③最低费用的方法。适用于常规性质、合同金额较小的项目。在实际操作中，基于质量和费用的方法最为常用。

2. 技术评审

一般来说，设计招标主要从工程设计方案、投入产出、经济效益、工作进度、资质、报价等方面评审；监理招标主要从质量控制、进度控制、投资控制、信息管理、合同管理等方面评审；咨询招标主要从执业资格、信誉、资历与经验、咨询服务方法、人员等方面评审。

技术评审中应特别注重项目关键人员的资历、能力及在类似地区与项目中的经验。

3. 报价评审

报价评审应包括可报销费用，如差旅、办公等费用。

4. 综合评审

如采用基于质量和费用的方法，将质量和费用的得分加权后得到总分。应在考虑任务的复杂性和质量的相对重要性的情况下确定权重。一般情况下，费用评分的权重不应过大，一般在 10%～20%。

■ 11.4　竞争性谈判

竞争性谈判是采购人通过与多家供应商进行谈判，最后从中确定中标商的一种采购方式。

11.4.1　竞争性谈判适用情况

竞争性谈判适用于以下几种情况：①招标失败。已经采用公开招标或邀请招标程序但没有人投标或投标人数不够，重新招标也不能成立；②技术复杂或性质特殊，采购标的规格无法确定，不可能拟定工程或货物的规格或特点；③时间紧急。

11.4.2　竞争性谈判的程序

竞争性谈判程序如下：①成立谈判小组，专家人数应不少于成员总数的2/3。②制定谈判文件。明确谈判程序、内容、合同草案的条款以及评定成交的标准等事项。③确定邀请参加谈判的供应商名单。④谈判。谈判小组与单一供应商分别就相同的内容进行谈判。谈判过程中，任何一方均应保密。如果谈判过程中，谈判条件与内容有实质性变动，要书面通知所有参加谈判的供应商。

谈判过程一般包括：询盘（询价）、发盘（又称报盘、报价、发价）、还盘（还价）与接受。①询盘。通常由买方发出，邀请对方发盘，探询一下市场价格或大致意图。②发盘。一般由卖方发出，是由供应商对采购方的询盘要求做出回应，并愿意按此条件达成交易的一种表示。③还盘。如果发盘后，采购方不能接受，可以进一步磋商交易，提出意见，进行修改。还盘可以反复多次。④接受。交易的一方无条件地同意对方在发盘或还盘中提出的交易条件和按此订立合同。⑤确定成交商，并将结果通知所有参加谈判的供应商。

■ 11.5　项目采购计划的编制

11.5.1　确定 IT 项目采购方式

采购是从企业外部或项目团队外部获得产品或服务的完整的购买过程。通过高效、合理的采购可以达到增加公司利润的作用。本书将有效规划、管理和控制项目采购的过程称为项目采购管理的过程。

项目采购管理首先要明确采购的对象及其质量要求。对于项目采购的产品或服务，具体项目会有具体化的定义，但就产品或服务及其质量应该满足产品的三个条件：①产品的通用性。项目采购的产品一定要是项目实际需要的，质量符合项目实际要求，不一定就是质量最好的产品，尽量避免使用需要进一步定制的产品。②产品的可获取性。采购的产品必须是在项目要求的数量和工期内可提供的，即在项目实施过程中及时得到采购的产品和相关人力资源。③产品的经济性。在满足上述两个条件的情况下，在同类产品的供应商中选择成本最低的供应商，以此降低项目的成本。

项目中不同的产品或服务，根据项目执行的不同阶段和具体项目特点，采购的时间和地点应该有所不同，必须考虑每项采购的最佳时机，这样既可避免由于采购过早造成库存成本增加又可防止由采购延迟引起的项目工期延误等。对于采购的时机，不但要考虑项目的实际要求，还要考虑供应商提供产品的到货周期等相关因素。

采购的方式一般可以分为招标采购和非招标采购。招标采购是由投资方提出招标和合同条件，由许多供应商同时投标竞价。通过招标方式投资方一般可以获得很合理的价格和优惠的产品供应条件，同时也可以保证项目竞争的公平性。非招标采购多用于标准规格的产品采购，通过市场多方询价的方式选择供应商。采购方式还应考虑产品采购后的执行方式，如到货方式是一次性的还是分批次的、是否需要航空运输、具体的交货方式和最终交货地点等。

11.5.2　确定 IT 项目自制或外购决策

自制与外购决策分析是用于决定是在项目团队内部开发某些产品或进行某种服务，还是从团队外部购买这些产品或服务的项目管理技术。该技术利用平衡点分析法，来确定某种产品或服务是否可以由项目团队自己来实施完成，而且成本是很节省的。该技术不但考虑了提供产品或服务的内部成本估算，同时还与采购成本估算作了比较。另外，该分析还必须反映企业未来的发展前景和项目目前需要的关系。表 11-1 列出了选择自制或外购时通常要考虑的因素。

表 11-1　选择自制和外购的依据

对于自制决策考虑	对于外购决策考虑
期望成本更低	期望成本更低
业务功能全面且易于操作	有效利用供应商的技术和能力
利用闲置的现有资源	技术能力有限或匮乏
保守设计/秘密进行	获取最新技术
避免不可靠的供应商	保持多渠道来源（多供应商）
稳定现有人力资源	增加现有人力

项目所需产品的采购数量一定要根据项目实际情况来确定。对于使用在不同系统中的产品，要根据项目规模、特点、产品特点来衡量产品的使用情况。例如，有些产品是项目中使用的耗材品（或易耗品），就应有些盈余的考虑。当然，考虑采购数量的多少也是为了衡量是否可以通过批量采购得到一些优惠等因素，以此进一步降低采购成本等。

11.5.3 IT 项目采购计划的编制

项目采购计划是谋划采购的内容、数量、时机和方式等内容，而不是凭空想象出来的。一份合理、详细的采购计划，需要寻找到合理、科学、符合实际情况的立足点来作为编制依据，这样才能保证采购计划的可执行性和有效性。编制采购计划时要在自制和外购分析的基础上，参考项目范围说明书、项目的产品说明书、市场条件等约束和假设条件来进行编制。项目采购计划编制的结果，一经企业管理层确认，将对项目的实际采购活动产生现实性的指导，是项目采购活动的一根基线。除了编制采购计划外，还需要编制采购管理计划。采购管理计划应当阐述清楚对具体的采购过程将如何进行管理。

在制订采购计划的过程中，需要对采购的工作内容进行详细描述，得到相应的工作说明书。工作说明书是对采购所要求完成工作的描绘，也可以称为采购要求说明书。如表 11-2 所示，工作说明书相当详细地描绘了项目中的采购工作，以便供应商确定他们是否能够提供该采购项目的产品或服务，以及确定一个适当

表 11-2 项目工作说明书模板

项目采购执行人：

工作说明书签发时间：　　　　　　　　　　　　　　　项目总监签字确认：

1. 项目的目标详细描述
2. 工作范围
　　——详细描述各个阶段要完成的工作
　　——详细说明所采用的硬件和软件以及功能、性质
3. 工作地点
　　——工作进行的具体地点
　　——详细阐明软、硬件所使用的地方
　　——员工必须在哪里和以什么方式工作
4. 产品及服务的供货周期
　　——详细说明每项工作的预计开始时间、结束时间、工作时间等
　　——相关的进度信息
5. 适用标准
　　……
6. 验收标准
　　……
7. 其他要求
　　……

的价格。在一些行业和应用领域中，很多企业使用规定内容和格式的样本或模板来编制工作说明书。例如，表 11-2 中所列出的工作说明书，其中包括工作范围、工作地点、完成的预定期限、具体的可交付成果、付款方式和期限、相关质量技术指标、验收标准等内容。一份好的工作说明书可以让供应商对买方的需求有较为清晰的了解，便于供应商提供相应的产品或服务。

11.6　计划合同制定

IT 项目的建设方选定之后，项目的用户方必须尽快和建设方签订合同，并且尽快启动项目。一份完善的合同对 IT 项目的成功至关重要。合同应当保障实现用户方和建设方两者的目标，对待双方都应公平合理。合同的内容要清楚明了，应使双方及第三方（法庭）都对合同能够有一个清晰的理解。

合同必须是用户方和建设方双赢的结果，双方达成共识的层面必须是全面的，从而具有一致的商业含义，但又必须有一定的柔性，以涵盖业务中的变化，使双方不必再次回到谈判桌前。

11.6.1　合同的一般格式与主要内容

合同是交易双方签订的法律文件，是双方产生争议时协调、仲裁或诉讼的基点，所以合同应该尽可能完备，虽然合同不可能涵盖所有的不确定性，但是合同应该制定处理变更和争议的方法。

信息系统项目建设合同的一般格式包括合同的名称（如××公司信息系统委托建设合同）、甲方（用户）、乙方（建设方）、合同的主要条款、甲乙双方的签字盖章、合同的签订日期。

合同中一般应该包括如下语句："甲乙双方经过协商和谈判达成了本协议，并经双方协商一致制定如下条款。"合同的条款应该包括以下主要内容：①标定的范围，即开发的信息系统的目标和功能描述。信息系统的需求应该明确和可以度量，不能采用含糊的词语。②合同期限，即双方协议的起止日期。③费用，即该条款约定双方的合同价格。按照酬金的计算方式，可以划分为固定价格合同和成本补偿合同等多种方式。④进度和质量，即规定信息系统项目的进度和检验标准。以什么样的进度递交原形和中间结果、采用什么样的测试方法和测试环境、验收测试的方法和程序及每一测试阶段的验收标准、总体的资料要求及培训，以及对双方的准备、标准、时间表和责任都应做出规定。⑤争议的解决，即解决方式包括协商、调解、仲裁和诉讼，对此双方需要在合同中进行约定。仲裁或诉讼的适用法律、地点、费用的承担都应该做出约定。⑥保证和责任的限定，约定双方的承诺和保证内容，如建设方关于该项合同的订立不与建设方作为一方的与其他方签订的任何合同相抵触；建设方是一家具有正式组织、有效存在并严守国家法律的公司等。用户方也应该做同样或类似的承诺。⑦合同到期和终止。一旦合同的有效期限届满，建设方和用户方应按照"合同到期和终止程序"部分的约定履行。⑧其他条款，包括变更、知识产权、分包、保密、不可抗力等条款。信息系统项目的建设方选定之后，用户方应该尽快与建设方签订合同，并且尽快启动项目。

11.6.2　合同的类型

合同的签订涉及合同的谈判、计价的原则、条款的设计及具体的格式等问题，以下仅对合同的类型作一些简单的讨论。

用户方与建设方之间必须签订合同，因为合同是一种工具，是用户方与建设方之间的协议，是双方确保项目成功的共识与期望。建设方同意提供产品或服务（交付物），用户方则同意作为回报付给建设方一定的酬金。按照酬金的计算方式，可以分为两个基本的合同类型：固定价格合同和成本补偿合同。

1. 固定价格合同

固定价格合同又称固定总价合同或总价合同。在固定价格合同中，用户方与建设方对所约定的工作达成一致价格。价格保持不变，除非用户方与建设方均同意改变。这种类型的合同对于用户方来说是低风险的，因为不管项目实际耗费了建设方多少成本，用户方都不必付出多于固定价格的部分。然而，对于建设方来说，固定价格合同是高风险的，因为如果完成项目后的成本高于原计划成本，建设方将只能赚到比预计要低的利润，甚至会亏损。投标于一个固定价格项目的建设方必须建立一种精确的、完善的成本预算，并把所有的偶然性成本都计算在内。然而，建设方又必须小心，以免过高估计申请项目价格，否则别的竞争性建设方将会以低价格竞标而被选中。

2. 成本补偿合同

在成本补偿合同中，用户方同意付给建设方所有实际花费的成本加上一定的协商利润，而不规定数额。这种类型的合同对用户方来说是高风险的，因为建设方的花费很有可能会超过预计价格。在成本补偿合同中，用户方通常会要求建设方在项目整个过程中，定期地将实际费用与原始预算做比较并向用户方通报，并通过与原始价格相比，再预测成本的补充部分。这样，一旦项目出现超过原始预算成本的迹象，用户方就可以采取纠正措施。这种合同对于建设方来说是低风险的，因为全部成本都会由用户方补偿。建设方在这种合同中不可能会出现亏损。然而，如果建设方的成本确实超过了原始预算，建设方的名誉就会受到影响，从而又会使建设方在未来赢得合同的机会降低。

可以根据用户方与建设方对于相关合同类型的风险程度制作一个简表，如表 11-3 所示。

一般来讲，固定价格合同对于一个仔细界定过的低风险的项目是最合适的，

表 11-3　不同类型合同的风险比较

合同方式	用户方	承建方
固定价格合同	风险低	风险高
成本补偿合同	风险高	风险低

成本补偿合同对于风险高的项目是合适的。当然，许多用户方认为自己相比较建设方而言，风险更不容易辨识和控制，于是用户方一般都会强烈要求采用固定价格合同，将风险控制在设定的合同价格之内。在这种情况下，建设方应该尽量争取用户方签订一个灵活的合同，维护阶段开始之前采用固定价格方式，而维护阶段则采用成本补偿方式。其实，维护阶段风险已经降低了许多，更适合采用固定价格合同，但由于用户方对服务的价值认识不足，所以在现阶段还是推荐采用成本补偿合同。两种合同方式结合使用的难点在于维护阶段开始时间的确定。

除上述两种合同方式外，还有一种合同方式，即"单价合同"。所谓单价合同，是指给出了所用产品的数量和型号要求，只需就不同型号产品的单价签订合同的方式。这种合同，在信息系统项目的计算机硬件或网络设备的采购过程中可能会用到，一般不适合于软件开发合同。

11.6.3　合同条款中需要注意的问题

信息系统项目建设合同与其他合同一样，必须以可计量或可测试的方式规定项目的范围、质量、进度和成本等目标，同时还要规定双方的权利和义务。除此之外，根据经验，签订信息系统项目合同时除要注意前面说到的一般格式外，还必须注意以下问题：①应有成本超支或进度计划延迟的通知条款；②分包商的限制条款；③明确用户方承担配合义务的条款；④有关知识产权的条款；⑤有关保密协定的条款；⑥有关付款方式的条款；⑦有关奖罚的条款；⑧有关需求变更或追加的条款；⑨有关纠纷的解决条款。

本 章 小 结

有效的采购能避免项目严重超支或由于短缺或购买不当货物而导致的项目延迟，IT 项目的采购管理处于项目的计划和设计阶段。IT 项目的采购对象一般分为工程、货物和服务采购三大类。采购方式按采购的竞争程度分类，主要分为公开招标、邀请招标、竞争性谈判、询价、唯一供应商等；如果按公司或政府内部是否统一组织采购，分为集中采购和分散采购。IT 采购计划的编制，首先需要确定采购的方式，做出自制或外购的决策，其次确定供应商、采购的内容、数量、时间等。每一次采购都涉及一个供销合同，合同一般分为两类：项目业主与

主要承包商之间的合同；项目期间所涉及的购买商品与服务的合同。在合同条款中，要特别注意成本超支或进度延迟的通知、分包商的限制条款、明确用户方承担配合义务的条款、有关知识产权和保密的条款等。

案例分析

某通信公司系统集成项目采购，资金为企业自筹，预计总投资××万元，工期要求××天，质量要求为优良。该项目手续齐全，资金、图纸等全部落实，具备招标条件。

2004 年××月，业主组织进行采购，组织形式为自行招标，招标方式为邀请招标，评标采用综合评分法。招标程序如下。

1. 招标准备

××年××月××日，业主制订招标方案与工作计划、招标文件，并根据与该公司已经合作过的 10 家公司的资质、实力、业绩等情况，通过打分筛选出 6 家公司的短名单。

2. 发标、踏勘、答疑

××年××月××日，业主向 6 家公司发出投标邀请并发售了投标文件。之后，组织了投标人现场踏勘和答疑。

3. 截标、开标

××年××月××日，各投标人均按招标文件的要求将投标文件送达。同一时间，业主举行开标，业主与各家投标人共同参加，当众核对投标文件密封情况，拆封、唱标，并整理了开标记录。

4. 评标

××年××月××日，建设项目业主成立了评标委员会，进行了评标。评分为技术、商务两个小组。首先进行初步评审，各家均符合要求。其次进行详细评审，根据招标文件中确定的评标标准，采用综合评分法，报价占 30%，技术占 50%，其余商务部分占 20%。

某 A 通信股份有限公司回标文件质量好，某 C 科技有限公司、某 D 网络技术有限公司、某 F 软件股份有限公司回标文件质量较好，某 B 通信科技有限公司、某 E 数据通信有限公司回标文件质量一般。

经过评审，评标委员会认为，在投标文件质量方面，投标人 A 回标质量最好，投标人 C、D、F 回标文件质量较好，投标人 B、E 回标文件质量一般。在系统配置方面，对于本次硬件的主要部分即服务器，投标人 E 配置最高，但其漏报了磁盘容量和终端；投标人 A、C 配置其次；投标人 D、F 配置再次；投标人 B 配置最低。在软件方面，投标人 A 采用的是 IBM 公司系列的中间件产品；

投标人 B、D、F 采用的是 HP 公司系列的中间件产品；投标人 C 则选择了多家公司的中间件产品；投标人 E 除数据仓库采用的是 Oracle 公司的产品外，其他均是自有软件。本次系统成功的关键在于厂商对指标体系、数据仓库搭建、数据源系统接口三方面的开发能力。投标人 A 对于指标体系的阐述非常详细，分专业描述了指标体系的各个方面；对数据仓库概念理解深刻，详细描述了数据仓库建立的整个过程；对于数据源系统接口分系统给出了详细方案，并具体到了数据组织表。总体来看，投标人 A 功能实现能力强，投标人 C、D、F 功能实现能力较强，投标人 B、E 功能实现能力一般。

在商务方面，投标人 A、D、F 在工程服务人员配置、终验后服务、培训等方面较好，其他投标人一般。在付款条件方面，投标人 F 给予了一定的优惠条件，其他则一般。

经过评审与计算偏差，在考虑了设备、服务、备品备件等之后，各家公司的经评审的报价依次为 4 193 954 元、4 332 946 元、3 953 831 元、4 187 321 元、3 994 670 元、4 311 743 元。各家报价均在合理范围内。

其中，投标人 C 的报价最低，各家得分依次为 94 分、91 分、94 分、99 分、92 分。

评标结果：推荐前 3 名，即投标人 A、F、C 为中标候选人。

5. 附件

附件包括以下内容：①招标计划；②招标公告；③投标邀请书；④招标评标报告；⑤中标通知书；⑥感谢信。

> **复习思考题**

1. 什么是外包？
2. 请说明采购计划的输入、过程和输出。
3. 请解释如何进行计划合同的制定？
4. 什么是合同？它与其他文档有何区别？
5. 简述外包的使用场合？
6. 在你将要开发的高校校园旧物交易网站开发项目中，有一个重要的功能是提供"购物车"功能，但是你发现那超出了你与团队的知识范围。面对这种情况，你应该如何去做？说明你的理由。

第12章

IT 项目执行与控制

【本章学习目标】

➢ 描述项目执行的七个项目管理过程

➢ 掌握项目执行各个过程的主要工具及技术

➢ 了解项目团队组建的各项活动及基本理论

➢ 掌握 IT 项目团队人员构成的基本要求及项目经理的主要职责

➢ 明确项目控制的目的及项目控制的基本内容

➢ 掌握项目成本控制的方法及基本理论

➢ 掌握项目进度控制的方法及基本理论

➢ 了解项目变更的原因及控制过程

执行是项目管理过程中投入资源最多的一个环节，具有后果不可更改的特性，因此，在执行过程中对项目进行控制是保证项目成功的必要过程。

12.1 IT 项目执行

根据 PMBOK，项目执行有 7 个项目管理过程。这 7 个过程是：①指导和管理项目的执行；②执行质量保证；③项目团队组建；④项目团队发展；⑤信息发布；⑥询价；⑦选择卖方。具体如图 12-1 所示。

第一个过程，即指导和管理项目的执行，涉及管理技术和组织的过程与接口，这些对于完成项目管理计划中所明确的项目工作而言，都是非常重要的。完成计划中所预想的工作会生成计划中所定义的交付物。第二个过程，即执行质量保证，需要定期评估项目的进度，以确定项目是否能够满足已确立的质量标准。

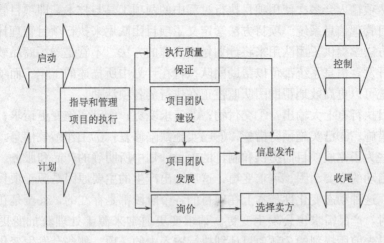

图 12-1　项目执行的过程

第三和第四个过程，即项目团队组建和项目团队发展，是 PMBOK 中人力资源管理的一部分。团队组建涉及获取完成项目所需要的人力资源，而团队发展则涉及提升个体与小组的竞争力和交互性，借以提升项目绩效。第五个过程，信息发布是项目沟通管理知识领域的一部分。信息发布意味着要及时地将必备信息提供给项目利益相关者。第六和第七个过程，即询价和选择卖方，它们都是项目采购的一部分，询价的主要作用是可以为项目计划活动的执行获得标书和建议书。选择卖方则是要从接收到的建议书中进行选择。

12.1.1　指导和管理项目的执行

项目计划执行，正如 PMBOK 中的其他知识领域一样，它也需要输入、工具与技术来完成工作，同样它也会产生输出。

指导和管理项目的执行有七大输入：①项目管理计划；②获批纠正措施；③获批预防措施；④获批变更请求；⑤获批缺陷修复；⑥已验证缺陷修复；⑦管理收尾过程。其中，较为显著的输入是项目管理计划。获批纠正措施是那些实施之后会保证项目绩效与计划相一致的各项措施。例如，当项目经理意识到项目各项活动所耗费的总成本将会出现超支时，就需要采取纠正措施。预防措施可以最小化项目风险产生负面影响的概率。获批变更请求是记入文档的、项目范围的授权变更，可能缩小，也可能扩大。在审计过程中发现产品缺陷并寻求授权修复缺陷时，获批缺陷修复就会发生。这些产品是作为项目工作的一部分而创建的。已验证缺陷修复是批准修复或拒绝修复的通知。最后，收尾过程是结束项目所需要进行的全部管理活动与交流机会。

这 7 项输入会多次使用项目执行过程中的两项工具与技术，即项目管理方法学与项目管理信息系统。项目方法学定义了项目团队用来执行项目管理计划的过程，即方法学提供了团队用来将计划付诸实施的方法。不管是购买商品软件，还是内部开发，信息系统都可以帮助团队执行在计划中所描述的工作。而项目管理信息系统可以更高效地帮助团队监控正在执行的各项活动。

项目执行有七大输出：①交付物；②请求变更；③已实施变更请求；④已实施纠正措施；⑤已实施预防措施；⑥已实施缺陷修复；⑦工作绩效信息。交付物只是那些为了完成项目而提供和制订的项目计划中所明确的产品和服务。交付物是项目启动的主要动因。请求变更，这项输出产生的主要原因是源于项目的动态变化性，这种动态变化性基本上在项目的各个阶段都是存在的，甚至是在执行项目计划时，产品需求也会发生变更。请求变更通常来源于处理获批变更请求输入，它是先前所提到的 7 项项目计划执行输入中的一项。那些会发生变化的需求涉及资源、进度安排以及功能性需求和特性。成功地跟踪和管理需求变更是任何项目中的一个基本组成部分，对 IT 项目更是这样。因为 IT 项目的一个显著特征就是其复杂的多变性。另外四项输出是与四项输入相对应的实施部分：①已实施变更请求是那些已经执行的获批变更请求；②已实施纠正措施是那些已经成功实施的获批纠正措施；③已实施预防措施是那些已经成功执行的获批预防措施；④已实施缺陷修复则是那些已经成功执行的获批缺陷修复。最后一项输出是工作绩效信息。绩效信息反映了在项目计划中记录的项目活动状态。当项目任务完成时，那些信息会传达给项目经理，并与用以完成任务的资源一起记录在项目信息系统中。质量标准被遵守的程度也必须记录下来。除了进度、资源和质量信息外，工作绩效信息还要包括成本、交付物状态以及经验教训。此外，需要注意的是，绩效报告还要涉及尚未完成的工作，特别是那些落后于进度的工作，这是很重要的。

12.1.2　执行质量保证

质量保证（quality assurance）过程由所有相关活动与事项所组成，用来确保项目能够满足在质量规划阶段所总结的质量标准。质量保证一般都由质保部门来监管，这个小组要负责确保项目能够满足所有所需过程以使利益相关者的需求得到满足。在质量保证过程中，对于所需输入的清单、所使用的工具与技术以及结果输出如下所述。

1. 质量保证过程的输入

质量保证过程的输入包括质量管理计划、质量测量指标、过程改进计划、工作绩效信息、批准的变更请求、质量控制度量、实现的变更请求、实现的纠正措施、实现的缺陷修复、实现的预防措施。质量管理计划与运营定义是作为前述质量规划过程的一部分来开发的。质量管理计划就是要总结质量度量细节信息。质量控制度量的结果往往是以质量测试流程为基础，应该对其要求的格式完成规范化以做进一步的分析。

2. 质量保证的工具与技术

除了在质量规划过程的一部分工具与技术在质量保证过程中使用外，质量保证过程要使用两种新工具，分别是质量审计与过程分析。质量审计（quality audit）是用来评审其他质量管理过程以及识别潜在经验教训的活动。在质量审计中，评审可以由组织内部接受过培训的人员按照进度或随机进行，或者在一些情况下，可以由第三方的授权审计人员执行。质量审计人员要检查项目的许多方面，寻找那些无效或低效的政策、过程或流程。质量审计人员可以使用一份已经建好的检查表开始，对项目要评价的各个方面进行评分。表 12-1 给出了某项目现场施工的一份检查表。

表 12-1　质量审计检查表示例

实施时效	按约定时间进场和交付？没有按时进场？没有按时交付？都没有按时完成？供应商原因？用户原因？			
现场行为	能和用户沟通协商、文明施工？材料乱堆乱放？施工管理混乱？野蛮施工？严重影响用户工作？			
设备质量	完全符合合同约定？包装不符合？型号不符合？配置不符合？数量不符合？品质不符合？其他不符？			
施工质量	系统安装质量：好、中、差？系统调试质量：好、中、差？配套工程质量：好、中、差？其他？			
服务质量	有施工前的现场设计和用户沟通？遇事能主动和用户协商解决？有交付后的使用培训？售后服务响应及时？			
投诉记录				
其他				
检查记录				
检查日期		检查人员		记录人员

在质量保证过程中，另一种工具是过程分析，它检查的不是要完成的内容，而是完成的方式。过程分析遵循的是过程改进计划中所列出的步骤，如前所述。作为质量审计过程的一部分而记载下来的经验教训，可以用来提升当前项目的后续项目的绩效。质量审计既可以由内容审计人员执行，也可以由项目所雇用的外部审计人员来执行。

3. 质量保证输出

质量保证过程的输出包括请求的变更、推荐的纠正措施、组织过程资产（更新)、项目管理计划（更新）。为了给利益相关者创造效益，保证质量、请求变更应该与推荐纠正措施一同记录。当这些质量保证输出记录之后，就可以对现有文档做出变更，这将会带来组织过程资产与项目管理计划的更新。

12.1.3 组建项目团队

项目团队是为实现项目目标服务的，是项目实施的责任主体。当公司马上要开展一个新项目时，在既定的项目组织结构框架下，项目经理面临的一个重大问题就是能否把重要的人员调入该项目团队。在 IT 项目中，项目经理不一定有机会亲自组建自己的项目团队。通常，在完成人员配置管理计划后，项目经理与公司人员一起商量如何给项目分配特定人员，或从外部获取项目所需的人力资源。组织必须能确保分配到项目工作的员工是最适合组织需要，同时也是最能发挥人员技术特长的。项目团队要与组织及其团队成员之间保持责任承诺；团队成员享有高度独立性，他们既有共同目标，又有互补的技能。在项目团队组建后，这组人一般都要花一些时间才会逐渐发展成为精干的项目团队。这种演变将在后文进行讲述。

1. 从组织内部获得项目团队成员

一般对于 IT 项目来说，项目通常只是企业生产管理的一部分，项目组织是企业的一部分。软件生产企业则是以项目为基础的组织，是通过项目来实现企业运作的，如通过为其他组织承担项目来获取收入的组织——软件生产企业、工程设计公司、咨询机构、建筑施工单位、政府分包商等。这些组织都偏向于建立一个便于项目管理的管理系统。

对于 IT 项目来说，团队的成员大多数是从组织内部获得的，预分派是项目团队获得成员的一种方式，在以下三种情况可预分派成员：①在项目竞标过程中承诺分派特定的人员进行项目工作；②该项目依赖于特定人员的专有技能；③项目章程中规定了某些人员的工作分派。

预分派是对少数项目成员的获得形式，大多数的项目团队成员必须通过协商获得，因为 IT 企业人员都属于职能部门，接受双重领导，项目管理团队通常要与以下人员进行协商。

（1）职能部门的经理。目的是保证在必要的时间限度内为项目团队召集到足以胜任的工作人员，并且项目团队成员可以一直工作到项目结束。

（2）组织中的其他项目管理团队。目的是争取到稀缺或特殊的人才。项目团队的影响力在人员分派协商中具有十分重要的影响。例如，一个职能经理在决定把一个各项目都争抢的出色人才分派到哪个项目时，会权衡从项目中所获得的利益和项目的知名度等。

2. 从组织外部招聘团队成员

在完成了人员胜任特征分析后，项目经理要与公司领导和人力资源部相关人员一起为项目组选配特定的人员。项目成员可以从组织内部甄选，或者从外部获取项目所需的人力资源。有影响力并富有谈判技巧的项目经理往往能很顺利地让内部员工参与到他的项目中来而人力资源部通常负责对外招聘人员，项目经理应当与人力资源部经理合作来解决获取合适人员的问题。

从广义上讲，人员招聘包括招聘准备、招聘实施和招聘评估三个阶段。狭义的招聘即指招聘的实施阶段，主要包括招募、甄选、录用三个阶段。

1) 招聘准备

招聘准备阶段主要应做两方面的工作：①明确招聘岗位的特征和要求。根据工作分析的结果，弄清待招聘的岗位的工作责任和胜任特征要求，明确这些工作对应聘者的知识、技能等方面的具体要求和所能给予的待遇条件和工作条件等。②制订招聘计划和招聘策略。制订具体的、可行的招聘计划和招聘策略，同时确定招聘工作的组织者和执行者，并明确各自的分工。

2) 招聘实施

招聘工作的实施是整个招聘活动的核心，也是最关键的一环，先后经历招聘、甄选、录用三个阶段。

第一个阶段：招募阶段。组织应根据事先拟订的招聘计划与明确的用人条件和标准，选择合适的招聘渠道和招聘方法，以尽量低的成本吸引合格的应聘者。招聘渠道的选择可以包括：内部招聘与外部招聘；吸引直接求职者与鼓励员工推荐；在报纸期刊登招聘启事；借助公共就业服务机构或私营就业服务机构；通过学院或综合大学的就业服务机构或基于互联网进行电子招聘。由于人们均有自己的生活空间、喜欢的传播媒介，组织欲吸引符合标准的候选人，就必须选择合适的招聘渠道。对于 IT 项目而言，在互联网上发布招募消息相对于传统的发布媒介可能更为有效。此外，企业需要对自己的历史招聘经验进行积累，以便为未来的招聘工作提供有效的指导。表 12-2 给出了某企业根据以往的实施经验对各种招聘渠道的产出率和雇佣成本的评价。

表 12-2　某企业对各种招聘渠道有效性的评价

效果	吸引简历数量/份	面试的人数/人	合格应聘人数/人	接受工作人数/人	累计产出率/%	成本/元	单位雇佣成本/元
地区大学	200	175	100	90	45	30 000	333
名牌大学	400	100	95	10	3	0	5 000
员工推荐	50	45	40	35	70	15 000	428
报刊广告	500	400	35	25	5	20 000	800
猎头公司	20	20	19	15	75	90 000	6 000

项目组成员既可以从组织内部获取，也可以从外部获得。表 12-3 对内部招聘与外部招聘的利弊进行了对比。

表 12-3　内部招聘与外部招聘

特点	内部招聘	外部招聘
优点	对人员了解全面，选择准确性高，了解本组织，适应更快，鼓舞士气，激励性强，费用较低	来源广，有利于招到高素质人员，带来新思想、新方法，树立组织形象
缺点	来源少，难以保证招聘质量，容易造成"近亲繁殖"，可能会因操作不公等造成内部矛盾	筛选难度大，时间长，进入角色慢，了解少，决策风险大，招聘成本大，影响内部员工积极性

可见，两种方式各有优势与不足。因此，组织要进行综合考虑，通常选用内外结合的方式效果最佳。但要遵循一个原则：人员招聘最终要有助于提高组织的竞争能力和适应能力。

第二个阶段：甄选阶段。在吸引到众多符合标准的应聘者之后，还必须善于使用恰当的方法，挑选出最合适的人员。在通过比较选择的过程中，不能只进行定性比较，应以岗位胜任要素为依据，以科学、具体、定量的客观指标为准绳，把人的情感因素降到最低，排除凭经验、凭印象进行的模糊判断。常用的人员选拔方法有笔试、面试、情景模拟、心理测验等。实际中这些方法经常是相互结合使用的。

人员甄选常用的方法有笔试、面试、情景模拟和心理测试等。笔试是一种最基本的选择方法，它是让应聘者在试卷上笔答事先拟好的试题，然后根据应聘者解答的正确程序予以评定成绩的一种选择方法。这种方法主要通过测试应聘者基础知识和素质能力的差异，判断该应聘者对招聘岗位的适应性。面试是最常见的招聘方式。应聘者与面试考官直接交谈，面试考官根据应聘者在面试中的回答情况和行为表现来判断应聘者是否符合岗位要求。面试的优点非常明显，用人部门能够直接接触应聘者，能够综合了解应聘者的素质。情境模拟是一种有效的招聘方法。它将应聘者放在一个模拟的真实环境中，让应聘者解决某方面的一个"现实"问题或达成一个"现实"目标。考官通过观察应聘者的行为过程和行为效果来鉴别应聘者的工作能力、人际交往能力、语言表达能力等综合素质。心理测试是一种比较先进的测试方法，在国外被广泛使用，目前也越来越多地被国内企业所使用。它是指通过一系列方法，将人的某些心理特征数理化，来衡量应聘者的智力水平和个性方面差异的一种科学测量方法。心理测试具有客观性、确定性和可比较性等优点。

各种人员甄选的方法各有其优缺点，在现实应用过程中，应该根据具体情况，根据招聘岗位的要求，根据人员胜任要素侧重点的不同，选择相应的方法去进行人员选拔。表 12-4 列出了针对人员素质要求的最佳甄选方法。

表 12-4　人员素质要求的最佳甄选方法

人员素质要求	最佳甄选方法
经营管理能力	情景模拟中的文件筐方法
人际关系能力	情景模拟中的无领导小组讨论方法
智力状况	笔试方法
工作动机	心理测试、情景模拟、面试
心理素质	心理测试中的投射测验
工作经验	资历审核、面试中的行为描述法
身体素质	体检

在 IT 项目成员的招聘与甄选过程中，应根据岗位要求、人员胜任要素分析，针对不同岗位的人员素质要求，综合采取合适的方法，确保为项目组甄选到合格的成员。

第三个阶段：录用阶段。甄选工作完成之后，招聘工作进入录用阶段。在这个阶段，招聘者和求职者都要做出决策，以便达成个人和工作的最终匹配。

3）招聘评估

招聘录用工作结束后，还应该有一个评估阶段。对招聘活动的评估主要包括两个方面：一是对照招聘计划对实际招聘录用的结果（数量和质量）进行评价总结；二是对招聘工作的效率进行评估，以便及时发现问题，寻找解决的对策，为下次招聘总结经验教训。

3. 资源负荷和资源平衡

一个好的项目经理的评价标准就是看他能否在绩效、时间和成本之间掌握平衡。但是，在大多数情况下，解决绩效、时间和成本之间的平衡往往会给组织增加成本。因此，项目经理的目标就是尽可能不增加组织的成本或者不拖延项目完成的时间来获得项目成功。那么，要实现这个目标的关键是有效地管理项目的人力资源。一旦把人员分配到项目，项目经理有两种方法最有效地使用项目人员：资源负荷和资源平衡。

1）资源负荷

资源负荷（resource loading）是指在特定时段内既定进度计划所需的个体资源的数量。这个方法有助于项目经理对项目所需的组织资源以及各成员的进度有一个总体的了解。项目经理常使用直方图来描绘不同时段所需的资源负荷，如图 12-2 所示。直方图对于确定人员需求和识别人员配置问题非常有帮助。资源直方图常被用来表示资源负荷，同时也可用来识别资源超负荷的情况。如在图 12-

2 中，可以较为明显地看出，在 1 月 9 日、2 月 9 日、3 月 9 日和 4 月 9 日人力资源负荷较重，在 2 月 16 日、3 月 16 日和 4 月 30 日三个项目时间段人力资源负荷较轻，在 3 月 30 日无资源负荷。

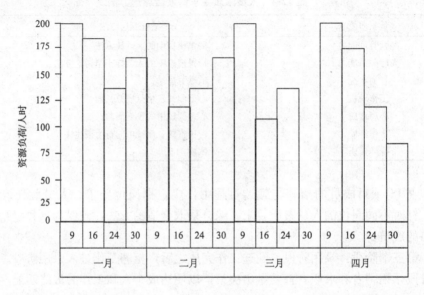

图 12-2　资源消耗

2）人力资源平衡

资源平衡（resource leveling）是通过任务延迟来解决资源冲突的技术。这是一种网络分析方法，以资源管理要素驱动进度决策（开始和结束时间）。资源平衡的主要目的是建立更平稳的资源分配使用。项目经理检查网络图中的时差或浮动时间来识别资源冲突。例如，我们有时可以通过对非重要任务的延迟来消除过度分配，因为这并不会导致项目总体进度的延迟。其他时候则需要通过延迟项目完成日期来降低或消除过度分配。

过度分配就是一种资源冲突。如果一种资源过度分配了，一般可以修改进度来消除资源过度分配。如果一种资源处于过剩状态，那么项目经理也可以修改进度尽量使资源得到充分利用。因此，资源平衡的目的就是在允许的时差范围内调整任务，从而使各个时段的资源负荷变化达到最小。

资源的平衡有几个优点。首先，当资源的使用情况比较稳定时，它们需要的管理就较少。例如，一个项目中的兼职职员安排在今后 3 个月里每周工作 20 小时，这样非常容易。但是，如果安排他第一周 10 小时、第二周 40 小时及第三周 5 小时等，那么管理起来就要复杂得多。其次，资源平衡可使项目经理通过使用分包商或者其他昂贵的资源而使用零库存策略。例如，项目经理可以在诸如测试咨询师这种特定的分包商所做的工作中平衡资源。这种平衡可能使项目只需从外部聘用 4 个全职的咨询师，在 4 个月内专门从事测试工作，而无须花更多的时间或用更多的人。后面一种方式通常成本更大。最后，资源平衡可以减少财务部与项目人员方面的问题。增加或减少劳动力和特殊人力资源往往会带来额外的工作和混乱。例如，如果一个项目安排一个在特定领域有专门特长的职员一星期工作 2 天，而另外一个需要与他一起工作的职员在这几天却没有被安排进来，那么他们就无法一起合作。财务部可能会抱怨这些外包的供应商在每周工作少于 20 小时的情况下索取的成本更高。

12.1.4　项目团队的建设

因为 IT 项目是以人力资本和知识资本为主的项目，因此，相对其他类项目而言更强调团队成员的培训与激励。此外，由于 IT 项目的定制化的特点，使之很少简单地重复，因此，IT 项目需要一个具有创造性和学习型的团队，使 IT 成员能够以积极的态度完成既定的项目目标。IT 项目团队的建设工作应包括使用激励的一般理论分析团队成长过程中的激励，以及对项目成员和项目团队的考核。

1. 项目成员激励的一般理论

激励，顾名思义，包括"激"和"励"两个组成部分，可以定义为通过调整外因来调动内因从而使得被激励者向着激励预期的方向发展。

从这个定义可以看出，"激"即诱发动机，"励"即强化行为，所以激励实质上是一个外部引导行为来激发内部动机的过程。可以概括为下面这个公式：

$$激发动机（内部）＋引导行为（外部）＝激励$$

目前，激励理论的研究沿两条主线展开：一条主线是沿激励的作用机理展开，又可分为内容型激励理论、过程型激励理论和行为改造型理论；另一条主线是沿激励的主客体即博弈的双方展开，即新制度经济学意义上的激励机制研究，比较具体的有委托人-代理人理论。

1）内容型激励理论

内容型激励理论主要是依据人们需求的具体内容进行激励，包括马斯洛的需求层次理论、赫茨伯格的双因素理论等。

马斯洛的需求层次理论是研究激励时应用得最广泛的内容型激励理论。该理论将需求按照层次分成生理需求、安全需求、社交需求、尊重需求和自我实现需求 5 类。针对不同层次的需求内容提供不同的激励。对于信息系统项目中的人员管理而言，要根据成员所属的需求层次，采用对应的激励手段，才能取得良好效果。

赫茨伯格的双因素理论是另外一种典型的内容型激励理论，是通过实证考察将工作满意度与生产率的关系归于两种性质不同的因素。第一类因素是激励因素，能对工作带来积极态度，较多满意感的因素，如成就感、同事认可、上司赏识、更多职责、更大成长空间等，这些因素多与工作内容或者工作本身相关。第二类因素是保健因素，能使员工感到不满意的因素，包括公司政策、管理措施、监督、工资福利、工作条件及人际关系等。这些因素多属于工作环境或工作关系方面。具备激励因素导致"满意"，缺乏保健因素则导致"不满意"。

2）过程型激励理论

过程型激励理论主要是依据人们实现目标的过程中的需求因素设计激励理论，包括期望理论、公平理论、目标设置理论等。

期望理论认为，激励将取决于对行为和行为结果引起的满足感的期望。期望理论认为激励的水平＝效价×期望。

公平理论认为，员工会把自己的投入产出比与别人的投入产出比进行比较，以此来决定激励的效果。

目标设置理论认为，人的价值观和目标影响他们的绩效，人们的价值观使人们得到他们认为有价值的东西（如工资的提高、晋升等），这种价值观影响他们设立目标，而这些目标的设置又将重新影响他们的最初决定。

3）行为改造型激励理论

行为改造型理论主要研究如何改造和转化个体行为，变消极因素为积极因素的一种理论，包括强化理论、归因理论等。

强化理论有四种类型：正强化，也称积极强化即奖酬；负强化，也称消极强化，如在公司对销售人员根据其业绩实行末位"淘汰制"；惩罚；衰减，即撤销原来行为的强化。

归因理论是根据人的外部行为推断内部心理状态的过程。成功失败归因模型认为人的成功或者失败主要归因为四个因素（努力程度、能力大小、任务难度、运气和机遇）。人们把成功和失败归因为何种因素，对于以后的工作积极性有很大影响。

4）委托人-代理人理论

只要有交易，就会有博弈。通常将博弈中拥有私人信息或者信息优势的一方参与人称为"代理人"；而将不拥有私人信息或者信息劣势的一方参与人称为"委托人"。委托人想使代理人按照自己的利益选择行动，但委托人不能直接观测到代理人选择了什么行动，能观测到的只是一些变量，而这些变量由代理人的行动和其他一些外生的随机因素而共同作用决定的，因而只不过是一些不完全的信息。委托人要依据这些信息来奖惩代理人，以激励其选择对委托人最为有利的行动。

由于存在着信息不对称，因而代理人既可以说假话，也可以偷懒。委托人的问题在于设计一套激励合同（契约）以诱使代理人从自身利益出发选择对委托人最有利的行动，使代理人既说真话，又不偷懒，并使双方的利益最大化。新制度经济学认为制度不仅是资源配置的重要手段，而且也是约束和激励经济主体的重要规则。解决问题的关键途径在于激励机制的设计。

5）综合激励过程

图 12-3 是激励过程的示意图。图中有两组符号，它们代表的含义如下：①激励作用增加了员工的积极性，促使员工努力工作；②员工的努力产生了工作绩效；③根据工作绩效实施相应的奖惩；④对员工的奖惩和工作绩效的比较产生了员工心中的公平感；⑤被激励者对奖惩是否公平的感觉和评价产生了满足和不满足的感受；⑥如果有了满足，则激励效果更强。

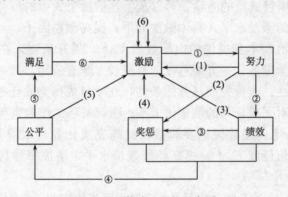

图 12-3　激励过程的示意图

其中：

（1）来自别的员工的努力造成的压力也形成了一股激励力量，实际上可以据此设计竞争激励。

（2）有时工作绩效并不能直接地从劳动成果上体现，或有时努力并不一定会带来可以量化的显性绩效，所以可以根据员工对待工作的态度或员工的努力程度进行奖惩。

（3）对绩效高的员工的宣传等可以对其他员工产生鞭策力量，实现一种激励的效果；实际上可以据此设计榜样激励、成就激励。

（4）奖惩本身就是一种激励。

（5）公平也是一种激励。

（6）激励的其他外在来源。

从图 12-3 中不难发现，各个环节要素及过程都可以成为设计激励机制的要素。前面讲到的激励理论也都可以从中找到激励的依据。为了对激励有个总体的认识，给出如下的综合激励公式：

$$M = V_i + E(V_a + \sum E_{ej} \times V_{ej})$$

式中，M 为 motivation，总的激励强度。V_i 为活动本身提供的内酬效价，指任务满足本人内在要求的强度。下标 i 为 internal，指内部的。E 为对完成任务的期望值，是指估计任务能够成功完成的概率。V_a 为对完成任务的评价，是指对工作成果重要性和任务完成中自己所承担角色重要性的认识程度。E_{ej} 为员工完成任务后能取得相应奖酬的可靠性，体现了一种奖惩的公平，是一种概率。下标 e 为 external，指外部的。V_{ej} 为外酬效价，指外部激励的感知强度。下标 j 的含义分别是各种分量，如 $j=1$ 为工资福利的增长；$j=2$ 为在公司内部个人权利的提升；$j=3$ 为在公司内部名望声誉的提高等。

所以，对于项目成员的激励，可以从上述激励公式中的每个因素着手，多管齐下，提高总的激励水平，具体做法如下：提高激励因子，与员工职业规划结合，进而提高活动本身提供的内酬效价 V_i ↑。展开来说，在安排工作时要尽量考虑员工所学专业，一方面可以学有所长、学有所用，另一方面可以提高员工工作的积极性；改善完成任务的条件，在项目成员完成任务的过程中提供帮助，提高员工对完成任务的期望值 E ↑；强调每项工作的重要性，提高对完成任务的评价 V_a ↑；领导说话要算数，提高完成任务后取得奖酬的可靠性，增加博弈双方的信任度 E_{ej} ↑；提高外酬效价水平，增加每种具体激励的强度 V_{ej} ↑。

要说明的是，上述激励公式只是一个激励因素构成的示意性质的表达式，并不能精确地用数字表达。对于那些实际的物质奖励（即 V_{ej}）水平有限的团队，要注意充分提高其他因素的激励水平。

2. 项目团队的成长与激励

信息系统项目团队的成长与其他项目一样，一般需要经过如下四个阶段。

1）形成阶段

形成阶段又称组建阶段，该阶段促使个体成员转变为团队成员。每个人在这一阶段都有许多疑问：我们的目的是什么？其他团队成员的技术、人品都怎么样？每个人急于知道他们能否与其他成员合得来，自己能否被接受。成员还会怀疑他们的付出是否会得到承认，担心他们在项目中的角色是否会与他们的个人兴趣及职业发展相一致。

为使项目团队明确方向，项目经理一定要向团队说明项目目标，并设想出项目成功的美好前景及成功所产生的益处，公布有关项目的工作范围、质量标准、预算及进度计划的标准和限制。项目经理要讨论项目团队的组成、选择团队成员的原因、他们的互补能力和专门知识，以及每个人为协助完成项目目标所充当的角色。项目经理在这一阶段还要进行组织构建工作，包括确立团队工作的初始操作规程，规范如沟通渠道、审批及文件记录工作。这一阶段，项目经理要让团队参与制订项目计划。所以在这个阶段，对于项目成员采取的激励方式主要为预期激励、信息激励和参与激励。

2）震荡阶段

这一阶段又称磨合阶段，成员们开始运用技能着手执行分配到的任务，开始缓慢推进工作。现实也许会与个人当初的设想不一致。例如，任务比预计的更繁重或更困难，成本或进度计划的限制可能比预计的更紧张。成员们越来越不满意项目经理的指导或命令。震荡阶段的特点是人们有挫折、愤怨或者对立的情绪。工作过程中，每个成员根据其他成员的情况，对自己的角色及职责产生更多的疑问。这一阶段士气很低，成员们可能会抵制形成团队。

在这个阶段，项目经理要对每个人的职责及团队成员相互间的行为进行明确和分类，还要使团队成员一道解决问题，共同做出决策。项目经理要接受及容忍团队成员的不满，更要允许成员表达他们所关注的问题。项目经理要做导向工作，致力于解决矛盾，决不能希望通过压制来使其自行消火。如果不满不能得到解决，它会不断集聚，导致团队人员流失甚至是集体辞职，将项目的成功置于危险之中。在这个阶段，对于项目成员采取的激励方式主要有参与激励、责任激励和信息激励。

3）正规阶段

经受了震荡阶段的考验后，项目团队就进入了发展的正规阶段。团队成员之间、团队与项目经理之间的关系已确立好了。项目团队逐渐接受了现有的工作环境，项目规程也得以改进和规范化。控制及决策权从项目经理移交给了各工作包的负责人，团队的凝聚力开始形成，每个人觉得他是团队的一员，他们也接受其他成员作为团队的一部分。

这一阶段，随着成员之间开始相互信任，团队内大量地交流信息、观点和感情，合作意识增强，团队成员互相交换看法，并感觉到他们可以自由地、建设性地表达他们的情绪及评论意见。团队经过这个社会化的过程后，建立了忠诚和友谊，也有可能建立超出工作范围的友谊。

在正规阶段，项目经理采取的激励方式除参与激励外，还有两个重要方式：一是发掘每个成员的自我成就感和责任意识，诱导员工进行自我激励；二是尽可能地多创造团队成员之间互相沟通、学习的好环境，以及从项目外部聘请专家讲解与项目有关的新知识、新技术，给员工充分的知识激励。

4）表现阶段

团队成长的最后一个阶段是表现阶段。这时，项目团队积极工作，急于实现项目目标。这一阶段的工作绩效很高，团队有集体感和荣誉感，信心十足。项目团队能开放、坦诚、及时地进行沟通。团队相互依赖度高，他们经常合作，并在自己的工作任务外尽力相互帮助。团队能感觉到高度授权，如果出现技术难题，就由适当的团队成员组成临时攻关小组，解决问题后再将有关的知识或技巧在团队内部快速共享。随着工作的进展并得到表扬，团队获得满足感。个体成员会意识到为项目工作的结果正在使他们获得职业上的发展。

这一阶段，项目经理集中注意关于预算、进度计划、工作范围及计划方面的项目业绩。如果实际进程落后于计划进程，项目经理的任务就是协助支持纠正措施的制定与执行，因而这一阶段激励的主要方式是危机激励、目标激励和知识激励。

信息系统项目成长阶段与激励的关系示意图如图 12-4 所示。上述四个阶段分别列举的激励方式都是该阶段的主要方式，其他阶段的激励方式也可以同时被很好地采用。要强调的是，对于信息系统项目的建设人才，要更多地引导他们进行自我激励，更多地对他们进行知识激励。当然，足够的物质激励是不言而喻的、自始至终的、最有效的激励。

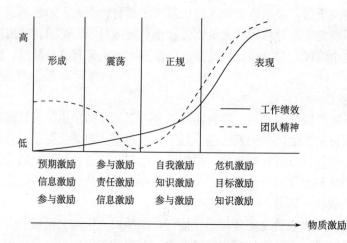

图 12-4　信息系统项目团队的成长与激励

激励的结果是使参与信息系统项目的所有成员组织成一个工作富有成效的项目团队。有成效的项目团队具有如下特点：①能清晰理解项目的目标；②每位成员的角色和职责有明确的期望；③以项目的目标为行为的导向；④项目成员之间高度信任，高度地合作互助等。

表 12-5 提供了一些问题，以帮助项目经理检查自己的团队是否有效。表中的得分采取 5 分制，5 分表示最好，4 分表示较好，3 分表示一般，2 分表示较差，1 分表示最差。总分为 100 分。

表 12-5　团队有效性自测表

问题	得分
1. 你的团队对项目目标有明确的理解吗？	（　　）
2. 项目工作内容、质量标准、预算及进度计划有明确规定吗？	（　　）
3. 每个成员都对他的角色及职责有明确的期望吗？	（　　）
4. 每个成员对其他成员的角色和职责有明确的期望吗？	（　　）
5. 每个成员了解所有成员为团队带来的知识和技能吗？	（　　）
6. 你的团队是目标导向吗？	（　　）
7. 每个成员是否强烈希望为实现项目目标做出努力？	（　　）
8. 你的团队有高度的热情和力量吗？	（　　）
9. 你的团队是否能高度地合作互助？	（　　）
10. 是否经常进行开放、坦诚而及时的沟通？	（　　）
11. 成员愿意交流信息、想法和感情吗？	（　　）
12. 成员是否能不受拘束地寻求别人的帮助？	（　　）
13. 成员愿意相互帮助吗？	（　　）
14. 团队成员能否做出反馈和建设性的批评？	（　　）
15. 团队成员能否接受别人的反馈和建设性的批评？	（　　）
16. 项目团队成员中是否有高度的信任？	（　　）
17. 成员是否能完成他们要做或想做的事情？	（　　）
18. 不同的观点能否公开？	（　　）
19. 团队成员能否相互承认并接受彼此的差异？	（　　）
20. 你的团队能否建设性地解决冲突？	（　　）
总计得分	（　　）

3. 项目成员和团队的考核

项目成员的考核和项目团队的考核是两个不同层次的考核，前者是针对项目成员个人的考核，后者是针对整个团队的考核，下面就对这两个层次的考核分别予以讲解。

1）项目成员的考核

如果信息系统项目结束了，项目经理应该对项目成员进行评价。表 12-6 是项目成员考核的一个模板。

表 12-6　项目成员考核的模板

姓名	项目成员特征			项目成员行为			项目成员结果			项目成员总评
	学历	工龄	证书	勤奋	合作意识	知识共享情况	CPI	SPI	客户满意度	
张力										
王奇										
李强										
史冬										
……										

一般来讲，对项目成员的考核应该从三个方面来考虑。

一是项目成员的特征，可以选择项目成员具备的一些有共性的特征作为特征考核指标，如学历、工龄，以及技能证书等各种与项目任务相关的能力证明，通常情况下，好的特征能取得预期的好成果。

二是项目成员的行为，可以通过度量项目成员在参与项目过程中表现出来的一些有共性的行为作为成员的行为考核指标，如是否勤奋、合作意识如何，以及是否将个人的时间、知识、经验贡献给团队及其他成员，促成整体任务的完成等，对于信息系统项目来讲，好的行为非常重要，好的行为甚至能从某种程度上决定项目的成功。

三是项目成员的结果，可以选择由于项目成员的努力而使得项目本身产生一些有代表性的结果信息作为成员绩效考核的结果考核指标，可通过完成任务的范围、进度、成本、质量等情况和客户满意度等方面衡量，如选择 CPI（资金效率）、SPI（进度效率）客户满意度等指标，结果是必须要评价的。

在个人考核中，需要以上三个方面综合考虑，以制度的形式将考核的要素及相应的权重确定下来，才能得到对成员个人全面的评价。否则，单纯强调一方面可能会给项目的实施带来不利影响。例如，仅强调绩效（虽然这是企业最为看重的考核方面），会过多刺激成员功利心，目光短浅地仅考虑个人短期利益，不愿与其他人员合作，而带来团队长期损失。同样，过多强调特征，会使团队内形成追求文凭、论资排辈的氛围，不利于成员发挥积极性完成工作绩效，不能按照项目需要和发展学习更新知识。

实际上，表 12-6 本身也是项目成员发现自己差距的一种好办法，企业可以通过相关指标的设计来实现公司的意图，引导员工的职业生涯成长与企业的战略相一致。有了考核指标后，就要分别给这些指标制定打分的方法，以及分配权重，然后算出项目成员的总评分，有了总评分，就可以和相应的奖励与惩罚挂起钩来。

对于信息系统项目来讲，建议特征值占项目成员最终绩效的 20％左右，行为值占项目成员最终绩效的 40％左右，结果值占项目成员最终绩效的 40％左右。当然，根据具体项目的不同，比例可以作相应的调整。

2）项目团队的考核

对于项目中团队绩效的考核，与个人考核不同，强调的是作为整体，团队所承担任务的完成情况，同时也要考虑团队的建设，能否带来团队整体效能高于成员个体单个效能的综合，即能否实现"1＋1＞2"的效果。以下介绍团队评价中常用的一种方法——平衡计分卡（balanced score board）。

平衡计分卡，由 Robert Kaplan 与 David Norton 在 1992 年提出，围绕企业的愿景与战略，通过财务、客户、企业内部业务、学习与成长四方面指标的衡量，综合评价团体的绩效。财务方面的各项指标反映了团队过去和现在的经营效率，主要考察项目团队的短期绩效；而学习和成长的各项指标则衡量团队为未来持续变革、发展能力所做的积累，主要从长期考察项目团队的绩效；内部业务过程中的各项业务指标从团队内部评价团队的业务流程，如项目管理流程或技术方案的执行流程等，主要从内部考察项目团队的绩效；而顾客方面的各项指标则反映了外部客户对企业的要求，主要从外部考察项目团队的绩效。换言之，用平衡计分卡考核团队绩效，主要是从短期、长期、内部、外部四个维度进行的。平衡计分卡实现了对团队的现在和将来，内部和外部的全面衡量，超越了传统以财务会计量度为主的绩效衡量模式，在考察团队取得业绩的同时，也强调团队应以顾客需求为导向，提高内部业务过程的运作效率，同时具备学习与成长能力。在平衡计分卡使用中，上述四方面各自有相应的一系列指标、量度、目标值，描述团队的产出，用系统、全面、完整的绩效评核量度，反映关于团队的各个方面的详细信息，并可以预防可能出现的一些方面的短期行为，对于获得的收益或损失能够做出全面准确的评价。

12.1.5　采购实施

为了保证项目采购计划的有效性，按时、高质量地获得外部产品或服务资源，必须制订出项目的询价计划，最终形成具体采购文件和供应商评价的具体标准，包括明确何时开始询价、定购产品或服务、签订合同并进行合同管理，以确保采购的各种产品或服务能够在项目进展需求时及时到位。

1. 采购文件的类型和编制

采购文件用于向可能的供应商征集建议书。最常见的两种文件类型分别是需求建议书（request for proposal，RFP）和报价邀请书（request for quotation，RFQ）。RFP 是一种用于征求潜在供应商建议书的文件。例如，某一个企业想实施 ERP 系统，它可以编写 RFP 使供应商能够提交项目建议书。不同供应商可能会建议集成不同软件、硬件和网络解决方案来满足该企业的需求。RFQ 则是一种依据价格选择供应商时用于征求潜在供应商报价或标书的文件。例如，一个企业只想采购 10 台具有一定性能要求的微机，采购主体会向可能的供应商发布REQ。当然，REQ 与 RFP 相比较而言，更容易准备，周期也相对较短，而且供应商可以不做出反应。

采购文件的结构应该便于供应商做出准确、全面、细致的答复。不但要考虑项目本身的特点需求，还有考虑项目所处环境的因素，如法律及相关政府规定等。采购文件既要保证一定的规范性，以保证供应商反馈的一致性和可比性，又要有一定的灵活性，便于供应商提出满足要求的更好方法。

2. 供应商的评价标准

评价标准是项目团队用来对供应商建议书评级和打分的参考依据。它更适合在 RFP 之前产生，其内容可以是客观的，也可以体现项目团队的主观性。一般情况下对于每项标准都有一定的权重，以此来表示投资方对该项标准的重视程度。例如，一个财务管理软件的开发项目，可能对于供应商的财务软件历史绩效的权重就会达到 30% 以上，以表示投资方对于供应商财务知识和开发经验的强调。评价供应商时一般会考虑如下因素：①供应商对需求的理解，这一点应该在供应商的项目建议书中有具体的描述；②采购价格，考察供应商的成本制定依据；③技术水平，是否合情合理地认为供应商有支持产品或服务的技术能力和相关知识；④管理方法，考察供应商是否有一套合理的、有效的产品或服务的管理方法；⑤财务能力，供应商是否具有，或是否被合情合理地认为现有财务能力能够支持正常的生产运作，以便在交付期到来时提供所需的交付物。

表 12-7 是某项目采购过程中评定供应商的评价标准，评审组由 3 位专家组成。实际上，也可以由 5～7 位专家来评估。在采购过程中，信息系统项目的相关利益相关者最好参与到供应商的选择当中，加深对供应商及其提供产品或服务的了解。

表 12-7　信息系统项目采购的供应商评价表

供应商名称：

评价内容	权重比例/%	评定人 1 分数	评定人 2 分数	评定 3 分数	平均分	加权分
需求分析	15					
产品价格	30					
技术实力	25					
管理能力	15					
财务能力	15					
最后得分						

对于重要产品或服务的采购，还会由几个评价小组分别评价建议书的不同内容。例如，有评价技术部分的，有评价管理部分的等。

3. 采购合同磋商

买方代表和合同选定的供应商要一起讨论，在合同签署之前，就合同的结构和需求做出澄清并达成协议。所有当前达成的协议都要在合同中有所反映。需要涵盖在内的主题包括职责、权力、适用条款与法律、合同融资与价格。一般买方组织要有人来负责协商合同。如果情况确实如此，那么主管合同的人员应该能够访问到在提议过程中生成的任何文档，并且还可以接触到各位参与者。购买人员也要在合同磋商中扮演某种角色。磋商的主要目的如下：①确保采购合同的有效执行。双方在签订合同前磋商，目的是能够监督和控制供应商的产品供货和相关的服务情况，确保项目顺利进行；②采购产品及服务质量的控制。为了保证整个信息系统项目所使用的各项物力。人力资源是符合预计的质量要求和标准的，项目团队应该对来自于供应商的产品及服务进行严格的检查和验收工作，如可以在项目团队中设立质量小组或质量工程师，完成质量的控制工作。

12.1.6　信息发布

信息发布（information distribution）所关注的是及时让项目利益相关者获得所需的项目信息。换言之，信息发布是执行项目沟通计划，以响应利益相关者请求的特殊信息。发布信息的方法有许多种，每一种都有自己的优势和劣势。一些方法对于信息的发送者会比较容易，但对接收者会比较困难，或者说没有那么方便。伴随着数字化网络与互联网的成熟，越来越多的数字化信息正在被交换。项目按照惯例会交换两类信息：①工作结果，即为了完成项目而执行的各项任务和活动的产出；②项目计划，即用来执行项目的综合文档。项目计划包括了许多事项，如项目章程、项目进度、预算、风险计划及其他内容。

12.2　IT 项目控制

概括地讲，IT 项目管理就是一个制订项目计划，然后按照既定计划实施的工作过程。但是，由于诸如环境的多变、人员计划制订的不准确性等内外因素的影响，导致出现实际状况与计划的偏离。所以，要保证项目围绕计划开展，就必须进行项目控制。

项目控制（project control）是监控与度量项目进度，影响项目计划以解释计划进度与实际进度之间差异的过程。项目控制允许项目经理记录各项任务的进度、识别问题、解决问题，并且根据问题及其解决方案来改变计划。在 IT 控制阶段，项目经理的作用至关重要，一个优秀的项目经理可以以最佳的方式来解决超过偏差的特殊问题上。

12.2.1　监控项目工作

监控项目工作（monitoring and controlling project work）包含了项目团队可以用来监控各类项目过程，包括启动、计划、执行和收尾在内的技术。这个过程的输入包括项目管理计划、工作绩效信息和拒绝变更请求。项目管理计划是定义项目将要如何执行、监控和收尾的文档。工作绩效信息指的是需要完成的各种项目活动的状态。拒绝变更请求包括变更请求、所有的支持文档以及拒绝它们的理由。

　　可以用来监控项目工作的技术包括项目管理方法学、项目管理信息系统、挣值技术和专家判断的使用。项目管理方法学是一套帮助项目团队监控当前执行工作与项目管理计划相符程度的定义过程。图 12-5 显示的是美国密歇根州州政府机构所使用的项目管理方法学。这套项目管理方法学的目的是建立清晰的准则和方法，以确保项目能够以一种连贯一致的方式执行，从而提升质量，并且项目交付物也能够按时按预算交付。

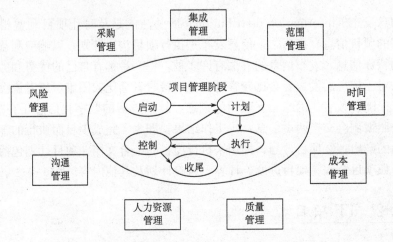

图 12-5　美国密歇根州州政府机构所使用的项目管理方法学

　　项目信息系统（如 microsoft project）可以帮助团队监控正在执行的各项活动。挣值分析法（earned value method，EVM）是一项非常强大的成本控制方法，它可以估算项目满足进度与预算需求的可能性。专家判断法主要是依靠专家的经验和专业知识来就项目工作监控做出推荐。

　　项目控制工作中所列出的技术输出包括推荐纠正措施、推荐预防措施、预测、推荐缺陷修复以及请求变更。推荐纠正措施是为了使未来项目绩效与项目管理计划相符所需记载的推荐内容。推荐预防措施是为了使造成项目负面影响的可能性最小化所需记载的推荐内容。可供选用的纠正措施包括重新制订项目计划、重新安排项目步骤、重新分配项目资源、调整项目组织形式、调整项目管理方式等。一般而言，为了保证 IT 项目不偏离正常轨道，按着既定计划走向成功，保证纠正措施的合理性与有效性，需要 IT 项目的实施主体事先了解一些 IT 项目质量管理基础知识与相关案例，确保纠偏措施的有效性。

12. 2. 2　范围验证

项目范围验证（project scope verification）是获得项目利益相关者对项目范围正式接受的过程。在这个过程中，用户、管理层、开发人员和其他项目利益相关者可以举行一次正式的走查会议，来保证提议系统遵循了组织标准，并保证各方理解且同意了在范围说明书与基线计划中的信息。走查是同行小组评审在系统开发过程中所创建的任何产品。走查有两个主要目标：第一，可以确保交付物于会议上进行评审；第二，可以用来确保所有相关的利益相关者都能对交付物的正确性和完整性达成共识。

12. 2. 3　范围变更控制

最后一项项目范围管理活动是项目范围变更控制过程。项目范围变更控制（project scope change control）是用于保证在项目范围上只能执行已达成变更协议的正式过程。在项目的整个生命周期中，会出现各种变更请求，从修正或轻或重的设计缺陷，到改进或扩展系统功能与特征。请求一般是以前面曾经讨论过的系统服务请求书来完成的。在项目（或系统）的整个生命周期中，保存了全部服务请求的日志，这样任何请求的状态都可以立即知道。许多组织都有自己的Web 表单，用来提交服务请求，保存服务日志。

从管理的观点来看，在做出服务请求时，要确定接受哪些请求、拒绝哪些请求，这是一项关键问题。由于有些请求要比其他请求更关键，因此，必须建立一种方法，可以对范围变更请求的相对取值进行评估和排比优先顺序。在处理项目范围变更请求以及任何其他项目变更请求事项时，可以应用一种用于管理变更控制过程的正式过程。这个受控过程，其中包括项目规范、项目进度、预算、资源。

项目范围变更控制过程要完全与整个项目控制过程整合起来，这很关键，它可以使任何已经接受的变更都能在更新进度、资源需求、风险及其他相关事项中反映出来。严格的范围变更控制是有必要的，其主要原因在于许多项目都会受到范围蔓延（scope creep）的影响，范围蔓延是在项目范围上的一种渐进的、不受控的增长。在典型情况下，范围蔓延是设计劣质的范围变更控制或定义不完善的项目范围说明书，或者是两者同时作用的结果。当任何一种条件存在时，随着系统的演化，经常需要以渐近的方式增加一些小功能，它们并不需要全体有关利益相关者的仔细评估或正式批准。这种情况继续下去，项目就会偏离其原有的设计，最后导致对其进度和预算带来负面的影响。结果，如果没有对范围变更的正式批准，项目很可能就会超出初始预算和进度，因为如果没有正式的更新和批准，那样期望完成的任务量就会更多。如果不检查的话，范围蔓延会导致项目失控，规范不断变更，预算不能控制，进度废弃。有经验的项目经理会发现范围蔓延是项目失败或目标失误的一个最大原因。

范围控制（scope control）是一个正式的过程，用于保证只有达成一致意见的变更才能实施于项目范围上。范围控制过程的输入包括范围说明书、WBS、WBS 词典、范围管理计划、绩效报告、获批变更请求和工作绩效信息。范围说明书提供了项目的当前边界。WBS 是在将整个项目切分成可管理任务或工作包的过程中所产生的清单。WBS 工作包的详细内容在 WBS 词典中描述。范围管理计划是一份描述项目范围如何在项目生命周期中定义、归档、验证、管理和控制的文档。绩效报告依据完成的交付物描述了项目团队到目前为止的完成情况。获批范围基线由范围说明书、WBS 和 WBS 词典所定义。工作绩效信息表示的则是完成项目所需要执行的各项活动。

在控制过程中使用特定的工具和技术包括项目范围变更控制系统、差异分析、重新计划和配置管理系统。变更控制系统（change control system）是一种正式的、有文档记录的过程，它描述了变更项目和产品范围的过程。同时，变更控制系统也是一个通用的术语，它包含项目团队用来处理各个项目因素变更的系统化过程或系统。这些变更控制系统可以按照流程图的形式来实现（图 12-6）。或者可以用检查表来实现，检查表当中的事项要在变更实施之初就得到解决或满足。图 12-6 给出了一个变更控制系统的例子。配置管理系统（configuration management system）提供了一些指导，用来确保项目与产品范围请求变更在实施之前已被仔细考虑和记载。与变更控制系统类似，配置管理系统也可以表示成流程图的形式。

最后，范围控制过程的输出包括项目范围说明书（更新）、WBS（更新）、WBS 词典（更新）、范围基线（更新）、请求变更、推荐纠正措施、组织过程资产（更新）以及项目管理计划（更新）。如果获批变更请求（通过了变更控制系统）对项目范围产生了影响，那么范围说明书、WBS、WBS 词典、范围基线和范围管理计划也都需要相应地更新。范围控制的结果可能会导致产生新的变更请求。推荐纠正措施是任何记入文档的授权指南，需要它们来使未来项目绩效与项目管理计划相符。如果获批变更请求对项目范围有影响，那么组织过程资产的历史数据库也必须更新，以记录差异分析阶段所识别出的差异原因、任何纠正措施的合理性证明，以及在范围控制过程中掌握的所有经验教训。

12.2.4　进度控制

进度控制（schedule control）是设置流程和规章以控制项目进度变更的过程。进度控制过程的输入包括进度管理计划、进度基线、绩效报告和获批变更请求。进度管理计划指的是项目进度该要如何管理和控制。获批项目进度，也称为

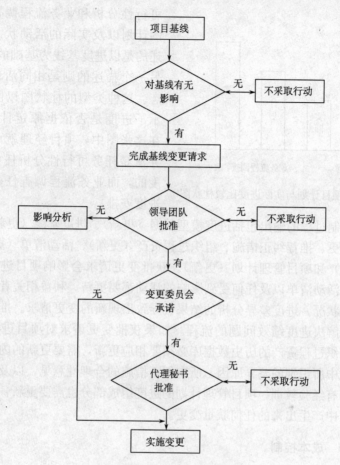

图 12-6　变更控制系统样例

进度基线，用来度量和报告进度绩效状况。绩效报告描述到目前为止，在既定计划日期下，项目团队完成了哪些方面、没有做到哪些方面。获批变更请求会影响项目进度，因为它是要对已达成一致意见的进度基线实施修改。

　可以用来将输入转变成输出的工具与技术包括进度报告、进度变更控制系统、绩效度量、项目管理软件、差异分析和进度比较柱状图。进度报告描述的是项目团队在特定时间段内完成的内容。进度变更控制系统用来确定评估和实现潜在进度变更的过程，包括变更批准授权上下级关系。与变更控制系统类似，进度控制系统可以是记录做出进度变更过程的流程图，或是在变更实施之前必须满足的事项清单。绩效度量可以用来确定进度差异的广度与临界状况。项目管理软件可以用来跟踪项目进度或预测活动完成日期的差异带来的影响。差异分析可以用来评估项目进度的潜在或实际的差异。进度比较柱状图（图 12-7）分别显示了

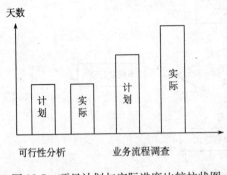

天数

计划	实际	计划	实际

可行性分析　　　业务流程调查

图 12-7　项目计划与实际进度比较柱状图

可行性分析和业务流程调查两项任务的计划以及实际的活动状态。一个描述的是以进度基线为基础的活动状态，另一个描述的则是相同活动的当前状态。这种类型的柱状图以图形方式表示了进度是否依据原定计划而推进。在这张图中，项目经理就可以很快地弄清楚任务可行性分析任务是符合进度的，而业务流程调查任务则不符合进度安排。

进度控制过程的输出包括进度模型数据（更新）、进度基线（更新）、绩效度量、请求变更、推荐纠正措施、组织过程资产（更新）、活动清单（更新）、活动属性（更新）和项目管理计划（更新）。获批变更请求会影响项目进度，结果是进度基线、活动清单以及任何受到影响的活动都要更新。利益相关者也需要被告知绩效度量状况。进度差异分析的结果会导致出现新的变更请求。推荐纠正措施是提出用以解决进度绩效问题的流程。如果获批变更请求对项目进度产生了影响，那么组织过程资产的历史数据库必须要相应更新，需要更新的内容分别是差异分析过程中所识别的差异原因、所有纠正措施的合理性意见，以及在控制过程中掌握的所有经验教训。项目管理计划的进度组成部分也需要更新，以反映从进度控制过程中产生出来的任何获批变更。

12.2.5　成本控制

项目的成本控制（cost control）是采用一定的方法对项目形成全过程所耗费的各种费用的使用情况进行管理的过程。它主要包括监视成本执行以寻找与计划的偏差、确保所有变更被准确地记录、防止不正确、不适宜或未核准的变更纳入费用计划、及时调整项目计划和成本预算，将核准的变更通知项目相关人等。

项目成本控制过程的输入包括成本基线、项目资金需求、绩效报告、获批变更请求和项目管理计划。成本基线是一种可以用来度量和监控成本绩效的分时间阶段的预算。项目资金需求是由成本基线确定的，但资金需求超出成本基线一定数额也是很常见的，因为要余留预算超支。成本基线的预算估算可以自顶向下执行，也可以自底向上执行。在自顶向下预算中，纠正措施的合理性证明、在进度控制过程中掌握的所有经验教训。绩效报告提供了有关成本执行的资料，并提醒项目队伍注意将来可能会引起问题的事项。获批变更请求是对费用使用方向和范围发生改变时的一种记录。多数情况下是要求增加费用预算，此时项目管理者应当实事求是，根据实际项目的执行情况适当进行项目费用的调整。项目管理计划是对整个成本控制过程进行有序的安排，以达到实现费用的合理使用目的。

1. IT 项目成本控制依据

没有变化的项目是不可能的。IT 项目成本控制的主要内容就是反映变化、控制变化、报告变化。具体如下：①监控成本执行绩效，通过监控成本执行来确定实际成本与计划成本之间的偏差，确保成本的修改和变更是适当的；②向利益相关者传递项目变更。当项目发生变化时，项目经理的责任就是识别、控制并报告这些变化，同时，要准确地向项目相关者传递经核准的、影响成本的项目变更。IT 项目的成本控制以成本基准计划、费用绩效报告、变更请求和成本管理计划等信息为依据，并输出修正的成本估算、预算更新、纠正措施、修正的项目完成估算以及获得的经验教训。

费用绩效报告是费用执行情况的报告。在 IT 企业中，使用费用绩效报告可以避免与各个部门的绩效考核报告混淆。财务部门每周或每月会给项目经理发来一份该项目的绩效报告，并且是按项目成本科目、按人编制的，在这个科目中清楚地显示了上一周发生的费用。将它与成本计划相比较，就可以知道哪些是在基线下的，哪些已经超过了基线。

通过监控成本执行情况，可根据需要对项目进行调整。增加人手、推迟工期、增加设备、临时派人出差都涉及预算的变动，这就是成本变更。一般企业会对增加预算进行特殊审批，视增加额的多少，审批的层次也不同。成本控制的结果会对成本计划进行新的调整。通常成本的修改可能并不是一次性的。例如，人员的增加从增加的月度开始，以后将一直需要增加这笔费用。随着成本计划的变化，项目计划、任务分工等都会有相应的变化。对于项目经理来说，项目成本的控制是在综合的变更控制管理下进行的。

2. 项目成本控制方法

IT 项目成本控制的方法很多，这里介绍两种方法：挣值分析法和分析表法。

1）挣值分析法

项目的挣值分析法 EVM，是用与进度计划、成本预算和实际成本相联系的三个独立的变量，进行项目绩效测量的一种方法。它比较计划工作量、WBS 的实际完成量（挣得）与实际成本花费，以决定成本和进度绩效是否符合原定计划。挣值分析法是一项差异分析执行工具。它合并了范围、时间和成本数据。给定成本基线，输入实际数据，然后将其与基线进行比较，项目团队就可以确定项目满足范围、时间和成本目标的程度。

使用挣值分析法，最容易的方式通常是借助从 WBS 中得到的活动或从中总结而来的活动，把项目拆分成离散的时间段。最后，针对每一项活动，都要计算关键值。挣值分析涉及计划值、实际成本和挣值 3 个基本参数以及成本偏差、进度偏差、成本执行指数和进度执行指数 4 个评价指标。挣值管理的公式如表 12-8 所示。

表 12-8　挣值公式

术语	公式
挣值（EV）	挣值（EV）＝至当前的计划值×完成的百分比
成本偏差（CV）	成本偏差（CV）＝挣值（EV）－实际成本（AC）
进度偏差（SV）	进度偏差（SV）＝挣值（EV）－计划值（PV）
成本执行指数（CPI）	成本执行指数（CPI）＝挣值（EV）/实际成本（AC）
进度执行指数（SPI）	进度执行指数（SPI）挣值（EV）/计划值（PV）

3 个基本参数具体如下：

（1）计划值（planned value，PV）是指项目实施过程中某阶段计划要求完成的工作量所需的预算费用。由于它是已确定预算的一部分，因此，它的取值应该是已知的。计划值还被称为计划工作量的预算费用（budgeted cost of work scheduled，BCWS）。

（2）挣值（EV）是在给定时间段内某项活动实际完成工作量的预算成本。这是计划值与给定时间段内完成工作量百分比的乘积（EV＝PV×％completed）。挣值也称作已完成工作量的预算成本（budgeted cost of work performed，BCWP）。

（3）实际成本（actual cost，AC）指的是在特定时间段内与活动工作相关的实际成本。它不是由计算得出，而是取自发票和其他财务记录。实际成本也称为已完成工作量的实际费用（actual cost of work performed，ACWP）。

4 个评价指标具体如下：

（1）成本偏差（cost variance，CV）。它是挣值与实际成本之差，即 CV＝EV－AC。成本偏差显示了某项活动的估算成本与实际成本之间的差异。如果成本偏差是一个负数，表示实施工作所用的成本高于计划成本；如果成本偏差是一个正数，表示实施工作所用的成本低于计划成本；如果成本偏差是零，表示实施工作所用成本等于计划成本，符合进度和预算计划，没有问题。

（2）进度偏差（schedule variance，SV）。这是用挣值减去计划值。进度偏差显示了某项活动计划完成情况与实际完成情况的差异。负的进度偏差表示执行工作用时比计划用时长；正的进度偏差表示执行工作用时比计划用时短；进度偏差为零表示实际进度与计划进度一致。

（3）成本执行指数（cost performance index，CPI）。这是挣值与实际成本的比值，可以用来估算完成项目的计划成本。如果成本执行指数等于 1 或 100%，表示预算成本与实际成本相等；如果该指数小于 1 或 100%，表示项目超出预算；如果该指数大于 1 或 100％，则说明项目在预算范围内。

（4）进度执行指数（schedule performance index，SPI）。它是挣值与计划值的比值，可以用来估算完成项目的计划时间。如果进度执行指数等于或者 100％，表示项目进度符合进度计划；如果该指数小于落后于进度计划；如果该指数大于 1 或者 100％，表示项目超前进度计划。

高级管理者检查多个项目时，经常喜欢看到以图表形式表示的信息，因此，可以用挣值曲线（图 12-8）来表示挣值项目，以跟踪项目执行情况。挣值曲线让管理者迅速地看到项目的执行情况。如果有严重的成本和进度执行问题，高级管理者可以中止项目或采取纠正措施。挣值分析是一项重要的技术，如果有效地使用它，有助于高级管理者和项目经理评估项目的进展，更好地进行管理决策。

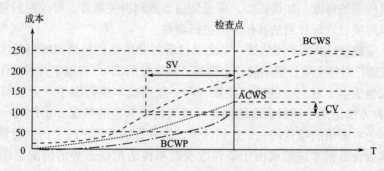

图 12-8　挣值分析曲线

尽管挣值分析法非常有效，但是在政府机构和他们的承包商之外的很多项目都还没有使用挣值分析。其原因有两个：一是挣值分析强调跟踪实例执行情况与计划执行情况的比较；二是强调计算中完成百分比数据的重要性。很多项目由于没有良好的计划信息，便利跟踪实际执行与计划的差异可能产生误导信息。此外，在很多软件项目中要严格地计算软件项目执行任务完成的百分比是比较困难的，而且项目资金投入与项目任务完成并不存在很明显的线性关系，使得估算完成任务的百分比可能产生误导信息。

2）分析表法

分析表是利用表格的形式调查、分析、研究实施成本的一种方法，通过对成本控制点检查与分析达到控制成本的目的。常见的成本分析表有以下几种。

（1）月成本分析法。每月要做出成本分析表，对成本进行研究比较。在月成本分析表中要标明工程期限、成本费用项目、项目成本、单价等。

（2）成本日报或周报表。项目经理应掌握每周的进度和成本，迅速发现工作上的弱点和困难，并采取有效措施。日报和周报的关键是及时、不拖延。

（3）月成本计算及最终预测报告。每月编制月成本计算及最终成本预测报告是项目成本控制的重要内容之一。该报告记载的主要事项包括项目名称、已支出金额、预计到竣工尚需的金额、盈亏预计等。这个报告书要在月末会计账簿截止的同时立即完成，一般应由会计人员将各工程科目的"已支出金额"填好，剩下的由成本会计来完成。这种报告随时间推移，精确性会不断增加。

分析表法的优点是简明、迅速、正确。

3. IT 项目成本控制的结果

IT 项目成本控制的结果主要包括费用估算（更新）、完成项目所需费用估计、费用基准（更新）、绩效衡量、预测完工、请求的变更、推荐的纠正措施、组织过程资产（更新）、项目管理计划（更新）、经验教训。

（1）费用估算（更新）。修改后的计划活动费用估算是指对用于项目管理的费用资料所做的修改。如果需要，应通知适当的利害关系者。修改后的费用估算可能要求对项目管理计划的其他方面进行调整。

（2）完成项目所需费用估计。完成项目所需费用估计是指以项目的实际执行情况为基础，对整个项目费用的一个预测。最常见的 EAC 有以下几种：①EAC=实际已发生成本＋对剩余的项目预算（但一般用成本执行因子对原预算进行修正），这种方法适用于项目现在的偏差可视为将来偏差的情况。②EAC=实际已发生成本＋对剩余的项目的一个新估计值。这种方法适用于过去的执行情况表明先前成本假设有根本缺陷或由于条件改变而不再适用新形势的情况。③EAC=实际已发生成本＋剩余原预算。这种方法适用于现有偏差被认为不正常的，项目管理小组认为类似偏差不会再发生的情况。

（3）费用基准（更新）。预算更新是对批准的费用基准所做的变更。这些数值一般仅在审定进行项目范围变更的情况下才进行修改。但在某些情况下，费用偏差可能极其严重，以至于需要修改费用基准，才能对绩效提供一个现实的衡量基础。

（4）绩效衡量。对 WBS 组件，特别是为工作包和控制账目计算的 CV、SV、SPI 和 CPI 值应进行记录或通知利害关系者。

（5）预测完工。指书面记录计算的 EAC 数值或实施组织报告的 EAC 数值，并将这个数值通知利害关系者。或者是书面记录计算的 ETC 数值，或者是由实施组织提供的 ETC 数值，并将这个数值通知利害关系者。

（6）请求的变更。进行项目绩效分析，将导致对项目的一些方面进行变更。确定的变更可能需要增加或减少预算。变更请求是通过整体变更控制过程处理和审查的。

（7）推荐的纠正措施。纠正措施是指为使项目将来的预期绩效与项目管理计划一致所采取的所有行动。费用管理领域的纠正措施经常涉及调整计划活动的预算，如采取特殊的行动来平衡费用偏差。

（8）组织过程资产（更新）。书面记录吸取的教训，以便它们成为项目和实施组织的历史数据库的一部分。教训吸取文件包括偏差的根本原因，纠正措施选择的原因与依据，其他从费用、资源或资源生产控制方面吸取的教训。

（9）项目管理计划（更新）。项目管理计划将根据实施质量保证过程产生的质量管理计划变更进行更新。这些更新包括纳入已经完成过程持续改进循环须从头开始的过程，以及已识别、确定并准备就绪有待实施的过程改进。申请的项目管理计划及其从属计划的变更（修改、增添或删除）通过整体变更控制过程进行审查和处理。

（10）经验教训。应记录下来产生偏差的原因、采取纠正措施的理由和其他的成本控制方面类似的教训，这样记录下来的教训可以成为项目组织其他项目历史数据库的一部分。

12.2.6　执行质量控制

执行质量控制（perform quality control）指的是这样一个过程，即筛选项目结果以明确它们是否遵循了相关质量标准，并明确方法以排除造成不良结果的起因。如表 12-9 所示，完成质量控制的输入包括质量管理计划、质量度量标准、质量检查表、组织过程资产、工作绩效信息、获批变更请求和交付物。质量管理计划指定了在项目进行过程中要如何实施质量度量方法。质量度量标准（如软件应用程序响应时间）定义了具体的过程、事件或产品，并解释了它们的质量要如何度量。

表 12-9　质量管理计划目录

　　质量检查表是执行质量控制的另一个输入项，是作为质量计划的一部分而生成的，这项工具可以用来确保正确执行了质量控制所需要的一组特定的活动，如表 12-10 所示。组织过程资产是组织从前项目当中学到的知识和经验。工作绩效信息包括技术绩效度量、项目交付物完成状态以及实施必要的纠正措施。获批变更请求会影响项目质量，因为它需要修改质量管理计划。交付物是在项目管理计划中定义的任何独特和可验证的过程产品。

表 12-10　质量检查表样例

质量检查表

需求	是	否	不适用	评论/注释
本项目是否有一组明确清晰的、达成共识的流程与度量集？				
是否已经针对可接受流程与度量标准建立了一套可以访问的知识库（例如，项目计划、测试计划和培训计划）？				
项目团队成员是否已经接受过培训（根据培训计划），可以遵守上述知识库中的质量需求？				
是不是已经授权某人来验证和支持项目质量呢？				
计划中提到的流程和度量标准是否都遵守了呢？				
是否可以用度量技术来评估项目的质量？				
交付物满足项目需求吗？				
测试阶段确定的问题已经记录下来了吗？				
对于测试阶段的识别问题，是否采取了纠正措施？				
测试计划和项目计划的变更（在测试阶段中明确的）是否正确地合并进来了？				

　　PMBOK 的执行质量控制所推荐的工具与技术包括因果图、控制图、流程制图、柱状图、帕累托图、运行图、散点图、统计采样、审查和缺陷修复评审。

　　因果图（鱼骨图）是一种绘图技术，是用来表达和分析因果关系的一种图表。鱼骨图一般都会把问题按照行业相关领域进行组织，并允许项目团队成员从重大问题处从后开始梳理，识别出潜在的原因（输入）。如图 12-9 所示，企业 IT 项目实施用户不满意可以追溯到许多潜在的问题域，如人员、设备、方法和环境等因素。每一项主要因素反过来都是几项不同问题的结果。人员问题可以涉及程序员缺乏经验、项目人手短缺或项目开发人员性格冲突。类似地，造成 IT 项目用户不满意的设备问题有硬件交付延迟、物品交付不正确或运输当中设备损坏。鱼骨图是一种组织项目团队思维的工具，思考潜在的问题域，并揭示出在这些问题域内出现问题的成因。

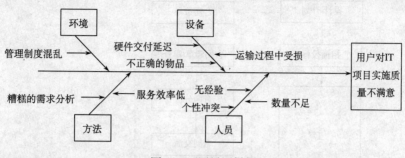

图 12-9　因果图样例

控制图是图形化的、基于时间的图形，用来显示过程结果。如图 12-10 所示，这些图可以用来确定过程偏差究竟是随机原因还是系统原因的结果。通常在这种图中，均值或目标值附近波动是随机的（见图 12-10 中的实线）。控制图为项目团队提供了一种可视化的工具，可以用来检查这种波动。如果目标值的某一边发生突然的系统波动，目标团队就应该开展调查。在信息系统领域，更具体的一个例子是企业订单处理的平均时间。如果在系统测试的过程中，系统订单处理时间突然间不知是何原因开始比预计加长了（见图 12-10 中的虚线），那就需开展调查来明确起因和解决方案。

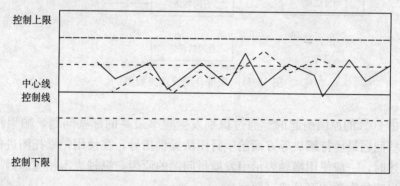

图 12-10　控制图

流程图是一种过程的图形化表示法（图 12-11）。按照流程制图有助于分析问题是如何发生的，这样就可以构造方法来处理它们了。

柱状图是一种显示了变量分布的柱状图形，柱形的高度表示质量问题的相对出现频度。例如，柱状图可以用来显示对象分类以及它们发生的频率。柱状图的一种应用是帕累托图，它显示的是项目实施中遇到的各种类型的问题，以及每个问题的发生频率。

帕累托图是以帕累托法则而命名的，或称 80/20 法则，它表示 80％的问题

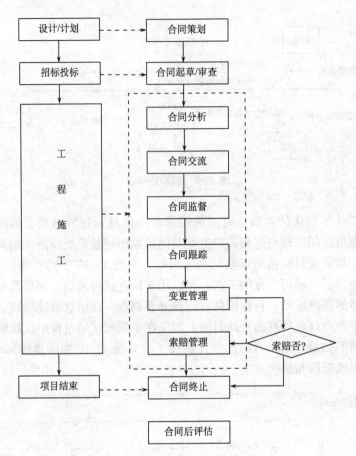

图 12-11　项目合同管理流程图

往往是由 20％的原因引起的。通过识别发生频率最高的那些问题，帕累托图可以在哪些问题最亟待解决等方面给项目团队提供指导。在使用帕累托图进行质量控制描述时，一般使用横轴表示引发质量问题的原因，纵轴表示相应原因导致质量问题出现的次数或百分比（频率）。

　　绘制帕累托图的步骤如下：①找出所有检测出的质量缺陷并将质量缺陷分类；②针对某一类质量缺陷找出所有原因，可采用因果分析图；③统计各种原因所引发的质量缺陷的数量和频率；④将种类原因按引发质量缺陷的次数和频率从大到小排序，绘制相应的直方图；⑤在④的基础上绘制累计次数或频率曲线，即帕累托曲线。如图 12-12 所示。

　　运行图显示的是过程随时间变化的趋势、差异随时间变化的趋势或者过程随着时间的改进。这些图是用来做趋势分析用的。

　　散点图（图 12-13）表示两个变量之间的关系模式。质量团队可以使用这种

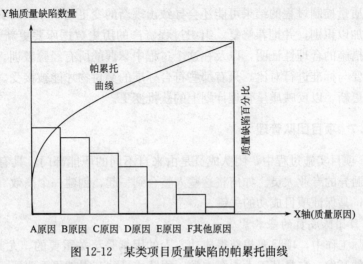

图 12-12　某类项目质量缺陷的帕累托曲线

工具来研究和识别变量变化之间的关系。这种图描绘，当程序复杂性增加的时候，错误数呈指数增加的。

统计采样是要从总体中选择随机样本，以推导出总体数据的相应特性。这种采样可能会集成到散点图中。审查由度量和测试流程组成，用来确定结果是否与某些项目标准相符合。应该在整个项目和项目的各个阶段当中都执行审查。缺陷修复评审是一种用来确保项目缺陷得到修复并与标准相符的活动。

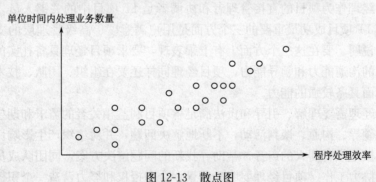

图 12-13　散点图

执行质量控制的输出包括质量控制度量、已验证缺陷修复、质量基线（更新）、推荐纠正措施、推荐预防措施、请求变更、推荐缺陷修复、组织过程资产（更新）、已验证交付物和项目管理计划（更新）。质量基线以以往类似项目的绩效度量标准为基础，也可以由领域专家来确定。获批纠正措施是授权记载准则，可以使项目交付物的质量与标准相符合。获批预防措施是那些准备用来减少与标准不符情况可能性的措施。

执行质量控制过程的结果可能还会导致出现新的变更请求。项目交付物中的缺陷必须加以识别，并推荐修复。组织过程资产的历史数据库要更新差异原因、任何纠正措施的合理性证明，以及在这个过程中掌握的所有经验教训。项目交付物的质量要与标准进行对比，只有那些符合标准的交付物才能被接受。项目管理计划也要更新，以反映质量管理计划上的获批变更。

12.2.7　项目团队管理

在 IT 项目实施过程中，团队成员是由来自不同的职能部门，具有不同的技能，性格迥异的专业人员。如何将这些人整合到一起，创建一个高效、和谐、平衡的团队，是保证项目成功的关键。

1. 项目团队成员的基本素质

在实际工作中，项目要想获得成功，人的因素是至关重要的。尤其是 IT 项目中的软件开发，它是基于人力资本的。团队成员的获得就更重要了。

在 IT 项目的实施中，项目团队的领导往往不像企业组织中职能经理那样具有组织所赋予的权力和权威，不能随心所欲地选择团队的成员，这会对项目管理产生较大影响。项目经理如何在团队中发挥自己的影响力，对团队成员进行合理的部署和任务分配，使项目获得成功，是形成高效团队的关键。采用适当的方式迅速获取合格的 IT 专业人员对于 IT 项目的成功是至关重要的。

1) IT 项目经理的胜任要素

项目经理作为项目的直接管理者和协调者是 IT 项目中的关键人员。研究表明，决定 IT 项目成功最重要的三个方面是用户满意度、高级管理层的支持和明确的需求说明。要在这三个方面上有上乘表现，要求项目经理具备扎实的管理技能、极强的沟通能力和领导能力，项目经理同样还要在组织、团队、技术的有效应用等方面具备较强的能力。

项目经理需要理解、引导和设法满足各项目利益相关者的需求和期望，并开展大量的领导、沟通、谈判活动，不断地解决问题，并对组织产生影响。他们必须能够积极地倾听别人的声音，帮助寻找新的问题解决方案，同团队成员一起为项目目标协力工作。项目经理要明确前景，合理授权和努力营造一个积极的、充满活力的工作环境，并树立正确的工作榜样，以有效地领导他的团队。上述这些工作都要求项目经理具备较强的管理技能。为了能够计划、分析、设定和实现项目目标，项目经理还必须具备较强的组织能力。项目经理必须重视团队建设，以有效地使用项目成员。项目经理还应该懂得如何去激励不同类型的员工，并在团队内部以及团队与其他项目利益相关者之间建立良好的团队协作精神。大多数项目都存在一定的变更，经常需要在相互抵触的目标之间进行权衡和协调，因此，具有一定应变能力对项目经理来说是非常重要的。在努力实现目标的过程中，项目经理必须具有灵活性和创造性，有时还需要有较好的耐性。

在具体的项目中，项目经理还必须能够熟悉相关技术和产品知识以及特定行业的工作经验，以便对项目成员进行有效指导。

表 12-11 给出了项目管理的 15 项典型职能，这也是一个项目经理的典型工作。

表 12-11　项目管理的 15 项职能工作

序号	内容
1	确定项目的范围
2	识别项目利益相关者、决策人和逐级程序
3	制定详细的任务清单（工作分解）
4	估计时间要求
5	制定初步的项目管理流程图
6	确定所需的资源和预算
7	评估项目要求
8	识别和估计项目风险
9	制订应急计划
10	明确相互关系
11	确认并跟踪项目的关键里程碑
12	参与项目阶段的评估
13	保障所需的资源
14	管理变更控制过程
15	汇报项目状态

每一项工作职能都要求项目经理具备相应的胜任要素。表 12-12 总结了有效的项目经理与低效的项目经理的一些典型特点。

表 12-12　有效的项目经理与低效的项目经理的特点比较

有效的项目经理	低效的项目经理
有表率作用、有洞察力	不自信
技术过硬	缺乏专业技能和经验
有决断力	不善于沟通
善于激励他人	不会激励他人
必要时能够支持上级领导	
支持团队成员	
鼓励新思想和新观念	

2）IT 项目成员的胜任要素

项目团队的优劣不只是管理问题，还与每一位项目成员的自身素质密切相关。项目组成员的主要工作是在项目经理的领导下，充分发挥自己的知识、技能和能力，保证项目目标的顺利实现。此外，由于是在团队中工作，项目组成员还需要具备良好的沟通能力和团队合作意识。表 12-13 给出了 IT 项目成员的一些胜任要素。对于具体的企业、具体的项目、具体的岗位应具体分析其胜任要素，以便为后续的人员获取、培训、评估等人力资源管理工作提供依据。

表 12-13 IT 项目成员的胜任要素

序号	要素
1	丰富的产品知识或行业工作经验
2	过硬的技术功夫
3	良好的沟通技能
4	团队合作意识
5	高成就动机
6	较强的应变能力
7	较强的客户服务意识

项目团队的成功一定要使团队的利益与参与项目的所有人员的目标一致。团队管理的核心任务就是使项目的各工作系统形成坚强的专业化团队，使团队围绕核心业务健康运转，使项目成员的人生价值体现及个人分配所得能够满足。因此，要注重团队精神和冲突的解决。

2. 团队文化

对于 IT 项目来说，由于项目组织多以非正式的形式存在，项目团队松散，这就要求结合人力资源管理的知识、项目实施环境、企业文化，形成一种团队精神。

(1) 建立学习型团队。对于 IT 行业来说，技术更新快，技术的进步与应用对 IT 项目管理提出了较高的要求，因此，项目团队的学习能力是至关重要的。必须具有不断学习更新的能力，具有追求创新的精神。

(2) 注重培养项目成员的勇于负责、敢于创新的意识。IT 项目的需求模糊和时效性，使得 IT 项目在实施过程中经常出现变更，创新和责任就是项目成员取得组织认可和被他人认可的第一要素，因此，项目团队成员和合作者都需要具有勇于负责、敢于创新的精神。

(3) 信任。信任是一种根植于制度之中的，是工作中的灵活性、创造性的基础，是制度执行中更人性化的出发点。应成为 IT 项目团队最核心的价值观。

(4) 遵守纪律，服从标准。纪律是制度，标准是规则，是产品的品质体现。IT 项目再协作和创新的过程中，要求项目团队成员使用相关规则、遵循交流的基准，才能发挥各自的聪明才智。

(5) 尊重差异。在 IT 项目团队中，每个人都有独特的优势，在大部分情况下，只要目标明确，员工能自己寻找适合自己的路径。这要求项目经理在选择员工时要注意才干。

(6) 追求和谐宽松的工作氛围。IT 项目团队不但要从生活的角度创造优越的工作环境，更要尊重人格、尊重工作成果，使每个员工能够以满腔热情应对工作中的各种挑战。

(7) 在项目环境中冲突是不可避免的。试图避免冲突、压制冲突的想法是不正确的，这只能进一步恶化冲突，最终导致更大的不利。

3. 解决团队的冲突

冲突管理是创造性地处理冲突的艺术。冲突管理的作用是引导这些冲突的结果向积极的、协作的而非破坏性的方向发展。在这个过程中，项目经理则是解决冲突的关键，他的职责是在做好冲突防范的同时，在冲突发生时分析冲突来源，运用正确的方法来解决冲突并通过冲突发现问题、解决问题、促进项目工作更好地开展。

1）冲突的来源

在项目实施过程中，冲突可能来源于不同的方面。它可能来源于项目内部，也有可能来源于组织内的其他项目。常见的冲突来源可归纳如下：①管理程序的冲突。管理程序定义不清楚，如职责定义、工作范围、界面关系等，会导致许多冲突。②技术意见和性能权衡的冲突。在面向技术的项目中，在技术问题、性能要求、技术权衡和实现性能的手段上都可能发生冲突。③资源分配冲突。可能会在由谁（项目成员）来承担某项具体任务以及分配给某项具体任务的资源数量的多少等方面产生冲突。④进度计划冲突。冲突可能会来源于对完成工作的次序及完成工作所需时间长短的意见不一。⑤费用的冲突。项目实施进程中，经常会由于工作所需费用的多少而产生冲突。⑥项目优先权的冲突。当人员被同时分配到几个不同的项目组中工作时，可能会产生冲突，项目成员常常会对实现项目目标应该完成的工作或任务的先后次序有不同的看法。⑦个性冲突。由于项目团队成员在个人价值观及态度上的差异而容易在他们之间产生冲突。

2）冲突处理

项目通常处于冲突的环境之中，但冲突也并非"洪水猛兽"，如果处理恰当，它能极大地促进项目工作的完成。冲突能将问题及早地暴露出来并引起团队成员的注意；冲突促进项目团队寻找新的解决办法，培养队员的积极性和创造性，从而实现项目创新；它还能引发队员的讨论，形成一种民主氛围，从而促进项目团队的建设。

虽然导致冲突的因素多种多样，且同一因素在不同的项目环境及同一项目的不同阶段可能会呈现不同的性质，但是，解决各式各样的冲突，还是有一些常用的方法和基本的策略。解决冲突的常见方法有：①建立公司范围内的冲突解决方针和程序；②在项目计划阶段建立项目冲突解决的方针和程序；③借助上级解决冲突；④冲突双方持解决问题的积极态度沟通协商。

解决冲突的五种基本策略是：①回避或撤出。回避或撤出是指卷入冲突的人们从这一情况中撤出来，避免发生实际或潜在的争端。但这种方法有时并不是一种积极的解决途径，它可能会使冲突积累起来，而在后来逐步升级。②竞争或强制。这一策略的实质是"非赢即输"，它认为在冲突中获胜要比"勉强"保持人际关系更为重要。这是一种积极解决冲突的方式。当然，有时也可能出现一种极端的情形，如用权力进行强制处理，可能会导致队员的怨恨，恶化工作的氛围。③缓和或调停。"求同存异"是这种策略的实质，即尽力在冲突中强调意见一致的方面，最大可能地忽视差异。尽管这一方式能缓和冲突，避免一些矛盾，但它并不利于问题的彻底解决。④妥协。协商并寻求争论双方在一定程度上都满意的方法是这一策略的实质。这一冲突解决方法的主要特征是寻求一种折中方案。尤其是在两个方案势均力敌难分优劣时，妥协也许是较为恰当的解决方式。但是，这种方法并非永远可行。⑤正视。直接面对冲突是克服分歧、解决冲突的有效途径。通过这种方法，团队成员直接正视问题、正视冲突，要求得到一种明确的结局。这种方法是一个积极的冲突解决途径，它既正视问题的结局，也重视团队成员之间的关系。以诚待人、形成民主的氛围是这种方法的关键。它要求成员花更多的时间去理解把握其他成员的观点和方案，要善于处理而不是压制自己的情绪和想法。

3）冲突防范

为了做好冲突防范，项目经理必须确保所有的成员都清楚他们所期望的工作结果并对项目计划十分熟悉。项目经理还必须确保项目团队成员清楚项目的高层目标以及项目实施计划。

在团队建设中强调成员间的"信任"和成员的"自信"也能减少冲突。一个彼此信任的环境有助于团队成员相互合作及减少成员间的竞争倾向。项目经理的信任和自信能够营造一个更好的合作环境。

12.2.8　绩效报告

绩效报告（performance reporting）是要为利益相关者收集和发布项目绩效信息，这样在任何时间点，他们都能了解到项目的状态。绩效报告包含了三种类型：状态报告、进度报告和预测报告。状态报告（status report）描述了当前项目的信息。例如，项目进度或预算信息。进度报告（progress report）描述了项目团队完成内容的信息。预测报告（forecasting report）是对未来状态和进度进行预测。总之，绩效报告应该提供关于项目范围、进度、成本和质量的信息。有许多可以用绩效报告的标准化工具与技术，包括差异分析、趋势分析和挣值分析等。此外，在项目结束的时候，还要完成收尾报告。

团队成员的绩效管理的主要手段是绩效报告。绩效报告搜集所有基准数据，并向利害关系者提供绩效信息。绩效报告一般应包括范围、进度计划、费用和质量方面的信息。

（1）绩效报告的依据。绩效报告的依据包括以下七项：①工作绩效信息。有关可交付成果完工情况的工作绩效信息，以及已完工工作的工作绩效信息是作为项目实施过程的一部分收集，并将之融入到绩效报告的过程的。②绩效衡量。③完工预测。④质量控制量变结果。⑤项目管理计划。⑥批准的变更请求。⑦可交付成果。

（2）绩效报告的工具与技术。绩效报告的工具与技术包括以下五项：①信息演示工具。可借用软件包程序形成达到演示效果的项目绩效信息，这些软件包括图表报告、工作表分析、演示与图形功能。②绩效信息收集和汇总。通过各种媒介收集并汇总信息。③状态审查会。状态审查会是为交流项目信息而定期召开的会议。④工时汇报系统。⑤费用汇报系统。

（3）绩效报告的成果。绩效报告的成果包括以下五项：①绩效报告，组织与归纳所搜集到的信息，并展示依据绩效衡量基准分析的所有分析结果，常用格式包括条形图、S 曲线、直方图及表格；②预测；③请求的变更；④推荐的纠正措施；⑤组织过程资产（更新）。

12.2.9　管理项目利益相关者

项目利益相关者，是指积极参与项目或其利益会受到项目执行或完成情况影响的个人或组织。项目利益相关者在一定程度上会对项目的目的和结果造成影响。因此，项目管理团队必须合理地识别各类项目利益相关者，确定他们的需求和期望，并尽最大可能地管理与需求相关的影响，以获得项目的成功。因此，如果对项目所有利益相关者没有进行足够的沟通和影响，或使其尽可能地参与项目，则可能因为项目开始时项目范围和一些具体需求不够完整清晰，或因为某个项目利益相关者后期因认识的变化而提出新的需求，造成工期的延长、成本的增加，甚至项目的完全失败。因此，应当从项目的启动开始，项目团队就要分清项目利益相关者包含哪些人和组织，通过沟通协调对他们施加影响，驱动他们对项目进行的支持，调查并明确他们的需求和愿望，减小其对项目的阻力，以确保项目获得成功。

项目利益相关者主要分为用户方、实施方和第三方三类。项目利益相关者分析模板的格式如表 12-14 所示。在该表中，项目团队要分析三类项目利益相关者的具体人员或角色，这些利益相关者对项目的要求、应承担的责任、关注的项目指标，以及可能出现的风险。

表 12-14　利益相关者对项目影响分析表

利益相关者分类	角色	对项目的要求	应承担的责任	关注的项目指标	可能出现的风险
用户方					
实施方					
第三方					

在信息系统项目中，一般签订合同的双方即为系统用户方和实施方，而如分包商、硬件供应商、软件服务商、政府相关部门等即为第三方。在每类利益相关者中，有不同的角色，角色对项目系统提出的需求是不同的，反映了利益相关者的不同利益，如信息系统项目实施方的需求分析小组要求项目可以最大限度地满足用户需要，而软件开发团队要求系统可以使用最便捷成熟的编程工具。同时，

不同角色对项目所担负的责任、权限也不同，对于富有重要管理责任的角色，如项目经理，或用户方决策经理，是沟通中的关键利益相关者。另外，不同的角色关注项目的指标不同，有的角色从赢利率衡量项目，有的从时间长短衡量，有的关注资金规模，有的角色看重质量，有的关注客户满意度。作为项目利益相关者，在从事与项目利益相关的活动时，有可能会对项目的结果产生不能完全预知的影响，即存在风险，这也是利益相关者分析的重要方面。

12. 2. 10　风险监控

项目风险监控（risk monitoring and control）的目标是识别、分析和计划新近出现的风险，监视现存风险（在监视清单上），监视那些可能会触发风险应对的情况，最后确定这种应对是否可以奏效。风险监控需要使用基于绩效数据的差异或趋势分析、项目风险应对审计（project risk audit）、定期项目风险评审（periodic project risk review）、技术绩效度量（technical performance measurement），以及其他工具来更新风险注册表、项目管理计划和其他输出。

风险监控过程的输入项包括风险管理计划、风险注册表、获批变更请求、工作绩效信息和绩效报告。风险管理计划是在风险管理规划过程中制订的，包括诸如在项目风险管理中安排人员（包括风险负责人）、商定风险应对、具体实施措施、风险警告标志、残余风险和次要风险及时间和成本应急储备。获批变更请求会影响项目风险，因为它会引发在风险管理规划过程中所制订的风险管理计划的修改。工作绩效信息包括项目交付物的状态、纠正措施和绩效报告。绩效报告提供了关于工作绩效的信息，如可能影响风险管理过程的分析。

可以在风险监控过程中使用的工具与技术包括风险重新评估、风险审计、差异和趋势分析、技术绩效度量、储备分析以及状态会议。风险重新评估是要随项目推进评估新的风险，因为确实会出现新风险，并且需要其他应对计划来处理这些风险。风险重新评估可以是定期项目团队例会的一部分内容，在这些会议上团队成员会被询问现有风险是否会改变，或者是否有要处理的新风险。

项目风险应对审计的设计目标是要评估风险策略以及风险负责人的效率，它们也常常会在项目生命周期的各个阶段内执行，用来检查和记载风险应对的有效性。如前所述，差异分析支持项目团队识别与基线计划的任何偏差。如果出现较大的偏差，那就应该开展详细调查，并且要采取纠正措施来使绩效重新与计划相符。执行趋势分析的目的是要让项目团队随时间推移检查绩效数据，以便明确绩效究竟是提升还是下降了。技术绩效度量在信息系统开发项目中是一种特别重要的工具。如果绩效度量标准（如当实现一套企业级库存系统时，库存更新材料的准确性）没有满足特定项目里程碑的相关目标，那应该指出存在进度风险。储备分析是要比较项目任何时间内残余应急储备金数量和残余风险的数量。例如，石油公司要完成一套大型的信息系统项目，肯定会准备上百万美元的应急储备金；但是，如果风险很高（可能是由趋势分析等工具揭示出来的），这些应急储备金仍然有可能不够用。储备分析允许项目团队确定剩余储备是否充足。状态例会是沟通和监控项目的重要部分。我们应该在这些会议上讨论项目风险管理，原因在于实践越充分，风险管理就越容易；同时，频繁的讨论能够更容易、更精确地讨论更多的风险。

风险监控过程的输出项包括风险注册表（更新）、请求变更、推荐纠正措施、推荐预防措施、组织过程资产（更新）以及项目管理计划（更新）。风险注册表详细描述了在项目刚开始时和生命周期内所有识别的项目的风险，评估了风险发生的可能性及其潜在影响的严重程度，制订了迁移风险的初始计划。应该对风险评估、风险审计和定期风险评审的结果进行更新。这包括在风险注册表中更新可能性、影响、优先级、应对计划、所有权和其他因素。

应急计划或迂回措施的实施会导致风险管理计划的变更。推荐纠正措施包括应急计划与迂回计划，它们虽然一开始没有规划，但当项目推进后，在处理各种风险时都会需要。我们需要用推荐预防措施来使项目重新与项目管理计划一致。组织过程资产的历史数据库也要对差异原因、任何纠正措施的合理性证明，以及在风险监控过程中掌握的所有经验教训进行更新。如果获批变更请求会对风险管理过程产生影响，那么必须修订和重新发布项目管理计划的相应组成部分，以反映获批的变更。

Microsoft Project 有许多内置的报表、视图和过滤器，可以辅助项目控制。例如，对于控制，项目经理可以通过筛选功能，列举出所有已经完成的任务或没完成的任务（图 12-14）。据此，我们可以采取纠正措施来确保那些没有按照原定计划完成的任务能够尽快完成。这些信息也要包含在绩效报告中。这些报告还可以用于成本控制。

任务名称	工时	工时完成百分比	工期	开始时间	完成时间
项目范围规划	**28 工时**	**100%**	**3.5 工作日**	**2010年8月2日**	**2010年8月5日**
确定项目范围	4 工时	100%	4 工作日	2010年8月2日	2010年8月2日
获得项目所需资金	8 工时	100%	1 工作日	2010年8月3日	2010年8月3日
定义预备资源	8 工时	100%	1 工作日	2010年8月3日	2010年8月4日
获得核心资源	8 工时	100%	1 工作日	2010年8月4日	2010年8月5日
分析/软件需求	**120 工时**	**100%**	**14 工作日**	**2010年8月5日**	**2010年8月25日**
行为需求分析	40 工时	100%	5 工作日	2010年8月5日	2010年8月12日
起草初步的软件规范	24 工时	100%	3 工作日	2010年8月12日	2010年8月17日
制定初步预算	16 工时	100%	2 工作日	2010年8月17日	2010年8月19日
工作组共同审阅软件规范/预算	8 工时	100%	4 工作日	2010年8月19日	2010年8月19日
根据反馈修改软件规范	8 工时	100%	1 工作日	2010年8月20日	2010年8月20日
确定交付期限	8 工时	100%	1 工作日	2010年8月23日	2010年8月23日
获得开展后续工作的批准(概念、期限和预算)	8 工时	100%	4 工作日	2010年8月24日	2010年8月24日
获得所需资源	8 工时	100%	1 工作日	2010年8月24日	2010年8月25日

图 12-14　经过筛选后已完成任务的报表

12.2.11　合同管理

在选择卖方过程中的合同是合同管理（contract administration）过程最主要的输入。此外，由于合同管理涉及比较签订合约的内容与工作的完成情况，因此，其他的核心输入还包括合同管理计划、选定买家清单（如果超过一个）、绩效报告以及工作绩效信息。但是，项目和工作经常是变化的。项目组织所要求的获批变更请求也是合同管理的输入。变更请求包括合同条款变更，或待执行工作的描述。

在合同管理过程中所使用的工具与技术包括合同变更控制、由买方执行的绩效评审（buyer-conducted performance review）、审查和审计、绩效报告、支付系统（payment system）、索赔管理（claims administration）、记录管理系统（record management system）和信息技术。合同变更控制是一种非常重要的过程。从本质上讲，合同变更控制系统使得这个过程更加具体化，各方要就合同达成一致，并借助这个过程来修订合同。变更请求、跟踪机制、解决争议的过程及批准变更的过程都是变更控制过程的关键组成部分。买方执行的绩效评审是对供应商合同履行进度的一种结构化评审。它们关注的是供应商能在多大程度上坚持项目质量标准，以及项目的预算和进度。审查和审计是由采购组织借助供应商的帮助来执行的，以确定供应商的工作过程或交付物中是否还有缺点。绩效报告是厂商或供应商向采购组织报告合同义务履行情况与进度的一个过程。支付系统是为买方组织设定，为供应商正在执行的工作付费，支付通常是由买方的会计应付系统来处理的。索赔管理指的是处理索赔或争论的过程。索赔发起于买方或供应商，争论的是所需工作是否已经完成，或提交的工作是否有价值。记录管理系统只是一种自动化的记录保持系统和管理其创建和运营的过程，其意图是要帮助项目经理跟踪合同文档和结果。信息技术可以对记录管理系统和合同管理的许多其他方面提供支持，包括支付系统、理赔管理等。

合同管理的主要输出是合同文档。其他输出包括组织过程资产的更新材料和推荐纠正措施。组织过程资产的更新材料包括买家与供应商之间的通信、支付进度与请求以及卖方绩效评估文档。这份文档是由买方执行的绩效评审、供应商绩效报告以及审查与审计的结果。纠正措施包含了那些可以使供应商遵守合同的行为。现在，人们所熟悉的其他输出有请求变更和项目管理更新材料。

12.3　IT 项目变更管理

12.3.1　项目变更管理

当项目的某些基准发生变化时，项目的质量、成本计划也会发生变化，为了达到项目的目标，就必须对项目发生的各种变化采取必要的应变措施，这种行为被称为项目变更。项目变更与项目变化的概念不同。项目变化是指项目的实际情况与项目基准计划发生偏差的状况。项目发生变化并不代表项目就会发生变更。

项目变更控制（projet change control）则是指建立一套正规的程序对项目的变更进行有效的控制，从而更有可能达到项目的目标。

12.3.2　基线的概念

由于项目管理是一个带有创造性的过程，在项目早期不确定性很大，所以项目计划不可能在项目一开始就全部一次性完成，而必须逐步展开和不断纠正。因此，项目计划实际是一个重复性的过程，只有当项目完成时，项目计划工作才实际上最终完成。在此，我们引进项目基准计划和项目基线两个概念。

项目基准计划是项目在最初启动的时候制订出来的最原始的计划。在实际的项目进行与管理当中，它可以用来与实际进展进行比较、对照、参考，便于对变化进行管理和控制，从而保证项目计划能够顺利进行。

项目基线特指项目的规范、应用标准、进度指标、成本指标，以及人员和其他资源的使用指标等。基线将随着项目的实际进展发生相应变化，因为在项目的实际执行过程当中，会出现各种"意料之外"的情况，如实际指标无法实现、各项任务延期完成、里程碑未达到、某些工作不能按时开始、人员未能及时到位、设备性能估计过高、高峰期人员工效不高、预算不合实际、工作量估计不当等。

项目控制，实际上就是通过项目绩效测量，指出项目实际结果与项目基线之间的差距，并想方设法将项目实际结果调整回来的过程。

12.3.3　变更管理原则

为了对项目的变更进行有效的管理，成功地完成项目的目标，项目变更应该遵循以下几个原则。

（1）基于项目计划。项目计划是项目控制的基准，当项目发生变化时，就要对项目进行新的规划，只不过这一次的规划是以原来的计划为基础。通过对新、老计划进行比较就可以把握项目的变化对项目的影响，从而更有利于对项目做出正确的决策，特别是当变更完成并得到批准之后，就必须对项目的计划做出修改，以反映项目的变更。

（2）选择影响最小的方案。在进行项目变更决策时，应该选择对项目的目标、预算、成本、质量和团队成员这些主要项目因素产生影响最小的变更方案。如果这些主要的因素发生了较大的变化，将有可能彻底地推翻项目已经完成的工作。

（3）与项目经理深入沟通。所有的变更在准备变更申请和评估之前，必须与项目经理进行商讨。项目经理是项目实施的具体负责人，他们对项目最了解，他们的观点和看法往往最具有说服力。

（4）及时发布项目的变更信息。当项目做出变更以后，应该及时地将变更的信息通知项目团队成员，使他们了解项目变更的内容，才能按照项目的变更要求调整自己的工作方案。

12.3.4   变更原因分析

项目计划在实施过程当中会发生不同程度的改变，认识变化的原因对项目实施变更控制非常重要，其原因主要来自如下三个方面：①项目的利益相关者主动提出项目的更改要求，即出现需求变更，如项目业主对项目的目标发生改变；②项目实施过程中，可能会出现新技术和新方法；③项目预算的减少会导致项目范围的缩小，资源紧缺，这就要求项目经理必须对原有的项目计划进行调整，降低项目的成本和费用，从而保证项目的顺利实施。

12.3.5   变更控制过程

项目变更是正常的、不可避免的，因此建立一套有效的项目变更控制程序是非常重要的。控制的过程如下：①明确项目变更的目标；②对所有提出的变更要求进行审查；③分析项目变更对项目绩效所造成的影响；④明确输出相同的各替代方案的变化；⑤接受或否定变更要求；⑥对项目变更的原因进行说明，对所选择的变更方案给予解释；⑦与所有相关团体就变更进行交流；⑧确保变更方案合理实施。

12.3.6   项目集成变更控制

项目集成控制涉及识别、评估和管理从项目启动到收尾过程当中发生的变更。这个过程中的重要输入项包括项目管理计划、请求变更、工作绩效信息、推荐预防措施、推荐纠正措施、推荐缺陷修复和交付物。项目管理计划提供了识别和控制变更所需要的基线。在项目执行过程中，通常会识别出请求变更，并且需要对其进行记录。如前所述，工作绩效信息表示的完成项目所需要的各项活动的状态。推荐预防措施、纠正措施和缺陷修复作为监控项目工作过程的项，在前文中已有叙述。交付物是在项目管理计划定义过程中所特有的、可以验证的产品。

用来将输入转换成输出的技术包括项目管理方法学、项目管理信息系统和专家判断，本章前面已经讨论过这些内容。

集成控制的输出项包括获批变更请求（approved change request）、拒绝变更请求（rejected change request）、项目管理计划（更新）、项目范围说明书（更新）、获批纠正措施（approved corrective action）、获批预防措施（approved preventive action）、获批缺陷修复（approved defect repair）、验证缺陷修复和交付物。获批变更请求是计划由项目团队来实施的授权记录变更。拒绝变更请求是那些没有安排实施的变更。不管在项目执行过程中做出了何种变更，项目管理计划和范围说明书都必须要更新。获批纠正措施是为了使未来项目绩效与项目管理计划相符所需要的授权记录规章。获批预防措施是用来减少已识别风险对项目带来负面影响概率的那些措施。获批缺陷修复是推荐用来纠正项目交付物中所识别缺陷的任何获批授权活动。如前所述，交付物是作为项目的一部分而生产出来的产品。

本 章 小 结

项目执行是指正式开始为完成项目而进行的活动或努力的工作过程，包括 7 个主要的管理过程。由于项目产品（最终可交付成果）是在这个过程中产生的，因此该过程是项目管理应用领域中最为重要的环节。本章对项目执行的 7 个项目管理过程都进行了详细且全面的描述，包括指导和管理项目的执行、执行质量保证、组建项目团队、项目团队的建设、采购实施、信息发布等。同时，也应意识到，项目经理在项目执行过程中的重要作用。项目经理在执行过程中要监控所有的事情，进行关键性的判断和决策，组织项目启动会议、建立和管理沟通渠道以及管理采购活动。

如果计划整理得很好，足够详细，那么项目经理只需按照指令工作即可。实际上，执行过程并不简单，甚至在极端的情况下，似乎所有事情都没有遵守计划。这时，必须首先理解那些没有按照预先计划执行的事情，其次使用各种工具和技术协调、管理和控制项目中存在的各种技术和组织等方面的问题。本章的后面部分主要介绍了项目控制的过程和技术。控制项目有很多技术。一般地，这些技术是作为一个整体应用于项目的，如项目集成管理。或者，也可以应用于本章所叙述的项目范围控制、进度控制、成本控制、质量控制和风险控制等相对独立领域。本章讨论了上述种种控制活动中所使用的相关技术，如，IT 项目成本控制的挣值分析法分析表技术等。质量控制中的控制图技术和帕累托图。

当项目的某些基准发生变化时，项目的质量、成本和计划从而发生变化，为了达到项目的目标，就必须对项目发生的各种变化采取必要的应变措施，这就是项目的变更。在项目变更工作中，应当遵循项目变更管理的原则，深入分析项目变更产生的原因，以便采用适当的变更措施进行控制，想方设法将项目实际结果调整回来。

案例分析

某公司生产销售软件开发项目的进度与成本控制

1. 公司及项目简介

某公司是一所国内知名的服装企业集团，公司下设有五个分厂。公司现有职工万余人，年创汇上亿元。由于目前全国服装生产企业的数量非常之多，因此，集团认识到开拓和拥有本公司的销售市场对公司的长远发展是极其重要的。为此，公司的销售事业部在每个大中城市都设有办事处，每个销售代表隶属于一个办事处，最后由办事处分别派出其销售代表到以该办事处为中心的周边地区开展业务。为使集团能够管理、监控每个办事处与每个销售代表的销售数量、销售额，并了解市场需求，跟踪价格、库存和竞争对手的情况，公司决定建立一个销售管理跟踪系统。此外，该公司下设五个分厂，为了使销售生产制造和情况挂钩，更好地掌握所需产品的品种以及数量的变化，最终适应这种变化的需求，随时能够调整生产品种与数量，该集团公司决定建立一个生产销售系统。该信息系统的主要内容包括生产制造事业部的生产管理、库存控制系统以及为销售部建立的跟踪系统。该系统中最主要的模块要求涉及销售部门的销售情况，从而达到销售与生产相联系，更好地安排生产计划，使组织形成一个完整的整体。表 12-15 为其生产销售系统项目 WBS。

表 12-15　生产销售系统项目 WBS

工作序号	工作名称
1	系统调查
1.1	确定需要
1.2	收集数据
1.3	可行性研究
1.4	准备报告
2	系统分析
2.1	系统功能需求分析
2.1.1	会晤客户
2.1.2	明确客户需求
2.2	信息需求分析
2.2.1	分析现有系统
2.3	准备报告
3	系统设计
3.1	设计原则
3.2	系统构成（子模块）
3.2.1	数据处理
3.2.1.1	菜单
3.2.1.2	录入
3.2.1.3	定期汇报
3.2.2	数据库（编制代码）
3.2.3	评估
3.2.4	准备报告
4	系统开发
4.1	软件
4.2	硬件

工作序号	工作名称
4.3	网络服务
4.4	准备报告
5	系统测试
5.1	软件
5.2	硬件
5.3	网络服务
5.4	准备报告
6	系统实施
6.1	培训
6.2	操作
6.3	维护
6.4	准备报告

2. 项目目标

为实现集团公司的总目标，即"减少成本、提高效益，最有效地利用各种资源，实现最高生产率和利润。在各方面做到以优质服务占领市场，从而扩大企业知名度和创汇增值"的目标。信息服务系统软件要求具有实用性、可靠性、适应性和先进性；实现库存信息动态管理，降低库存量和在制品数量，减少资金占用；制订切实可行的生产计划，缩短计划编制时间，提高计划的精确度；跟踪了解销售情况，做好对每一个销售人员以及办事处的评审且提供数据支持；更好地了解产品的定价及竞争对手的情况；使供、产、销三者更好地结合，实现信息共享。

3. 项目工作进度表

项目最重要的任务是制订、完善和执行计划。几乎所有的项目都要制订详细的计划与进度，这是由于它们要受到项目的三类约束——时间、范围、费用的限制，并且要受到资源配置优先级别控制的缘故。对于任何一个项目，采取完善的计划措施是必需的而且也是必要的，对于开发软件项目也不例外。在项目经理完成 WBS 的工作之后，一般还要根据所要完成的主要工作制作时间进度表。这里使用甘特图来表示，表 12-16 为该生产销售系统项目的进度表。

表 12-16　生产销售系统项目的进度表　　　　（单位：周）

工作	负责人	5					
系统调查	王		10				
系统分析	赵			10			
系统设计	钱				15		
系统开发	孙						8
系统测试	周						
系统实施	郑						

在制订出计划的时间表后，可利用 PERT 来对各个工作中所涉及的工序进行排列，根据项目各个工序之间的紧前紧后关系和估计出的工期估计进行网络优化计算，制订具体的项目进度计划。表 12-17 列出了通过 PERT 计算制定出的生产销售系统项目活动进度。

表 12-17　生产销售系统项目工作进度　　　　　　（单位：周）

工作序号	工作	工期估计	最早		最迟		总时差
			开始时间	结束时间	开始时间	结束时间	
1	收集数据	3	0	3	−8	−5	−8
2	可行性分析	4	0	4	−9	−5	−9
3	准备问题界定报告	1	4	5	−5	−4	−9
4	与用户见面	5	5	10	−4	1	−9
5	研究现有系统	8	5	13	−2	6	−7
6	明确要求	5	10	15	1	6	−9
7	准备系统分析报告	1	15	16	6	7	−9
8	数据输入、输出	8	16	24	9	17	−7
9	数据处理和建立数据库	10	16	26	1	17	−9
10	分析评估	2	26	28	17	19	−9
11	准备系统设计报告	2	28	30	19	21	−9
12	开发软件	15	30	45	21	36	−9
13	开发硬件	10	30	40	26	36	−4
14	开发网络	6	30	36	30	36	0
15	准备开发报告	2	45	47	36	38	−9
16	软件测试	6	47	53	38	44	−9
17	硬件测试	4	47	51	40	44	−7
18	网络测试	4	47	51	40	44	−7
19	准备测试报告	1	53	54	44	45	−9
20	培训	4	54	58	45	49	−9
21	安装	2	54	56	47	49	−7
22	准备实施报告	1	58	59	49	50	−9

计算出项目中每项工作的最早和最迟开始和结束时间后，项目经理发现整个项目完工需要 59 周，比最初提出的 50 周多出了 9 周。然后他有计算出每项工作的总时差后，经理需要找出关键路径。对于生产销售系统软件开发项目，所有总时差为−9 的活动均在关键路径上，图 12-15 标出了这个开发项目的关键路径。

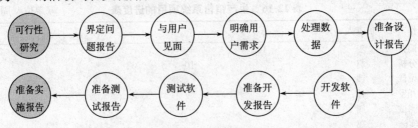

图 12-15　关键路径

关键路径上总时差为－9，项目经理及公司的高层领导进行了广泛的磋商与讨论，并强调第一次就开发出良好系统的重要性，没有必要为赶进度而设计出不利或不合适的软件，这样可能会导致集团更大的损失。经过项目团队的努力，项目经理论证了只有将整个项目完成时间延长 9 周并再增加一周时间才可以预防不测事件的发生。

4. 项目进度和成本控制

通常来说，项目经理控制项目都会把现实的状态与项目计划书上的状态进行比较，如发现任何不同，项目经理则会指示他的项目团队成员采取必要的行动，改善项目目前的状况，使他更接近当初的设计。要对项目进行控制和监督，项目经理必须充分地收集有关项目进行情况的信息，这样才能采取适当、有效的控制项目的行动，所以项目信息资料的收集是控制的前提条件。搜集资料的方法很多，每个项目的项目经理要根据自己的优势和项目的特点来选择适合的项目以及对应方法。每个项目如组员开发、定期汇报、现场考察等。虽然方法可以不同，但所有收集的资料必须及时、准确，并要与项目相关等，否则将事倍功半甚至是无效的。

在这个项目中，项目经理进行项目进度控制的步骤如下：分析进度以确定哪些方面需采取措施；应采取哪些纠正措施；修改计划以便选择纠正措施；重新计算进度计划以评价采取的纠正措施的效果。

罗经理和他的项目团队在实施项目过程中，首先完成了第一阶段的 6 项工作，如表 12-18 所示。

表 12-18　第一阶段实施过程中完成的工作

编号	名称	完成时间
工作 1	收集数据	第四天
工作 2	可行性研究	第四天
工作 3	准备问题界定系统	第五天
工作 4	会晤客户	第十天
工作 5	研究现有系统	第十五天
工作 6	明确用户需求	第十八天

在完成第一阶段工作中，他们发现，使用某种计算机应用的数据库软件可将工作 9 "数据处理和建立数据库" 的预计工期从 10 周减少至 8 周。由于出现这种情况，罗经理必须对接下来的项目实施阶段的进度计划进行修改。表 12-19 为将变更列入后的项目进度。值得注意的是，由于以上这些事情的发生，目前关键路径上的总时差为 0。

表 12-19　更新后的开发生产销售系统项目的进度　　（单位：周）

| 工作序号 | 工作 | 工期估计 | 最早 | | 最迟 | | 总时差 | 实际完成时间 |
			开始时间	结束时间	开始时间	结束时间		
1	收集数据							4
2	可行性分析							4
3	准备问题界定报告							5
4	与用户见面							10
5	研究现有系统							15
6	明确要求							18
7	准备系统分析报告	1	18	19	18	19	0	
8	数据输入、输出	8	19	27	19	27	0	
9	数据处理和建立数据库	10	19	27	19	27	0	
10	分析评估	2	27	29	27	29	0	
11	准备系统设计报告	2	29	31	29	31	0	
12	开发软件	15	31	46	31	46	0	
13	开发硬件	10	31	41	36	46	5	
14	开发网络	6	31	37	40	46	9	
15	准备开发报告	2	46	48	46	48	0	
16	软件测试	6	48	54	48	54	0	
17	硬件测试	4	48	52	50	54	2	
18	网络测试	4	48	52	50	54	2	
19	准备测试报告	1	54	55	54	55	0	
20	培训	4	55	59	55	59	0	
21	安装	2	55	57	57	59	2	
22	准备实施报告	1	59	60	59	60	0	

在这个项目中由于在第一阶段项目进度比计划要提前一周，一般碰到这种问题，唯一能想到的是是否由于在计划时所考虑的环境与运行时不一致而形成的，在这种情况下只要不是因为成本增加导致的就是好事情。但大多数的项目在实施阶段都会产生负时差的现象，也就是进度或多或少总会是超过预算，在这种情形下，一般采用分析有负时差的工作路径时，应将重点放在两种工作上：近期内的工作和工期估计较长的工作。然后采用从项目进度中除去负时差的纠正措施，这将缩短有负时差路径上工作的工期估计。同时，还有许多种减少工作工期的方法，包括使用多种资源加速活动进程，指派经验丰富的人去完成这项活动，缩小工作范围或降低工作要求和通过改进方法和技术提高生产率。项目控制过程贯穿于整个项目。一般来说，报告期越短，发现问题并采取措施的机会越多。所以，一般采用定期汇报的方式来发现问题，并最终解决问题。

费用控制往往和进度控制联系在一起，如果没有费用的限制，任何项目都能保证进度，只是要花费极大的成本甚至成本可能成为无底洞而已。所以，一般情况下，在对费用控制时，先分析其花费的成本与预先设计的差异，找出差异原因，同时，又把进度考虑进去，从而产生相对有效的费用控制措施。但现在仅单方面先考虑监督与控制的问题。在分析与预先设计的成本比较时，可以用表格或图表进行比较，大多数情况下，采用前面讲到的挣值分析法，即 EV 系统和已完成工作的真实成本（actual cost of work performed，ACWP）之间进行比较，从而达到监控的目的。而所谓 EV 系统是指目前较为通用的一种项目成本的监督系统，它是指预测者进行项目预算是分配给这些工作的或是指已完成工作的预算成本（budgeted cost of work performed，BCWP）。表 12-20 中涉及预算成本，已完成情况占总项目的比例以及花费的成本。针对本案例，在项目执行 30 周后，表 12-20 中列出了成本的摘要情况。而已完成工作的实际成本的构成内容必须与计算 BCWP 时使用的一致，这样才能进行比较，对本项目来说，在 30 周时其一些已完成工作的实际与预算成本如图 12-20 所示。

表 12-20　项目第 30 周结束后的成本摘要

工作序号	内容	工作细目的预算费用/万元	项目完成所占比例/%	已花费的费用/万元
1	收集数据	0.5	100	0.6
2	可行性分析	0.4	100	0.4
3	准备问题界定报告	0.2	100	0.25
4	与用户见面	0.2	100	0.15
5	研究现有系统	0.5	100	0.8
6	明确要求	0.3	100	0.25
7	准备系统分析报告	0.3	100	0.35
8	数据输入、输出	0.5	100	0.6
9	数据处理和建立数据库	1.0	100	0.95
10	分析评估	0.7	100	1.05
11	准备系统设计报告	0.5	100	0.6
12	开发软件	2.0	60	2.5

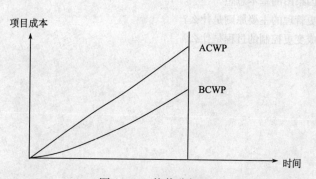

图 12-16　挣值分析法

CV 在整个项目中不断更新。在项目结束时，BCWP 的值即是完工的预算费用，ACWP 的值则为实施项目的实施费用之和。因此，若完工时 CV 为正数，则说明 CV 为项目节省的费用；若为负数，则 CV 是超出预算的费用。

由于在 30 周时，通过监督费用，发现费用已超出当初预算时的费用，超支为 1.4 万元。通过这种方式，项目经理充分了解了目前该项目费用运行的情况，他必须做出决定应该如何采取有效的措施来控制接下来的费用运行。目前对于已经发生的费用超支，一般来说是无能为力的，所以我们一般对接下来的活动将慎重地加以分析考虑，可以分析先前发生费用超支的原因，从而避免在接下来工作中发生同样的错误，从而达到费用的控制。为了更进一步地对费用与时间进行控制，目前许多项目管理专家都在致力于研究这个问题，以便能找到更好的控制方法，从而更好地保证项目的成功完成。

➤ 复习思考题

1. 项目执行有 7 个项目管理过程，分别是什么？

2. 质量保证的工具与技术有哪些？

3. 如何组建一个优秀的项目团队？

4. 什么是资源负荷和资源平衡？

5. 项目团队的成长主要分为哪几个阶段？

6. 根据你要开发的校园旧物交易网站项目，请制订一份完整的项目团队成员的考核计划。

7. 发布信息的方法有许多种，试比较各种方法的优势和劣势。

8. 范围控制的过程是什么？

9. 什么是挣值分析法（EVM）？请简述其原理。

10. 使用挣值分析技术来研究你所要开发的高校校园旧物交易网站开发项目进度和预算是否能够得以满足。

11. 请介绍因果图的基本思想。

12. 项目变更管理的主要原则是什么？

13. 项目集成变更控制的过程是什么？

第13章

IT 项目收尾

【本章学习目标】

➢ 掌握 IT 项目采购合同收尾的主要内容

➢ 掌握 IT 项目验收的主要内容

➢ 掌握 IT 项目验收的过程

➢ 了解 IT 项目结算的意义

➢ 了解 IT 项目移交的内容和程序

➢ 掌握收尾报告的编写方式

13.1 IT 项目收尾概述

当成功地履行完所有的项目活动后，项目管理通常也不会突然中止。一些零散且很重要的活动需要统一来完成，这一过程就是收尾。项目收尾是项目生命周期的最后一个阶段，是正式结束项目或项目阶段的所有活动，将项目成果交与他人或者结束已经取消项目的整个过程，项目收尾完成后，表明项目已经全部结束。从项目管理的角度看，项目收尾由行政收尾和合同收尾（contract closure）组成，行政收尾是指如何结束整个项目，是在项目验收和合同收尾之后才能结束的一种管理流程。

（1）项目收尾的标志。项目收尾有六大标志：项目产品正式投入运行、完成项目成果的移交、达到预定的利润目标、完成项目审计和项目总结、项目团队成员的绩效考核和奖励、项目团队的解散。

（2）项目收尾的主要内容。按照项目收尾的进程，可以将项目收尾划分为项目档案收集、项目决算、项目移交、项目总结、项目审计五个阶段，其中项目结算阶段可以理解为合同收尾过程，其他阶段可作为管理收尾过程。这五个阶段的顺序并不是孤立的，而是相互制约、相互联系的，不同项目要视具体情况进行管理和控制；同时，作为项目的业主方和施工方，在每个阶段的任务不尽相同，需要项目经理和项目其他利益相关者根据实际情况进行调整。

13.2　IT 项目合同收尾

合同收尾支持的是项目结束过程，它要验证所有签署合同的产品与服务都是可以接受的。它的输入有采购管理计划、合同管理计划、执行工作的合同文档和合同收尾过程。合同收尾所使用的技术有采购审计（procurement audit）和记录管理系统，其中，采购审计是对从采购计划的编制，到后续合同管理等采购过程的一种结构化评审。合同收尾的输出有收尾合同（买方借助它可以通知供应商合同已经终结）以及组织过程资产的更新材料。这些更新材料有合同文件（它是一套完整的索引合同记录集合）、交付物接受函以及经验教训文档。交付物接受函是一份出自买方的正式书面通知，表明交付物已被接受或拒绝。经验教训文档是对合同与供应商的分析结果。它可以为未来采购计划的编制提供非常有效的信息。

13.2.1　项目采购的收尾

项目采购的收尾工作主要是通过对采购的产品验收来对合同进行收尾，在此基础上，对采购的过程进行总结。其中合同收尾是项目采购管理的最后一个过程，合同收尾的一个内容就是进行产品审核，以验证所有工作是否被正确地、实现合同预期目标地完成，一旦合同买/卖双方依照合同的规定，履行其全部义务后，合同便可以终止。

负责合同管理的个人或组织提供给供应商合同已执行完成的正式书面通知。同时，项目建设方应该就合同执行情况写成总结提交给企业管理层，将采购过程中好的经验形成最佳实践，将吸取的教训做成风险列表供今后的项目参考，另外，证明相关采购合同已经执行完毕，产品及服务已经正式移交给项目团队。

13.2.2　项目验收

IT 项目验收和总结评价阶段处在 IT 项目生命周期的实施和控制阶段的后期。项目验收是对项目所形成结果的检验，是项目实施过程中的最后一个程序；是依据一定的标准、文件规定，全面考核项目交付成果，检验工程设计和施工质量的重要环节。项目验收是项目实施的必要且关键环节，是项目实施结束进入收尾阶段的重要标志。

通过组织项目验收工作，对最终形成的项目交付成果（产品或服务）进行检验，看其是否达到了项目确定的目标，包括项目的范围、质量、成本、客户满意度目标的要求；对工程项目来说，验收是检验工程项目实施完成后的项目成果是否满足工程设计及实施规范、验收标准的要求。

项目验收一般分为两个阶段：项目初验和项目终验。项目初验是项目达到了验收条件以后，对项目的初步验收。通过初验，可以发现项目实施中的缺陷和问题，给出一定阶段的整改时间和试运行时间，检验项目的最终结果。

一般初步验收由业主单位组织设计、施工、建设监理、工程质量监督机构、维护部门参加。初步验收时，应严格检查工程质量，审查竣工资料，分析投资收益，对发现的问题提出处理意见，并组织相关责任单位落实解决。在初步验收后的半个月内向上级主管部门报送初步验收报告。

项目终验是项目的最终验收，是经过初验、试运行后对项目给出最终结论的过程。一般来说，项目初验是最为隆重和关键的环节；项目终验是对初验结论的检查和复核，往往通过总结和会议的形式进行。

一般项目竣工验收由主管部门、建设、设计、施工、建设监理、维护使用、质量监督等相关单位组成验收委员会或验收小组，负责审查竣工报告和初步决算，工程质量监督单位宣读工程质量评定意见，讨论通过验收结论，颁发验收证书。

1. 项目验收的内容

根据项目验收的目的，项目验收工作是对项目交付成果的检验，其主要内容是项目技术条件检验、项目的功能检验、项目竣工资料的检验。

（1）项目目标成果的检验。项目实施的目的是交付最终的项目成果。对于IT项目来说，项目成果可以是一个建成的系统、一系列的软件、一套信息管理系统等。通过项目验收应对项目成果进行评价。这些评价包括以下几方面：①通过对施工工艺、实施过程记录及资料的检查，对施工过程的规范性进行评价；②通过对施工工艺、施工测试数据的检测，对项目施工质量进行评价；③项目隐蔽工程质量的检查与评价；④通过与项目验收标准的比较，评价项目成果的质量。

（2）项目功能的检验。项目成果很多时候表现为项目功能的实现。对IT项目来说，项目验收就是检验项目功能是否实现，是否达到项目目标的要求。项目评价的主要依据是项目说明书。对软件项目来说，功能的检验尤为重要。功能的检验主要包括以下几点：①是否满足项目说明书的要求；②是否达到实用要求的功能；③是否满足项目发起者期望达到的目的。

（3）项目竣工文件和档案的验收。项目竣工文件和档案是项目最终成果的重要组成部分，是项目验收的重要内容。项目竣工文件及档案是项目交付成果的表现形式和描述，是项目的历史记录，关系到项目完成后的使用、管理。其验收内容主要有以下几点：①项目竣工资料内容的完整性评价；②项目竣工资料的格式与内容标准性评价；③项目档案的合法性检验，包括资料的真实性，签字、盖章的有效性。

2. 项目验收的过程

项目竣工验收一般分为两个过程：项目初验和项目终验。对于一般的 IT 项目来说，由于项目的规模、工期等特点一般将两个过程合二为一，只进行一次性验收。验收的主要过程如下：

(1) 项目的自检。项目实施过程完成后，形成项目的可交付成果，并形成了项目竣工资料，承包商应该根据验收的依据及检验标准，对项目进行自我验收，确认项目交付成果和项目竣工资料达到了验收条件。该过程主要由项目监理方组织、督促。

(2) 验收的申请及批复。项目通过自检后，由项目承包方提出验收申请报告，项目监理根据项目实际实施情况，签署是否同意验收的意见。项目建设方结合自身的管理情况，对项目验收申请报告进行批复；有时也可由项目监理代为批复。

(3) 项目验收准备。项目验收申请通过后，由项目建设方、承包方进行验收的准备工作，包括协调验收时间地点，安排验收议程，协调参加验收组成员，组织验收会议的会务安排，准备验收的仪表、器具、车辆等。

(4) 组织验收会议，确定验收议程。做好项目验收的基本准备后，便进入验收的组织过程；其中重要的组织活动是召开验收启动会议，根据项目情况确定验收的议程，验收的成员并进行验收人员分组，确定验收的标准，形成验收准备会议纪要，作为组织验收的依据。

(5) 验收实施。根据验收启动会议的安排，分别进行验收的实施，主要包括项目交付成果的质量检验、隐蔽工程的质量检验、功能检验、项目技术指标测试、项目竣工资料的验收等。

(6) 初步验收总结。项目验收过程中应该及时进行验收总结，并根据项目特点及时对项目验收成果形成验收的结论。验收总结会议是必不可少的环节。验收总结必须形成验收的结论性成果，包括验收的评价、项目需整改的内容等。

(7) 项目整改。项目初步验收是发现问题的过程，通过验收将项目实施过程的不规范的部分找出来，并通过验收总结会，取得各方认可、确认。项目承包方、项目监理根据这些结论性的意见，组织进行整改。项目整改往往是验收结论的组成部分，不应简单把存在需整改的部分视为验收不合格。

(8) 复检。复检是对项目初验后要求进行项目整改的部分完成情况的复查。这一环节一般由项目监理监督确认。

(9) 试运行和维护。试运行是项目通过初步验收后，对项目成果的进一步检验。通过试运行，检查项目功能实现的可靠性，质量风险进一步释放，检验项目质量的可靠性。试运行一般由项目建设方的接受方负责实施，并做出有针对性的记录。试运行期对项目承包方来说一般表示项目进入质保期。通过一年甚至更长时间的检验，确保项目质量的稳定性。

（10）项目竣工文件的组档移交。通过项目初步验收后，承包方要及时根据验收的结果，对项目竣工资料进行进一步的规范性、完善性整理，按照竣工验收标准、地方性项目档案管理的要求，进行项目档案的整理，形成合格的项目竣工文件及项目档案。

（11）项目终验。项目初验完成之后，通过试运行的检验，达到了项目终验的条件。项目终验一般是以总结会的形式进行，各方进行项目实施的总结，通过项目试运行报告，形成项目终验的结论性意见。

3. 项目验收结果

项目验收过程所形成的结果包括验收申请书、验收会议纪要与验收计划、形成验收组织机构及职责安排、单项工程验收记录、会议纪要及验收结论、整改报告、验收结论报告、试运行报告、竣工文件移交清单、终验报告。

13.2.3　项目结算

项目结算是指在项目验收后，业主方同项目参与各方根据项目实施执行情况就双方所签订的合同金额及其他条款进行最终核实并确认的过程，其中最主要的任务是核实并确认最终合同金额。合同金额确定的主要依据有如下几方面：①投标文件中相关约束条款及原合同的约束条款；②各类设计变更；③实际完成工作量情况；④其他影响合同条款变化的内容。

在完成各项合同条款的最终确认后，应在既有合同的基础上签订补充协议，进而完成最终合同收尾工作，主要包括以下几项：①整理项目合同文件，并进行分类；②核实合同付款情况并核对各种付款凭证；③制订合同尾款支付计划，并按计划进行支付。

13.3　TI 项目管理收尾

管理收尾工作（administrative closure）发生在项目或项目阶段结束的时候，在这个过程中要完成严谨而详细的项目结果文档，其中所有的相关信息都要最准确地解释项目成功与失败的原因。项目及项目活动的终止可能是自然的，也可能是非自然的。自然终止（natural termination）发生在项目或阶段的需求已经得到满足的时候，即项目或阶段已经完成，并被认为是成功的时候。非自然终止（unnatural termination）发生在项目结束之前被停止的时候。一些事件会引发项目或阶段的非自然终止。例如，一些指导项目的假设被证实有误，系统或开发团队的绩效略有不足，或者在当前的业务环境下项目需求不再相关或有效。最有可能导致项目非自然终止的原因是时间的耗费或资金枯竭，抑或两者同时耗尽。为了使后面的团队能够从以往的项目中吸取经验教训，那就需要有准确而完整的文档。还要注意到，在整个项目周期中，项目收尾活动都会发生。如果在每个阶段结束的时候，没能成功地收尾，就很可能导致丢失重要的信息。

13.3.1　IT 项目的文档管理

在项目结束时需要完成所有文件的归档工作和安全地存储相关信息。文档是项目实施和最终成果的重要记载和表现形式之一。项目实施过程是项目文档形成的重要阶段。文档是系统维护人员的指南，是开发人员与用户交流的工具。在项目执行期间，如果承包商不重视文档控制的话，那么在收尾阶段将付出较高的代价。

1. IT 项目文档的作用

这里指的信息系统项目的文档，不但包括应用软件开发过程中产生的文档，还包括硬件采购和网络设计中形成的文档；不但包括有一定格式要求的规范文档，还包括系统建设过程中的各种来往文件、会议纪要、会计单据等资料形成的不规范文档，后者是项目建设各方谈判甚至索赔的重要依据。

文档在系统建设人员、项目管理人员、系统维护人员、系统评价人员及用户之间的多种桥梁作用。文档在信息系统建设和运行过程中，方便了用户与系统分析人员在系统规划和系统分析阶段的沟通，系统开发人员与项目管理人员在整个项目期内的沟通，前期开发人员与后期开发人员的沟通，系统开发人员与系统测试人员的沟通，系统开发人员与用户在系统运行期间的沟通，系统开发人员与系统维护人员的沟通，用户与系统维护人员在运行维护期间的沟通，等等。

除此之外，文档还可以作为监理和审计的对象，作为开发其他信息系统项目的参照。如果发生合同纠纷，文档还能表现出证据的作用。

2. IT 项目文档的保存

在短时间内建立起的文档是比较容易保存的，可是如果项目工期较长或企业同时展开多个项目时，就需要采取有效措施保管文档。具体如下：

（1）设立一个专门的档案室，将不同项目的文档分类编号存放。可以按照文档的服务对象分类，如用户文档、开发文档与管理文档；也可以按照信息系统项目生命期的阶段分类。

（2）将每一个文档用一个生成日期做关键字，以方便检索。

（3）用纸张介质与磁性存储介质同时存储。

3. IT 项目文档编制的要求

为了使信息系统项目的文档能起到前面所提到的多种沟通作用，使其有助于程序员编制程序，有助于管理人员监督和管理软件开发，有助于用户了解信息系统的工作方式和应做的操作，有助于维护人员进行有效的修改和扩充，就必然要求文档的编制要保证一定的质量。

（1）针对性。文档编制之前应分清读者对象，按不同的类型、不同层次的读者，决定怎样适应他们的需要。例如，管理文档主要是面向管理人员的，用户文档主要是面向用户的，这两类文档不应像开发文档（面向开发人员）那样过多地使用信息技术的专业术语。

（2）精确性与统一性。文档的行文应当十分确切，不能出现多义性的描述。同一项目的不同文档在描述同一内容时应该协调一致，应是没有矛盾的。

（3）清晰性。文档编写应力求简明，如有可能，配以适当的图表，以增强其清晰性。

（4）完整性。任何一个文档都应当是完整的、独立的，它应自成体系。例如，前言部分应做一般性介绍，正文给出中心内容，必要时还有附录，列出参考资料等。同一项目的几个文档之间可能有些部分相同，这些重复是必要的。例如，同一项目的用户手册和操作手册中关于本项目功能、性能、实现环境等方面的描述是没有差别的。特别要避免在文档中出现转引其他文档内容的情况。例如，一些段落并未具体描述，而用"见××文档××节"的方式，这将给读者带来许多不便。

（5）灵活性。各个不同的信息系统项目，其规模和复杂程度有着许多实际差别，不能一律看待。对于较小的或比较简单的项目，有些文档可作适当调整或合并。

（6）可追溯性。由于各开发阶段编制的文档与各阶段完成的工作有着紧密的关系，前后两个阶段生成的文档，随着开发工作的逐步扩展，具有一定的继承关系。在一个项目各开发阶段之间提供的文档必定存在着可追溯的关系。例如，某一项功能需求，必定在设计说明书，测试计划以至用户手册中有所体现。必要时应能做到跟踪追查。

（7）易检索性。无论是发生频率固定的文档，还是频率不固定的文档，在结构的安排和文件的装订上都必须能使查阅者以最快的速度进行检索。

4. IT 项目文档的管理

当项目完成验收、终止项目后，作为项目参与方的项目业主和项目施工单位，应首先对项目档案进行收集整理。项目档案的收集整理是一个持续的过程，贯穿项目的整个生命周期。

项目档案可分为业主方准备部分和施工方准备部分。业主方一般保管项目前期文件、项目招投标文件、项目合同文件、项目决算文件、项目监理文件。施工方一般保管项目技术文件、项目管理文件。对于以上项目档案的内容，需要在项目前期制定项目档案时整理规范，针对不同项目类别，档案的内容和要求也不尽相同。

13.3.2 项目移交

项目初验完成后，项目承包商应向业主进行项目移交，项目移交过程中主要需完成以下几项工作：

（1）对项目交付结果进行测试。

（2）进行必要的实验以验证项目交付结果满足客户要求。

（3）设计并实验培训方法，根据客户需求完成培训。

（4）安排后续支持服务工作并得到客户的认可。

（5）解答客户提出的其他问题。

（6）同业主方进行项目资产移交。

（7）签字移交。

项目资产移交是指项目承包商按照业主方的要求填写项目资产交接清单，说明本项目形成的资产情况，同业主方对清单内容进行核实，核实无误后进行交接，正式交项目业主接管，进入实质运行期。

业主方在项目验收完成后，将项目档案资料和形成资产交付使用部门，由使用部门明确资产保管人后，填写固定资产签收明细表后交财务部门进行资产账务处理，形成资产目录和资产卡片，并由使用部门粘贴资产卡片。

13.3.3 项目总结

在项目结束之后，业主方和承包商、项目组和项目组成员均应对项目的执行情况进行总结，总结项目成功或失败的经验和教训、对项目管理手段以及采取的技术方案的评价、对以后工作的相关建议等，以积累经验，为将来的项目提供借鉴。

对项目组内的成员而言，主要总结为以下四个方面：

（1）个人在项目中角色的扮演情况。

（2）个人所负责任的完成情况。

（3）个人对团队的贡献。

（4）后续持续改进方案。

对项目组而言，主要总结为以下六个方面：

（1）项目总体描述，对项目整体情况进行概要描述。

（2）项目评价，说明项目成果是否满足需求，指出项目中的成功之处和失败之处。

（3）项目成功和失败的原因分析。

（4）对项目所采取的管理手段和技术实现方案进行评价。

（5）项目组对项目执行情况的结论以及取得的经验和教训。

（6）项目实际可交付成果情况。

在编写项目总结之前，撰写人员应注意收集相关信息，以确保项目总结的真实、完整和有借鉴意义，需要收集的材料主要有以下四种：

（1）范围完成情况。

（2）项目进度执行情况。

（3）项目成本执行情况。

（4）项目交付结果及其质量情况。

在项目结束后，为保证对项目后期服务的延续性，项目组应编写项目结束人员安排表，以便在后期运行或服务中遇到问题时能及时取得相关人员的支持。

对于有些项目结束后还需审计，项目审计是贯穿整个项目生命周期的一项内容，但因为项目审计是为了保证项目实施过程的合规、合法，使项目在严格控制的基础上实现项目的所有目标，项目审计的最终审计结果必须在项目全部执行完毕后才能得出。

项目审计是由企业内部独立的审计机构对项目的执行过程和运作结果进行监督、检查，并为项目执行部门提供相关的政策支持，以保证项目控制的适当性、合法性和有效性，发现项目在执行过程中的问题和薄弱环节，提出纠正和改进要求，对改进行为进行跟踪，通过经验反馈，进一步完善项目的内部控制系统，规范项目的执行标准。

项目审计的最终结果是项目审计报告，经过批准的项目审计报告是项目审计的最终成果，编写项目审计报告必须以经过核实的审计证据为依据，做到客观、完整、清晰、及时、具有建设性，并体现重要性原则。审计报告应说明项目审计的目的、范围，并提出审计结论和建议，同时包括被审计项目的项目组反馈意见。被审计项目组对审计报告中提出的审计意见和建议需要认真研究，采取相应的纠正措施；审计人员应对审计项目组进行后续审计，以核实被审计项目组对审计发现问题的纠正措施的落实情况。

项目审计一般包括项目控制审计和项目财务审计，项目审计的范围应包括项目建设的各项运作，除对业主方职能部门的审计外，还可以在合同约定范围内对项目各相关单位的活动进行延伸审计。项目审计除了监督作用以外，还应该体现支持和服务的作用，对项目组提供咨询服务，以支持项目组建立健全其内部控制体系。

项目结束后往往还要作一个项目后评价，项目后评价是指对已完成项目（或规划）的目的、执行过程、效益、作用和影响，所进行的系统的、客观的分析；

通过项目活动实践的检查总结，确定项目预期的目标是否达到，项目或规划是否合理有效，项目的主要效益指标是否实现；通过分析评价找出成败的原因，总结经验教训；通过及时有效的信息反馈，为提高未来新项目的决策水平和管理水平提供基础；同时，后评价也可为项目实施运营中出现的问题提出改进建议，从而达到提高投资效益的目的。从 20 世纪 60 年代末开始，各国和国际金融组织逐步应用和发展了后评价的理论，使之成为投资监督和管理的得力工具和手段。

13.4 收尾报告

当项目结束时，要创建两种重要的收尾文档。第一个是收尾报告（end report），也称为项目收尾报告，它描述了整个项目生命周期内所遵循的项目管理方法和技术。收尾报告一般包括如下内容：

（1）项目目标的完成情况，总结项目是成功了还是失败了；

（2）原计划时间与成本的绩效；

（3）对原始项目计划的影响，任何获批变更的业务案例；

（4）对在项目进行过程中变更问题的最终分析；

（5）获批变更的整体影响；

（6）对于所有质量工作的分析；

（7）项目结束后评审的日期与计划。

包含在收尾报告里的其他事项有未决事项清单。未决事项是仍然遗留待解决的事项或活动，但由于它们的本质，可能要由客户自己来维护，或者要在项目正式交接以后安排团队成员来关注。最后，收尾报告还可以记载在项目进行过程中所接收到的经验教训。

项目收尾的第二份重要的文档就是实施后评审。

本 章 小 结

项目收尾是项目生命周期的最后一个阶段，是正式结束项目或项目阶段的所有活动，将项目成果交与他人或者结束已经取消项目的整个过程，项目收尾完成后，表明项目已经全部结束。从项目管理的角度看，项目收尾由合同收尾和管理收尾组成。IT 项目的合同收尾是从货物采购收尾开始的，然后以 IT 项目的验收和结算来结束服务采购的收尾。管理收尾工作发生在项目或项目阶段结束的时候，在这个过程中要完成严谨而详细的项目结果文档，其中所有的相关信息都要最准确地解释项目成功与失败的原因。

案例分析

某软件开发项目总结

　　某软件开发企业为某公司开发一个财务软件，在项目执行完成后，开发项目组对项目实施情况进行了总结，总结模板如下所示。

总结模板

××软件开发项目						
总页数		正文		附录		生效日期：　年　月　日
编制		审核			批准	

总结报告

××公司××项目组

1. 项目概述

负责人：×××	起止时间：2000-06-01 至 2000-12-30			计划工作量：760 工天
项目情况				
阶段	参加人员	工作内容	起止时间	实际工作量
需求分析		对用户需求进行分析		
系统设计		完成系统架构设计		
编码		程序源代码编写		
测试		软件测试		
其他		总体协调和项目组织		
合计				

2. 项目开发结果

　　2.1　××程序（或××产品），版本标识为××××

　　（1）程序量：按模块进行划分，给出该软件项目获软件产品的源程序的存储容量。源代码用代码行来表示，可执行程序及其他程序可用字节来表示，文档可用页或字节来表示。

	模块名称	代码行/千行	字节数/KB
源码	模块 1		
	模块 2		
执行程序			
其他			

(2) 存储介质：使用光盘作为存储介质，共 8 张。

2.2　主要功能和性能

(1) 说明该软件的主要功能和所达到的性能。

(2) 将项目成果从功能和性能上同计划目标进行比较，分析产生偏差的原因。

2.3　项目规模

按阶段对项目实际完成工作量同计划工作量进行比较，确定实际工作效果。

阶段	计划模块数	完成模块数
需求分析		
系统设计		
编码		
测试		
合计		

2.4　项目人员使用情况

阶段	计划人数	实际人数	增加人数	减少人数	变动人数
需求分析	2	3	1		2
系统设计	3	4	1		1
编码	4	5	1		4
测试	5	1		4	5
合计	14	13		1	12

2.5　项目进度情况

(1) 对每个模块的实施情况进行总结，以分析每个模块的完成效果。

模块名称	计划时间	实际时间	是否按时	计划 M	实际 M
模块 1					
模块 2					
模块 3					
模块 4				4	
合计					

(2) 对项目实施的各个阶段进行分析，以判断各个阶段的完成效果，发现问题，总结经验。

阶段	计划时间	实际时间	是否按时	计划 M	实际 M
需求分析					
系统设计					
编码					
测试					
合计					

3. 项目评价

3.1　生产率评价

按模块进行分析，判断完成不同模块所需工作量情况。

模块名称	代码行/千行	工作量/工天	代码行/工作量
模块 1			
模块 2			
总计			

3.2　技术方法评价

对该软件项目开发时所采取的各项技术进行分析评价。

3.3　产品质量评价

参考以下几个方面进行产品质量的评价：

（1）历次测试发现的 bug 数。

（2）同种原因产生的 bug 数。

（3）同种类型的 bug 数

（4）各等级的 bug 数。

（5）同一 bug 出现的次数。

3.4　出错的原因分析

对以上出现的问题进行分析。

次数	bug 数	原因	bug 数	类型	bug 数	等级	bug 数	bug 名	次数

4. 经验和教训

从以下几个方面总结开发中获得的经验及纠正错误或缺陷所得到的教训。

（1）管理人员的管理水平。

（2）开发人员的合理分工。

（3）项目软件经理 PSM 及开发人员的技术水平。

(4) 开发人员的更换。

(5) 开发人员的配合与协作。

(6) 用户的密切配合。

(7) 需求及设计的更改。

(8) 开发过程中计划的合理调整等。

5. 项目人员安排

对参加本项目的所有人员去向信息的记录。

姓名	项目中的职位/角色	主要专长	去向	联系电话

➤ **复习思考题**

1. 什么是项目收尾？表示项目收尾的标志是什么？其主要内容是什么？

2. 简述项目验收的两个阶段。

3. 项目验收的内容是什么？

4. 项目验收的标准和依据是什么？

5. IT 项目的文档管理有何重要意义？

6. IT 项目文档编制的要求是什么？

7. 项目移交过程中主要需要完成哪几项工作？

8. 项目结束后，对于项目组成员来说，应对哪些方面进行总结？

9. 什么是项目审计？

10. 项目后评价的程序是什么？

11. 项目收尾报告主要包括哪些内容？

参 考 文 献

毕星，翟丽. 2000. 项目管理. 上海：复旦大学出版社

丹·雷米意，阿瑟·莫尼，迈克尔·舍伍德·史密斯，等. 2005. IT 成本和收益的有效测量与管理. 燕清译. 北京：清华大学出版社

丹尼斯·洛克. 2009，项目管理. 杨爱华，王丽珍，李英侠译. 北京：电子工业出版社

冯之楹，何永春，廖仁兴. 2000. 项目采购管理. 北京：清华大学出版社

韩万江，姜立新. 2005. 项目管理案例教程. 北京：机械工业出版社

杰克·吉多，詹姆斯·P. 克莱门斯. 2007. 成功的项目管理. 第 3 版. 张金成译. 北京：电子工业出版社

凯西·施瓦尔贝. 2002. IT 项目管理. 王金玉译. 北京：机械工业出版社

凯西·斯瓦尔贝. 2004. IT 项目管理. 邓世忠译. 北京：机械工业出版社

理查德·默奇. 2002. IT 项目经理实践入门. 简学译. 北京：电子工业出版社

马士华，林鸣. 2003. 工程项目管理实务范式、方法与管理表格. 北京：电子工业出版社

美国项目管理学会. 2005. 项目管理知识体系指南（PMBOK 2000）. 卢有杰，王甫译. 北京：电子工业出版社

戚安邦. 2001. 现代项目管理. 北京：对外经济贸易大学出版社

戚安邦，张连营. 2008. 项目管理概论. 北京：清华大学出版社

斯蒂夫·迈克康奈尔. 2000. 快速软件开发——有效控制与完成进度计划. 席相霖译. 北京：电子工业出版社

王长峰，李英辉. 2008. IT 项目管理案例与分析. 北京：机械工业出版社

王如龙. 2008. IT 项目管理. 北京：清华大学出版社

徐莉，赖一飞，程鸿群. 2001. 项目管理. 武汉：武汉大学出版社

殷焕武，王振林. 2005. 项目管理导论. 北京：机械工业出版社

张卓. 2005. 项目管理. 北京：科学出版社

中国项目管理研究委员会. 2001. 中国项目管理知识体系与国际项目管理专业资质认证标准. 北京：机械工业出版社

左美云，邝孔武. 2001. 信息系统的开发与管理教程. 北京：清华大学出版社

左美云，余力，李倩. 2009. 信息系统项目管理. 北京：电子工业出版社

左美云，周彬. 2002. 实用项目管理与图解. 北京：清华大学出版社

Hughes B, Cotterell M. 2007. 软件项目管理. 廖彬山，王慧译，北京：机械工业出版社

H. 詹姆斯·哈林顿，达墨尔·H. 康纳，尼古拉斯·L. 霍尼. 2001. 项目变革管理. 唐宁玉，陶邦，张岩，等译. 北京：机械工业出版社

Pankaj Jalote. 2003. 软件项目管理实践. 施平安译，左美云审. 北京：清华大学出版社

附　录

项目管理主要网站

1. 砺志咨询、中国项目管理资源网，http://www.leadge.com/

砺志咨询是美国项目管理学会 PMI 注册培训机构 R. E. P. 和微软项目管理战略合作伙伴，是从事项目管理培训和咨询的专业机构。www.leadge.com 不仅是一个网站，而且是一个项目管理资源共享平台，我们将不断地丰富和完善项目管理内容和资讯，希望每一个致力于将项目管理工作做到最优的企业客户和个人都能从中获得收益。

2. 国际项目管理协会，http://www.ipma.ch/

国际项目管理协会（International Public Management Association，IPMA）创建于 1965 年，是一个非营利性的专业性国际学术组织，其职能是促进国际项目管理的专业化发展。IPMA 依据国际项目管理专业资质标准（IPMA Competence Baseline，ICB），针对项目管理人员专业水平的不同将项目管理专业人员资质认证划分为四个等级，即 A 级、B 级、C 级、D 级，每个等级分别授予不同级别的证书。

3. 美国项目管理学会，http://www.pmi.org

PMI（Project Management Institute），即美国项目管理学会，成立于 1969 年。它是一个有着近 5 万名会员的国际性学会，是项目管理专业领域中最大的由研究人员、学者、顾问和经理组成的全球性专业组织。PMP（Project Management Professional），即项目管理专业人员资格认证，是由 PMI 发起的，严格评估项目管理人员知识技能是否具有高品质的资格认证考试。1999 年，PMP 考试在所有认证考试中第一个获得 ISO 9001 国际质量认证。

4. 中国项目管理研究委员会，http://www.pm.org.cn

中国项目管理研究委员会正式成立于 1991 年 6 月，挂靠在西北工业大学，是我国唯一的、跨行业的、全国性的、非营利的项目管理专业组织，其上级组织是由我国著名数学家华罗庚教授组建的中国优选法统筹法与经济数学研究会（挂靠单位为中国科学院科技政策与管理科学研究所）。中国项目管理研究委员会自成立至今，做了大量开创性工作，为推进我国项目管理事业的发展、为促进我国项目管理与国际项目管理专业领域的沟通与交流起了积极的作用，特别是在推进我国项目管理专业化方面，起着越来越重要的作用。

5. 国家外国专家局培训中心，http://www.tcsafea.org.cn

国家外国专家局培训中心是 PMI 在中国举行 PMP 认证考试授权的唯一考试机构。国家外国专家局所属培训中心与 PMI 签署了"由国家外国专家局培训中心负责在华推广现代项目管理知识体系和 PMP 资格认证考试"的协议，自 2000 年以来，国家外国专家局培训中心通过举办"电视系列讲座"、"研讨会"、"报告会"、召开"项目管理大会"，在全国建立网络系统等卓有成效的工作，使现代项目管理知识体系在我国得到了健康、有序和快速的发展及推广应用。

6. 赛昂教育集团，http://www.sailcon.net

赛昂教育集团是一家经营理念先进、业绩突出的高端教育内容提供商和现代远程教育运营商。赛昂教育集团致力于发展高等教育、继续教育和管理培训等在内的适应终身教育的现代教育服务体系，逐步实现集教育研究开发、教育管理服务、教育软件开发、现代远程教育、企业管理咨询等一体的教育产业体系。赛昂教育集团在教育项目研发、课程制作、师资整合、市场开发、教学管理等诸多方面积累了大量的经验，在项目管理的教学方面有着很好的声誉。赛昂教育集团秉承专业化、规范化、标准化、产业化的教育产业经营理念，努力成为中国教育领域一个知名的教育品牌。

7. 现代卓越集团（中国项目管理信息网），http://www.cpmi.org.cn/

现代卓越教育（集团）总部设在北京。到目前为止，先后在上海、广州、深圳、武汉、成都、青岛、大连、南京、西安等地成立了分支机构。现代卓越成立伊始，即率先以讲座和培训为手段开展了项目管理的推广工作，同时与国际上知名的项目管理专业机构，如 PMI、IPMA、APM 等建立了合作关系，并于 1999 年 11 月成功地与 PMI 签订合作协议，将 PMP 认证引入中国。本着"追求卓越，不断创新"的理念，现代卓越自成立之日起就致力于项目管理的专业化服务。经过三年多的发展，整体业务已从单纯提供培训发展到项目管理培训、咨询、出版和人才服务相结合的综合业务内容。

8. 中国项目管理网，http://www.project.net.cn

中国项目管理网是北京中科项目管理研究所和国家经济贸易委员会经济干部培训中心共同建立的，是企业和项目管理工作者的良师益友。该网站普及项目管理知识，介绍国内外项目管理的最新动态，进行项目管理培训服务，推广企业应用项目管理先进经验；介绍国际上先进的项目管理技术、方法和工具，推动项目管理软件的应用，提供项目管理平台的系统集成服务。

9. 项目管理者联盟，http://www.mypm.net/

项目管理者联盟（Project Manager Union，PMU）成立于 2001 年 5 月。联盟的初始形式是一个以网络交流为主的项目管理爱好者互助学习团体，后来逐渐发展成一个提供项目管理咨询、交流和信息服务的项目管理专业组织，积极促进和推广项目管理在国内的发展与进步。联盟旨在通过会员自身的项目管理实践，项目管理理论研究和引进国外成熟的项目管理知识体系，向国内传播科学的项目管理思想、方法和工具。

10. 中国工程咨询网，http://www.cnaec.com.cn/

中国工程咨询网是工程咨询行业信息发布、交流和宣传的权威性网站，由中国工程咨询协会主办，北京华信捷投资咨询有限责任公司承办，是中国工程咨询协会的工作网站，旨在及时报道工程咨询业发展的最新动态、最新成就，展示各工程咨询企业的风貌，搭建信息交流平台，汇集行业所需信息，实现信息资源共享，促进企业间的合作与交流，指导中国工程咨询业的发展。

11. 网络项目管理学会，http://www.wpmi.net/

网络项目管理学会（WPMI）是研究网络项目管理，即以网络为基础的项目管理，与大家学习交流推广项目管理的方法，将这些知识真正用到实际中，研究的项目范围以 IT 业为主。

12. 北京华泰科信科技有限公司，http://www.huataiinfo.com

北京华泰科信科技有限公司，作为 PMI 认证的教育培训机构。为社会业界各类公司、机构及个人提供专业的项目管理培训、咨询服务，致力于先进科学的项目管理知识体系在企业的推广应用，结合企业实际，通过内部培训、全程咨询指导等方式，帮助企业成功导入科学的项目管理体系，从而提高企业的项目运作效率和市场竞争能力，促进企业效益的提升。